工业和信息化部“十四五”规划专著

航空航天个体防护装备工效学实验研究

丁　立　周毕云
刘祚良　时会娟　陈守平　著

北京航空航天大学出版社

内容简介

本书针对航空航天恶劣环境下个体防护装备的工效学问题，以飞行员飞行操作和航天员出舱作业时的生物传热和生物力学实验为主要研究内容，系统地介绍如何根据航空航天的实际作业环境，开展飞行员服装和头盔，航天员航天服和手套等个体防护装备的工效评价实验，为用于特殊环境的个体防护装备工效评价提供理论支撑和实验技术。研究的成果已部分用于我国“飞天”服和“四代机”个体防护装备的研制中，是极具代表性的防护与工效学实验案例，对于特殊环境下安全防护和工效研究有一定的参考价值。

本书可供从事航空、航天、航海和防化等特种行业个体防护装备的工效学实验研究人员参考，还可作为生物医学工程、工效学、个体防护和救生等相关专业的本科生和研究生的实验教材和参考书。

图书在版编目(CIP)数据

航空航天个体防护装备工效学实验研究/ 丁立等著
. -- 北京 ：北京航空航天大学出版社，2022.1
ISBN 978-7-5124-3629-9

Ⅰ. ①航… Ⅱ. ①丁… Ⅲ. ①航空航天工业—个体防护装备—工效学—研究 Ⅳ. ①V

中国版本图书馆 CIP 数据核字(2021)第 219514 号

航空航天个体防护装备工效学实验研究
丁 立 周毕云 刘祚良 时会娟 陈守平 著
策划编辑 陈守平 责任编辑 孙兴芳
*
北京航空航天大学出版社出版发行
北京市海淀区学院路 37 号(邮编 100191) http://www.buaapress.com.cn
发行部电话:(010)82317024 传真:(010)82328026
读者信箱: goodtextbook@126.com 邮购电话:(010)82316936
北京富资园科技发展有限公司印装 各地书店经销
*
开本:787×1 092 1/16 印张:12.5 字数:328 千字
2022 年 1 月第 1 版 2022 年 1 月第 1 次印刷 印数:1 000 册
ISBN 978-7-5124-3629-9 定价:58.00 元

序　言

在执行飞行任务的过程中，在受到高性能战机敏捷性和机动性影响的情况下，飞行员还须具有快速反应和执行任务动作的能力；同样，在太空恶劣环境的影响和有压航天服的限制下，航天员出舱作业需完成各种复杂任务。这些高难度作业的有效完成，主要依赖于他们身着的个体防护装备。随着国防科技的进步，我国的个体防护装备已取得长足的进步，其研制已在安全保障的基础上着重关注工效的提高，尤其是上肢作业能力，这些对于飞行员和航天员极其重要。

该书在简述工效学基本概念的基础上，系统地介绍了工效学的研究内容、研究方法和人的特性，以及航空航天领域个体防护装备的特点，论述了舱外航天服、航天服手套和飞行员个体防护装备的生物传热学和生物力学相关的工效实验研究，阐释了空天飞行环境对飞行员和航天员作业能力的影响，以及个体防护装备的工效水平，可为个体防护装备的设计、研制和改进提供重要的科学依据。

航空和航天作业环境非常复杂，有很多物理因素在地面难以同时模拟，必须在地面有针对性地建立实验平台并使用专用测试设备来解决。该书通过舱外航天服热防护、舱外作业力学工效、飞行员代偿服工效、飞行头盔压力舒适性等典型案例，介绍如何融合工效学、高空生理学、生物传热学和生物力学等多个学科的内容，创建工效实验新方法。

该书对于从事航空、航天等特种行业个体防护装备的工效学研究人员有很好的参考价值。

袁修干

2022年5月16日

前言

随着近代航空事业的飞速发展，飞机的机动飞行能力越来越高，现代战斗机具有越来越优异的敏捷性和机动性，而这必然会使飞行员面临更高的机动过载(表现为：过载大、过载增长率快、大过载持续时间长)、高信息流、高温、高湿等场景，这些对飞行员的生理机能将产生较大的负面影响。作为飞行员生命保障的个体防护装备是对抗这些负面影响的核心装备之一，它们的防护性能和工效对于飞行员能否出色地驾驶飞机起到决定性作用。同样，在载人航天的出舱作业中，不但要保证航天员在太空中顺利工作，而且要确保出舱过程中的每个作业环节的安全。作为载人航天个体防护最具特色的航天服，直接关系到航天员的身心健康、工作效率和生命安全，是载人航天技术的重大关键技术之一。

航空航天个体防护装备的工效学研究，涉及工效学、生物力学、生物传热学、高空生理学、机械学、材料学等多个学科的内容，是一个多学科交叉的研究。目前，国内与个体防护装备工效学相关的书籍主要涉及人体尺寸、心理、工业设计等，而较少涉及基于生物力学、生物传热学、解剖生理学、航空航天生理学等多学科交叉的研究。这主要是因为该研究不仅要熟悉工效学、高空生理学、生物力学、生物传热学等基本学科的知识，而且还需要对航空航天特殊作业环境有深入的了解，学科跨度大而广，这对于很多研究该领域的初学者来讲有一定的难度，尤其是如何根据航空航天的特殊环境和特殊要求，在地面上设计合理和可行的实验方法常常影响个体防护装备的工效学准确评估。因此，我们基于飞行员、航天员的飞行环境和飞行任务，以航空和航天的个体防护装备为研究对象，主要从热学和力学防护的角度出发，从其背景意义、实验设计、实验方法、数据分析等角度多方位地阐述航空航天个体防护装备中的工效学实验研究和分析方法，以便同行借鉴和相互交流。

本书共有三篇，分为 9 章：第一篇主要对工效学的发展及其在航空航天领域的运用和发展现状进行介绍，其中，第 1 章阐述工效学的定义、研究内容和发展等，第 2 章对航空航天的个体防护装备、生理学、生物力学和生物传热学进行阐述，第 3 章介绍人体的基本特性；第二篇主要论述舱外航天服和航天服手套的热学和力学实验研究，其中，第 4 章概述航天员舱外作业的环境和舱外作业内容，第 5 章阐述舱外航天服的热学工效实验研究，第 6 章阐述舱外航天服的力学工效实验研究；第三篇主要论述飞行员个体防护装备的热学和力学实验研究，其中，第 7 章描述飞行员的作业环境和作业任务，第 8 章阐述飞行员的热防护和热舒适工效学实验研究，第 9 章阐述飞行员防护装备的作业工效研究力学评价体系和头盔压力舒适性实验研究。

在这里要特别感谢我的博士研究生呼慧敏、田寅生、时会娟、周毕云、刘祚良，硕士研究生陈守平、刘何庆、张春光、李倬有、赵鑫、马德良、陈尧、辛孟怡。他们对我国的航空航天事业有着浓厚的兴趣、无限的热情和坚持，在该项研究中不遗余力地付出了各自的聪明才智、心血和汗水。本书的内容主要是他们在读博士和硕士期间工作的总结和梳理。其中，第一篇由本人和刘祚良整理相关文献完成，第二篇的第4章由周毕云整理相关文献完成，第5章由刘何庆、田寅生、陈尧和周毕云完成，第6章由李倬有、陈守平、马德良和周毕云完成，第7章由时会娟整理相关文献完成，第8章由辛孟怡、田寅生和时会娟完成，第9章由呼慧敏、张春光、赵鑫和时会娟完成。本人的主要工作是进行总体策划和校稿。如果没有他们辛勤的劳动和无私的奉献，本书是不可能完成的。在该项研究工作及本书的撰写过程中还得到了我的老师袁修干教授等许多专家和朋友的大力支持和真情帮助。在此，一并表示诚挚的感谢。

需要强调的是，人体生理系统非常复杂、功能众多，在复杂的航空航天环境下进行个体防护本身就是一件非常困难的事情，再执行一定的飞行任务，这对人和装备都提出了非常高的要求。本书从生物力学和生物传热学角度进行个体防护装备的工效实验研究，仅能从力学和传热学方面阐述一些方法和现象，难以窥视全貌，旨在抛砖引玉，为愿从事个体防护与工效研究的人士提供一些可参考和借鉴的见解。

由于作者研究水平有限，时间紧促，书中难免存在不妥之处，恳请各位专家同仁批评斧正。

丁　立

2021 年 12 月于北京航空航天大学

目　　录

第一篇　个体防护装备的工效学概述

第二篇　舱外航天服工效学实验研究

第三篇 飞行员个体防护装备工效学实验研究

第一篇

个体防护装备的工效学概述

第1章 绪论

1.1 工效学概述

1.1.1 工效学的命名和定义

工效学是一门研究人与系统其他要素之间如何相互作用的学科。该学科研究和应用的范围广、涉及的领域多，各学科、各领域的专家学者都试图从自身的角度给出其命名和定义，因而国际上在很长一段时间内它的命名和定义并不是很统一[1]。

工效学，在欧洲被称为Ergonomics，是出现最早的命名，1857年由波兰教授沃伊切赫·雅斯特莱鲍夫斯基提出。由于这是一门应用学科，所以美国称其为Human Factors（人的因素），派生为Human Factors Engineering（人因工程）。苏联提出了Engineering Psychology（工程心理学）的学科命名。虽然学科命名不同，但其研究内容都较为一致。目前较多国家采用“Ergonomics”或“Human Factors”，作为该学科的英文名称。在中国，“工效学”、“人因工程”和“人-机-环境工程”等正被不同领域的研究者使用[2]。

学科定义多样化，在不同的研究领域和应用背景下，工效学被赋予了不同的定义。2012年以来被广泛引用的是国际人类工效学学会（International Ergonomics Association，IEA）对工效学的定义[3]：工效学（人因工程）是研究人与系统其他要素之间如何相互作用的学科，是应用理论、原理、数据和方法设计使人和系统总的能力达到最优的行业。

还有一些从不同角度出发的、关注重点不同的定义，但这些不同的定义存在一些共同的元素[4]：

① 研究目的：使机器和环境适应人的需要，最大限度地减少人的精神负担和体力负荷，尽可能地使操作更加方便、快捷、准确、可靠，使得人在工作时舒适、安全、不易疲劳。

② 研究内容：人-机器-环境系统的相互关系。

③ 研究方法：对人的能力和行为（生理的、心理的）进行深入研究，把成果用于设计及改善机器和环境。

这些共同的元素表明，尽管命名和定义并不统一，但它们都指同一学科。

1.1.2 工效学的发展历史

工效学自成立到现在已有近80年的历史。自20世纪40年代以来，该学科逐步融合了其他学科的相关理论，不断完善自身的基本概念、理论体系、研究方法以及技术标准规范，形成了一门以人为核心的、研究广泛的、应用广泛的综合性学科[5]。其所包含的最基本思想，早在人类创造和运用劳动工具时期就已存在。人类的祖先开始制造工具并改造工具的形状，使其更方便日常的生产生活，这个过程就体现了工效学的主要思想。纵观工效学的发展史，可以将其大致分为：孕育期、形成期、完善期三个时期[6]。

19 世纪末到 20 世纪 30 年代是工效学的孕育期。这一时期工效学的研究特点是以机器为中心，重点是通过选拔和培训人去适应机器。1857 年，波兰人沃伊切赫・雅斯特莱鲍夫斯基教授首先提出了工效学的概念。在这个阶段，比较著名的实验如下：

① 1898 年，泰勒进行的“铁锹作业实验”——工效学、管理学和工业工程最著名的实验。

② 1911 年，布雷斯夫妇进行的“砌砖作业实验”——从管理学的角度对劳动时间和动作进行研究，精简掉所有非必要的动作，提高 3 倍工作效率。此外，在这一时期，德国心理学家创立了工业心理学，把心理学研究与泰勒等人的研究综合起来，出版了代表作《心理学与工业效率》，提出了心理学对人在工作中的适应与提高效率的重要性，对提高人的适应能力与工作效率做出了积极的贡献。在孕育期所做出的这些研究孕育了工效学的思想萌芽，奠定了工效学研究的基石，至今仍是工效学知识体系中的重要组成部分[7]。

20 世纪 30—50 年代是工效学的形成期。与孕育期相比，这一时期的学科思想完成了重大转变，从以机器为中心转变为以人为中心，“人适应机器”转变为“机器适应人”。造成这一转变的历史背景是第二次世界大战，由于战争的需要，许多国家研制了高性能、大威力的新式武器装备。由于只注重武器装备的性能和威力的提升，忽略了人在操作中的实际能力，导致人和机器间出现了很多矛盾，使得人在实际操作过程中无法完全发挥出机器的性能，甚至出现了严重的操作失误，使得意外事故频发。例如，英国的战斗机仪表由 7 个增加到19 个，美国战斗机上的控制器由 10 个增加到 25 个。操控仪表成倍增加、座舱及仪表的位置设计不当，使得即使是经过严格选拔培训的优秀飞行员也不能完全正确地完成所有操作，导致意外事故、意外伤亡频频发生。此时人们认识到，只有当武器装备适应使用者的生理、心理特性和能力限度时，才能发挥其高性能。从此，对人-机关系的研究，从人适应机器转入到机器适应人的新阶段。

从 20 世纪 60 年代国际工效学学会成立开始，工效学的研究就进入了快速发展阶段即完善期。这个时期，工效学基本集中在复杂的军事工业的研究和应用上，随着航空航天技术的发展，工效学成为航空航天领域的一个重要分支[8]。随后，工效学迅速发展，开始向军事和航空航天以外的民生用品等广阔领域拓展，使学科的社会建制得到了发展和完善，有了可供专业学者发展、交流的平台。这个时期，工效学主要有以下特点：①应用领域范围越来越广，拓展到社会的各个行业；②研究领域不断扩大，控制论、模型论和优化论等理论的建立为工效学提供了新的理论和新的实验场所，同时也给该学科的研究提出新的要求和新的方向，从而使工效学进入系统性的研究阶段。当前，工效学的研究和应用领域可以概括地分为三大类：①尖端技术领域中的工效学，如太空航行的航天员工效、航空飞行的飞行员工效、海上航行的艇员/舰员工效和密闭舱室控制室的设计与操作等；②计算机系统中的工效学，如屏幕显示、键盘输入、操作系统和应用软件的设计与评价、计算机的工位设计等；③传统的工效学，包括人体测量、工作环境、劳动保护与安全以及消费品的设计等。

1.2 工效学的研究内容及方法

1.2.1 工效学的研究内容

图1.2.1所示为工效学所涉及的人-机-环境系统的示意图，可用其来形象描述工效学的研究内容，它包括7个方面：人的特性的研究、机器特性的研究、环境特性的研究、人-机关系的研究、人-环关系的研究、机-环关系的研究、人-机-环境关系的研究。现依据陈信和袁修干教授主编的《人-机-环境系统工程总论》将这7个方面的部分研究内容要点概述如下[9-10]：

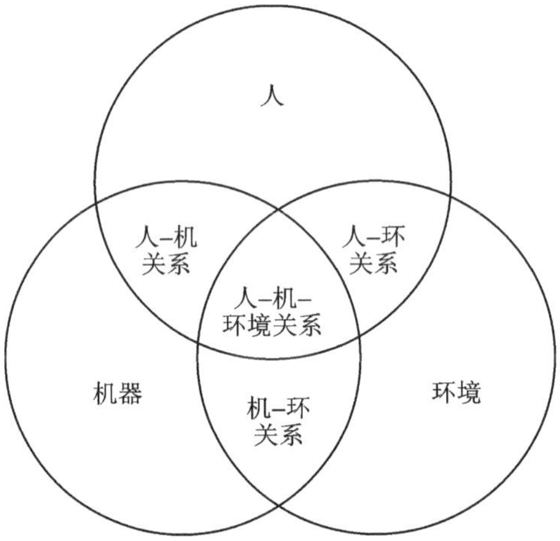

图1.2.1 人-机-环境系统示意图

① 人的特性的研究主要包括人的工作负荷与效能、疲劳研究；人的基本素质的测试与评价；人的体力负荷、脑力负荷和心理负荷研究；人的可靠性研究；人的数学模型（控制模型和决策模型）研究；人体测量技术研究；人员的选拔、训练及人为失误研究等。

② 机器特性的研究主要包括被控对象动力学的建模技术；机器的操纵控制研究；机器的可维护性研究；机器的本质安全性（防错设计）研究等。

③ 环境特性的研究主要包括环境检测技术的研究；噪声、振动、照明、温湿度、气压等物理因素的研究；环境控制技术的研究；环境建模技术的研究等。

④ 人-机关系的研究主要包括静态人-机关系的研究（作业域的布局与设计）；动态人-机关系的研究（人-机界面的研究，显示和控制技术的研究，人-机界面设计及评价技术的研究，人、机功能分配的研究，人、机功能比较的研究，人、机功能分配方法的研究，人工智能的研究）；多媒体技术在人-机关系研究中的应用；数字人体在人-机关系研究中的应用等[11]。

⑤ 人-环关系的研究主要包括环境对人影响的研究、人对环境影响的研究、个体防护措施的研究等。

⑥ 机-环关系的研究主要包括环境对机器性能影响的研究、机器对环境影响的研究等。

⑦ 人-机-环境关系的研究主要包括人-机-环境系统总体数学模型的研究；人-机-环境系统模拟（数学模拟、半物理模拟和全物理模拟）技术的研究；人-机-环境系统总体性能（安全、高效、经济）的分析和评价的研究；虚拟技术在系统总体性能研究中的应用等。

1.2.2 工效学的研究方法

由上述研究内容可知，工效学所涉及的研究领域非常广，研究过程涉及生理学、心理学、统计学、测量学、材料学、环境学、工程学等学科。如何科学地使用研究方法和研究工具，对实际问题进行抽象、量化、分析、评价，便显得尤为重要。若想得到有指导意义的研究结论，必须选择合适的研究方法。目前，工效学中常用的研究方法有以下几种：

调查法：是获取有关研究对象信息的一种基本方法，是一种预先设计好需要询问一系列问题的方法，其目的是获得受试者的态度、喜好和意见的可度量表达方式，可用来评价多种定性变量（如可接受性、使用方便性等），调查法是使用最频繁的一种主观评价方法。

动作分析法：是一种分析技术，它以人在操作过程中的人体各部位（手、眼和身体）的动作（抓取、搜索、移动）为研究对象，通过动作分析，找出并剔除不必要的动作要素，减少无效动作，简化操作方法，使操作流程合理化，以消除实施动作过程中存在的浪费、不合理性和不稳定性，对减少操作者身体疲劳、增加操作舒适性、提高工作效率具有重要意义。

连接分析法：指综合运用感知类型（视、听、触觉等）、使用频率、作用负荷和适应性，分析评价信息传递的方法。

检查表法：也叫校核表法，是利用工效学原理检查构成人-机系统各因素及作业过程中操作人员的能力、心理和生理反应状况的评价方法。

环境指数法：通常包括空间指数法、可视性指数法和会话指数法。其中，空间指数法是用来评价人-机系统的作业空间大小、通道和入口通畅性的方法。可视性指数法也称为视觉环境综合评价指数法，是评价作业场所的能见度以及判别对象（显示器、控制器等）能见状况的评价方法。会话指数法是指房间中的会话能达到两人自由交谈的通畅程度，考虑噪声、距离等因素而得出评价基准值的方法。

海洛德分析评价法：分析评价仪表与控制器的配置和安装位置对人是否适当，常用海洛德分析评价法，即人的失误与可靠性分析逻辑推算法。按海洛德分析评价法规定，求出人们在执行任务时成功与失误的概率，然后进行系统评价。人在最佳视野内即人的水平视线的上下15°范围内对目标的判读或操作的效果最佳，最不容易失误。距离最佳视野越远，操作和判断的失误概率就越高，因此，人的水平视线上下各15°的正常视线区域是最不易发生错误而易于看清的范围。所以，在海洛德分析评价法中对不同的视区以劣化值的形式规定了操作失误的概率。

德尔菲法：美国著名的智囊集团兰德公司提出了一种书面的专家咨询法，称为德尔菲法。它是一种反馈匿名询函法，其主要流程是：在对所要研究的问题征得专家的意见后，进行整理、归纳、统计，再匿名反馈给各专家，再次征求意见，然后再次归纳、统计，第三次匿名反馈给各专家征求意见，直到得到稳定的意见为止。

模糊综合评价法：是一种用于涉及模糊因素的对象系统的综合评价方法。它以模糊数学为基础，应用模糊关系合成的原理，将一些边界不清、不易定量的因素定量化，从多个因素的角度对被评价对象隶属等级状况进行综合性评价。

在分析不同的具体问题时，一般还会使用一些专门的研究工具进行分析评价，如在分析人体热应激时用到的综合热应激指数，在分析人体舒适度时用到的主观七级量表和 Predicted Mean Vote(PMV)方程，在进行人体复杂数据处理时用到的主成分分析法。

尖端科技的腾飞是各学科力量集体发展的结果，对工效学来讲也不例外：我国战斗机已进入四代机时代，中国的载人航天与探月工程正紧张有序地进行着；中国海上力量也正在快速发展。战斗机飞行员在超声速环境中如何紧张有序地执行好所有的战斗任务，在浩瀚宇宙的微重力或无重力环境下如何保证航天员有效执行各种复杂任务，在深海中什么样的舰艇设计可以改善舰员/艇员的生活环境和提高作战绩效，这些都是工效学所要考虑的问题[12]。

随着科技的发展和人们日益增长的生活需求，工效学越来越受到大家的重视。更高的科技水平意味着人要处理更多的信息，进行更多的复杂操作，随之工效学也成为保障尖端科技顺利发展的必要学科之一。当今人们的生活日益富足，人们对消费产品的观念已经从"能用就行"提升到"好用、舒适"的水平，这一观点极大地推动了工效学思想从科研领域走向民用领域。工效学的思想已经渗入人们的生活中，现在无论是专业人士，还是普通人员每天都需要处理大量的信息。对于手机、计算机屏幕显示界面的布置，操作系统和应用软件是否符合使用习惯，人们在行车驾驶时是否能准确接收到各种信息以完成安全驾驶，以及人与各种电子设备间的输入/输出效率等，都在工效学的研究范围之内。

除此之外，现在的商家为提高自己产品的竞争力，体现自己设计的优势，往往都会加入一些工效学的设计理念，并将其作为一种竞争力进行宣传；而人们也渐渐将使用时的方便、快捷、舒适度等因素考虑在自己的选购范围内。

总而言之，工效学正在进入一个快速发展的新时代，已经深入到人类生活的各个领域，它的不断发展和日趋完善必将在科学技术的发展中起到重大作用。

参考文献

[1] Gainer R D. History of ergonomics and occupational therapy[J]. Work: A Journal of Prevention, Assessment and Rehabilitation, 2008, 31 (1): 5-9.

[2] Dul J, Bruder R, Buckle P, et al. A strategy for human factors/ergonomics: developing the discipline and profession[J]. Ergonomics, 2012, 55 (4), 377-395.

[3] Dul J, Weerdmeester B. Ergonomics for beginners [M]. London: Taylor& Francis, 1995.

[4] Karwowski W. International Encyclopedia of Ergonomicsand Human Factors[M]. New-York:Taylor & Francis Group, 2006.

[5] 汪启林. 人体工效学的发展与应用[J]. 国外医学卫生学分册，1983 (6): 338-342.

[6] 董琼. 人体工程学的发展概况[J]. 吉林艺术学院学报，2000 (4): 15-17.

[7] 廖建桥. 国外人体工效学发展的新动向[J]. 应用心理学，1993,8 (1): 58-60.

[8] 钱学森，等. 论人体科学[M]. 北京:人民军医出版社，1998.

[9] 陈信，袁修干. 人-机环境系统工程生理学基础[M]. 北京:北京航空航天大学出版社，1995.

[10] 陈信，袁修干. 人-机-环境系统工程总论[M]. 北京:北京航空航天大学出版社，1996.

[11] 丁玉兰. 人机工效学[M]. 北京:北京理工大学出版社，2005.

[12] 马治家，周前祥. 航天工效学[M]. 北京:国防工业出版社，2003.

第 2 章　航空航天个体防护装备概述

2.1　航空航天个体防护装备的发展现状和趋势

飞行员个体防护装备的概念源于航空救生装备，是航空器飞行中发生紧急情况时，乘员用于离开航空器并安全救生的保障系统，包括降落伞、弹射座椅、密闭救生装置和个体防护装备[1]。其中，个体防护装备包含向飞行员腹部和下肢加压以提高抗正过载能力的抗荷服；对躯干、四肢和体表施加压力以对抗因加压供氧而增加肺内压力的高空代偿服；使空气在服装内流通并在飞行员周围产生适宜温度的通风服；防止碰撞损伤的保护头盔和安全带；保证飞行人员落水后头部能浮出水面而不致淹溺的救生背心、腋下救生器、救生颈圈；保证人员落水后防止体热在短时间内大量散失的抗浸服等[2]。

目前飞行员个体防护装备的发展方向是一体化。国外高性能战斗机飞行员个体防护装备采用系统工程的方法逐步实现个体防护装备一体化，如美国的防化型“空中优势”抗荷系统同时具有抗荷、代偿、防化、防冷水浸泡的功能，同时还采用新材料和微电子技术，减少装备的体积和重量，增强飞行员的工作效率[3]。此外，国外某公司为高性能战斗机飞行员提供的先进技术飞行员防护系统独具特点，它将飞行员的飞行服装与部分传统的座舱功能和成分一体化，使之成为飞机及其座舱的延伸。美国海军和空军都重视发展扩大囊覆盖面积的抗荷技术，但抗荷服覆盖面积扩大后也会带来热负荷增加等问题。这些问题已引起航空工效学专家的重视。在新型战机飞行员防护服的设计中，既要关注个体防护服的基本设计特征与原理，又要做好新型头盔、高空代偿服、通风服和高空密闭服等不同环节的处理工作，确保能够与个人、新型飞行员防护要求相匹配，以此来提升防护效果，为现代战争提供技术方面的支持与保障[4-5]。

航天服是保证航天员安全、有效完成出舱活动的重要个体防护装备，其基本功能是保护航天员远离太空恶劣环境的影响，并提供一个航天员赖以生存的微环境。航天服是一种压力服，其特点是，当它在充气加压时可呈拟人状态，人在服内全身处于同一均匀的气体压力环境中。航天服包括舱内航天服和舱外航天服，其中，舱内航天服是在高空飞行密闭服的基础上发展起来的，一般由航天头盔、压力服、通风和供氧软管、可脱戴的手套、靴子及一些附件组成。舱外航天服主要包括服装和便携式生保背包两个部分。它的主要功能是将航天员与太空环境隔离开来，具有热防护和机械防护等功能，它的组成包括：外罩、真空隔热屏蔽层、气密限制层、通风结构、液冷服、保暖层、内衣、加压手套、航天靴和便携式生保背包。其中，外罩是舱外服的外保护层，其用途是保护服装不受可能存在的机械损伤。真空隔热屏蔽层能保护航天员在舱外活动时，不受过冷或过热的侵袭。气密限制层的功能是限制气密层的膨胀，保证航天员的有效运动。通风结构能将人体不断排出的热量和水汽排出服装。当人体活动量大时，通风方式已不能满足散热要求，此时需要通风结构和液冷服采用联合降温的方式。保暖层位于气密限制层和内衣之间，保护航天员在环境温度变动范围不大的条件下维持舒适状态。内衣则直接影响人体皮肤温度和贴近内衣的空气层温度，要求吸湿性好、透气率高。加压手套要求在充分加压后，尽量不影响手指和手掌活动。航天靴的用途是防寒、防潮、防低压对人体的危害，同时防止机械性损伤。便携式生保背包是一套复杂的设备，其作用是为航天员的生存提供物质保障，它包括气源系统、热控系统、二氧化碳还原系统等。根据上述基本用途设计的生命保障系统应绝对可靠，手动与自动结合，以自控为主；整个系统紧凑，适合装在背包里，背包的体积越小越好[6]。

航天服是在航空飞行员高空飞行时使用的全密闭增压式防护服的基础上发展而来的，美国最早的“水星”（Mercury）任务航天服由海军 Mark－4 高空全压服改进而成，苏联加加林在“东方”（Vostok）号飞船穿着的航天服也最大限度地利用了已有高空全压服的研制经验，以及 S－10 型全压服和 V－3 型防护服的成熟部件。除满足基本防护需求之外，航天服的设计还应充分考虑其对人体活动能力的限制和约束。从工程实施角度，航天服的生理防护能力和工效保障能力通常相互矛盾，需要在两者之间寻求平衡，这也是航天服的设计核心难点。因此，在各个时期的航天任务里，在保证生理防护需求的条件下，改进提升航天服工效性能一直是各国航天服研制工作的重点。自我国载人航天工程实施以来，先后突破了天地往返、出舱活动以及交会对接 3 项关键技术，完成了舱内航天服和我国“飞天”舱外航天服的研制。随着目前载人空间站建设的稳步推进，航天员将逐步开始低频率、长时间的近地轨道出舱作业，未来还可能面临月球、火星、小行星等深空探测目标，空间出舱活动能力已成为载人航天技术发展的焦点和竞争点，因此，对航天服的个体防护技术提出了新的需求，也给工程实现带来了挑战[7]。

为适应未来星际探测的需求，在航天服总体规划方面，应致力于模块化设计与精细化设计，在不同的任务阶段采用不同模块的组合，在轨道出舱和星际探索任务中实现航天服的通用性，有效地减小发射重量。在航天服个体防护技术的深度研究中，短期内是以低压力制度的软体结构为主结构，通过有效的关节技术、轻量化承压结构机构技术、先进材料技术和成型工艺等研究逐步递进，未来实现满足任务需求的变压力制度软式压力服研制和向局部机械反压式压力服的革新。从航天员工效来讲，主要侧重于航天特因环境下人的能力特性、航天器工效学设计与评价、数字航天员作业能力建模与仿真等方面的研究。

2.2　航空航天个体防护装备生理学问题

2.2.1　航空个体防护装备生理学

随着近代航空航天事业的飞速发展，飞机的机动飞行能力越来越高，现代战斗机具有越来越出色的敏捷性和机动性，而这必然会使飞行员面临更高的机动过载，具体表现为：过载大、过载增长率快、大过载持续时间长，这对飞行员的生理机能产生较大的负面影响，进而影响战斗机飞行性能的发挥。抗过载已成为飞行员生命保障系统的重头戏，而飞行员个体防护装备为飞行员提供了生理代偿防护的安全保证。

过载按照方向可分为正向过载和负向过载，二者对飞行员的生理机能有着不同的影响。其中，正向过载是指在加速度的情况下，离心力从头部施加到脚，血液被推向身体下部分；负向过载是指飞行员在负加速度下飞行时（例如倒飞），血液上升到头部的情况。在飞行员受到正向过载时，血液流向腿部和腹部，使得供往大脑和眼睛的血液减少，造成大脑和眼睛缺氧。随着过载的逐渐增加，飞行员将会产生“灰视”，丧失识别颜色的能力，紧接着出现视野狭窄，然后就是“黑视”——视力完全丧失，最后是知觉丧失，即为“死亡点”，其后果可能是致命的。当负向过载发生时，血液会淤积在颅内，导致脑血管爆裂，产生“红视”现象[8]。

目前，用于抗过载的主要技术装备是飞行员的个体防护装备，其中最核心的是抗荷服。抗荷服的基本原理是向人体下肢和腹部加压，减少正向过载对人体心血管系统的不良作用，以实现其抗荷效果。阻止和减少正向过载对血管系统的最初作用以及延迟其作用的效应是抗荷服的主要功能。当正向过载开始作用时，调压器在过载 1.5g 时启动，过载每增加 1g，抗荷服就增加约 0.1 个标准大气压，直至到达 10g 的过载。这种抗荷服可把大多数飞行员 5～6g 时的过载承受力提高约 1.5g。抗荷服的充气可使下肢周围血管的阻力立即增高，并且阻止膈肌下降，在加速度开始作用后，抗荷服也可降低下肢周围血管内血液的积蓄量，使过载作用下人体血液分布保持正常。夏天高温环境中，这些装备又可能会在飞行员待机或低空飞行时存在散热不足问题，导致飞行员出现热积现象，严重时还可能引起热应激。同时，现代航空科学技术的迅速发展正在以其巨大的冲击力，改变着空中作战模式、观点和理论。随着具有超高空和跨大气层飞行、超声速远航程、灵活起降、超视距作战、隐身、机动敏捷性好等特点飞机的出现，将对飞行员特种防护设备的发展和航空生命保障方式提出更高的要求。先进氧气防护装备和技术是飞机战术技术性能提高的标志之一。随着飞机性能的提高，航空供氧装备新技术含量是增加的。高空气压环境因素的改变会引起飞行员一系列的生理效应，剧烈的气压变化可能会导致人体产生病理性变化，或形成器质性的伤害。因此，个体防护装备包括供氧面罩或加压头盔、高空代偿服、氧气调节器等通过人工提高吸入气和肺泡气氧分压水平，来达到减轻或免遭低压环境与缺氧因素对人体的影响和损害的目的。

2.2.2 航天个体防护装备生理学

太空环境非常恶劣，不仅有高真空、缺氧、极端的温度和宇宙辐射，而且还有陨星、微陨石和微陨尘，所有这些因素都可能危及航天员的身体健康和生命安全。人们在地面上生活，由于有大气层的保护，才能有幸免遭这些恶劣环境因素的影响。航天员离开地球，乘坐载人飞船进入太空，不会遭到这些恶劣环境因素的影响，是因为飞船内有环境控制与生命保障系统，其提供了正常的大气压力、充足的氧气、适当的温度和湿度。但是，航天员一旦离开飞船，进入空旷的太空，就只有依靠航天服了。另外，如果航天员在发射或返回时发生意外，降落到海中、荒漠或丛林地带，那么航天服还是重要的个人救生装备。

面向空间站任务，航天员入轨和返回时将会经历重力转换过程，在此过程中，前庭与神经系统以及本体感觉将会经历重力变化过程，需要重新适应新的重力环境。因此，经常产生感觉的不一致，以致发生人体部分感受器（如前庭、免疫、节律等）的紊乱现象，产生错觉。在此种情况下，航天服的设计要充分考虑新的重力环境的影响，包括生理感官调整导致重力环境转换引起的失定向以及微重力对尺寸的影响，在空间飞行中航天员的身高会增长 3%等[9]。

同时，由于氧分压降低，机体缺氧的各类症状随即发生，因此航天服还需要补充航天员的代谢耗氧，实现供氧调压功能，保证航天服内的气体成分满足呼吸用气的要求，实现气体净化功能。同时，极端低压环境还可能造成体液沸腾等严重后果，因此针对低气压或真空环境，要为航天员建立一个微小的密闭承压环境，实现压力防护功能，维持航天服内的工作压力的同时，按需提供氧气供给[8]。

2.3　航空航天个体防护装备生物力学

生物力学是应用力学原理和方法对生物体中的力学问题定量研究的生物物理学分支的学科，通过生物学与力学原理方法的有机结合，认识生命过程中的规律，解决生命与健康领域的科学问题。生物力学研究的前沿技术之一就是航空航天个体防护装备，研发个体防护装备时需要进行大量的力学数据分析，如美国宇航局利用从近 50 年的航天服测试中所收集的大量航天员的移动数据，通过简单的统计分析，量化航天员的运动能力。

2.3.1　航空个体防护装备生物力学

在设计航空个体防护装备时，安全防护中的力学问题所面临的实际环境多伴有非常极限的状态，此时最容易造成身体的损伤，从而导致不必要的减员。高过载是飞行人员经常面临的情况，严重时会发生意识丧失，若不采取有效的防护措施，则可引起较严重的飞行事故。使用高空抗荷服是国内外对抗高过载较为普遍的防护措施。抗荷服的基本原理是向人体下肢和腹部加压，减少超重对人体心血管系统的不良作用，以实现其抗荷效果。阻止和减少正加速度对血管系统的最初作用以及延迟其作用的效应是抗荷服的主要功能，在正加速度开始作用时，对抗荷服的充气可以使下肢周围血管的阻力立即增高，并且阻止膈肌下降；在加速度开始作用后，抗荷服也可降低下肢周围血管内血液的积蓄量，使过载作用下人体血液分布正常。高空抗荷服的设计、覆盖面积会影响身体内压的稳定性。一款抗荷服的设计会提出十几种方案，至于哪种方案符合防护安全设计要求，过去需要制作出样品进行测试，而现在已经可以用生物力学方法来模拟外部环境，计算各个组织以及局部的应力和应变情况，这样可以直观地判断所测试的方案是否达标。需要指出的是，受限于组织力学特性的测试和验证，目前仿真研究也只针对部分生物组织进行[10]。

航空个体防护装备还能缓解人体疲劳，维持肌肉组织活性下降时人体的机能。这类问题在装备设计中非常普遍，但也会在某些情况下干扰飞行员的驾驶、逃生、自救，甚至造成飞行员意外受伤，影响飞行员的飞行寿命。例如，加压面罩的设计。加压面罩是高空飞行中应对急性缺氧的必备装备，目前在我国使用的通用加压面罩中，还普遍存在鼻翼贴合度问题，在高空的高压氧气补给中，极易出现漏气现象，这种漏气会直接对眼角喷射，造成眼部不适，影响作战能力。此外，脊柱参与多种活动，当人体上身被固定在椅背上时，伸手可达到的活动距离会显著缩小。因此，目前出现了飞行员装备系统化和个性化定制等解决方案。当然，这也意味着研发成本的增加。如果能引入生物力学方法去研究，就会大大降低成本和缩短研发周期。

2.3.2　航天个体防护装备生物力学

由于太空环境恶劣，为有效保护航天员的生命安全，作为航天个体防护装备的航天服在材料和结构上很难进行轻量化设计，而且它比航空个体防护装备更大。航天服一般是全服密闭的，服装压力对身体的负担不是局部的，而是扩展到全身的，这就使得身体负荷加重，使疲劳期更早到来。因此，安全是航天服生物力学问题研究的前提，航天服在为人体提供压力防护的同时，会束缚人体关节的活动性，这就意味着设计先进航天服时需要配置与人体的关节相适应的关节体系。

舱外航天服是在结构上最复杂、功能上最齐全的压力防护服，用于保护航天员舱外活动不受空间环境的影响。航天服设计时需要满足活动性能、省力、节能和保持姿势的要求。活动性能是在人体力学要求的基础上，制定的舱外航天服关节设计规范，除了腰部之外，对其他关节的活动性能均能较好地满足要求。在人体各部位的活动中，上肢与脊柱的力学要求比较复杂。上肢的动作包括肩关节与肩连同肩胛骨的联合活动。首先是上肢以肩关节为中心转动，此时肩关节未移动；其次是肩胛骨连同锁骨以胸骨为中心转动，此时肩关节向上移动，这些活动部位的特征是航天服上半身上部设计的依据。航天员在空间执行复杂而又艰难的任务时，需要省力与节能。但失重环境的肌肉力学特征不同于地面重力环境，设计航天服的基本要求之一是人体相应部位活动的阻力降到最低程度，以减少肌肉能量消耗，并能满足航天员在天上需要的力矩[11-12]。

事实上，航天服可活动的部分十分有限，其上下肢关节活动特性直接决定了航天员星际探测活动范围和任务完成能力，因此，需要开展人体肢体运动特性和先进航天服肢体关节技术的研究。舱外航天服的活动大多需要机械臂辅助进行，上肢活动也不能按照地面上的生物力学概念进行研究，主要原因有：①长期飞行过程中骨流失现象非常严重，骨组织密度会发生变化，不能按照地面的承压能力去设计；②血液分布和血液总量发生变化，血氧降低，肌肉活性下降，表现为肌肉萎缩和肌力下降，不能以常理视之；③服装上的轴承位置与人体的生理关节结构并不直接对应，某些动作在太空中是无法完成的，例如左右手无法放后背。然而，航天员在舱外活动时，80%以上的任务动作都涉及手动作业，因此舱外航天服手套的设计和改进是整个航天服系统设计中的重点内容。舱外航天服手套从内到外分别为气密层、限制层和防护层，每层材料的力学特性都存在差异，另外，在太空中材料的物性还会因环境而发生变化。因此，在太空中普遍存在操作难度上升、疲劳加剧等现象。目前，这些因素对手动作业的影响主要是通过反复实验得到的，而通过调节生物力学模型的外周条件可以在一定程度上模拟手动作业，为航天员的日常训练、出舱任务、紧急情况的处理提供合理的建议[13-14]。

2.4　航空航天个体防护装备传热学

能源是人类存在的基石，也是人类文明的动力。热量是能源利用过程中物体内能改变的一种量度，热量可由一物体传至另一物体，也可由物体的某一部分传至另一部分，这个过程称为传热。传热是由温度差引起的，在自然界和工程技术中，温度差普遍存在，因而传热现象也普遍存在，只是传热方式和程度有所不同而已。物体在大气中高速运动时，表面的气体会产生很大的热量，例如，飞行器坠入大气层时，其表面所产生的热量足以烧毁飞行器本身，对于航空和航天工程来说，随着飞行速度的不断提高，传热的问题显得越来越重要。

2.4.1　传热学基本原理

传热过程一般通过 3 种基本形式实现，即热传导、热对流和热辐射。

热传导基本定律是由法国物理学家傅里叶于 1822 年通过实验，运用数学方法演绎得出的，也称傅里叶定律：

$$\phi = \lambda A \frac{\mathrm{d}T}{\mathrm{d}x} \tag{2.4.1}$$

式中：ϕ 为导热热流量(W)；A 为与热流方向垂直的面积(m^2)；dT/dx 表示该截面上沿热流方向的温度增量，简称为温度梯度(K/m)；λ 称为导热系数或导热率(W/(m·K))。

热对流是指由于流体的宏观运动使不同的流体发生相对位移而产生的热量传递现象。其特点是只能发生在流体中，必然伴随导热现象。对流换热是指流体与固体表面之间的热量传递。对流换热的基本定律是英国科学家牛顿(Newton)于 1701 年提出的牛顿冷却公式：

$$\phi = hA(T_w - T_f) \tag{2.4.2}$$

式中：ϕ 为对流换热热流量(W)；T_w 和 T_f 分别表示壁面温度和流体温度(℃或 K)；A 为固体壁面对流换热表面积(m^2)；h 为对流换热系数(W/(m^2·K))，也称表面传热系数，h 不是物性参数，其值反映了对流换热能力的大小，与换热过程中的许多因素有关，如流速、流体物性、换热表面等。

热辐射是由于物体内部微观粒子的热运动而使物体向外发射辐射能的现象。在热量传递方式上，热辐射与热传导和热对流相比具有许多固有的特点：热辐射无需物体直接接触；可以在无中间介质的真空中传递，并且真空度越高，热辐射传递效果越好。在传递过程中伴随着能量形式的转换，即发射时将热能转换为辐射能，而被吸收时又将辐射能转换为热能。任何热力学温度大于零的物体都会不停地向空间发出热辐射。

热辐射基本定律：

$$\phi = \sigma A T^4 \tag{2.4.3}$$

式中：ϕ 为辐射热流量(W)；T 为热力学温度(K)；A 为辐射表面积(m^2)；σ 为斯忒藩-玻耳兹曼常量，也称黑体辐射常数，其值为 5.67×10^{-8} W/(m^2·K^4)。

实际物体辐射热流量的计算可以采用斯忒藩-玻耳兹曼定律的修正形式：

$$\phi = \varepsilon\sigma A T^4 \tag{2.4.4}$$

式中：ε 称为该物体的辐射率，也称黑度，其值恒小于 1，与物体的种类及表面状态有关。

2.4.2　航空航天的温度环境

现代航空活动范围已遍及整个地球的各个纬度和高层大气，活动的时间不分季节、白天和夜晚。因此，一次飞行中会遇到巨大的环境温差。比如从炎夏的北京飞到南极洲(此时正好是冬天)，其温差可达到 100 ℃以上。大气好比是空气的海洋，其温度不是一成不变的，而是根据不同的气象条件和地理环境呈现不同的气温变化的特征。

1. 环境温度对人体的影响

高温对人体的影响：高温会使人体大量出汗，势必引起肌体缺盐，细胞外钠离子降低，细胞外体液减少，血液浓缩。在高温环境中持续工作，常会使动脉血压增加，加重心脏负担。高温会导致神经系统表现为注意力不集中，肌肉收缩能力、动作的协调性和准确性降低。高温会使人体工作能力降低，对异常环境的耐受能力降低。

低温对人体的影响：低温会使人体肢体冻伤，从而产生疼痛感；同时，在低温下，精细灵巧度及双手协调能力都显著降低，严重影响飞行员在救生过程中的求生能力。

2. 异常温度环境的个体防护装备

对环境温度的防护，包括提高机体代偿适应能力、建立人工微小气候环境和使用个人防护装备这三方面的措施。由于人体的适应能力有一定限度，尤其是不可能承受飞行活动中极端高低温的暴露，因此防护装备的使用占有重要的地位[15]。

航空个人防护装备主要有两种：通风服和抗浸服。其中，通风服是不断将温度较低的气流送入特制的服装内，在人体表面与服装之间形成一个均匀流动的气流层，以建立适宜的微小气候的服装；抗浸服亦称抗暴露服，是海上跳伞救生中使用的具有防水保暖性能的特殊服装。

航天个人防护装备主要是航天服。航天服由服装、头盔、手套和航天靴等组成，是结构最复杂的服装。以美国舱外航天服为例：航天服由 14 层组成，最里层是液冷通风服，由尼龙弹性纤维和穿在上面的许多输送冷却液的塑料细管制成。液冷通风服外是气密层，防止服装内气体泄漏。气密层外是限制层，限制气密层加压后向外膨胀。限制层的外面是防热防微陨尘服，起防热和防微陨尘作用。

3. 服装的热传递特性

现在有不少研究人体对温度应激或剧烈活动时产生反应的模型，正是由于对服装因素的适当描述不够充分，从而使模型的应用受到不同程度的限制。因此，在研究人体与外界的热交换时，应该高度重视服装因素的作用，把人体-服装-环境三者作为一个系统进行考虑。

体表的热量通过服装经对流(C)和辐射(R)与环境进行热交换的部分，有时称为干热传递或显热传递。通常讨论服装隔热时，主要涉及显热传递。服装在人体与环境间的导热量与服装内外表面的温差、导热面积成正比，与服装厚度成反比，关系如下：

$$Q = \frac{\lambda}{\delta} S \Delta t \tag{2.4.5}$$

式中：Q 为服装导热量，W；λ 为导热系数，W/(m^2 • ℃)；S 为服装表面积，m^2；Δt 为服装内外表面温差，℃；δ 为服装厚度，m。如以单位面积导热量(q)计，则

$$q = \frac{\lambda}{\delta} \Delta t = R \Delta t \tag{2.4.6}$$

式中：R 为通常所称的服装的热阻，即 $R = \frac{\lambda}{\delta}$，表明热阻与服装厚度成正比，与服装材料的导热系数成反比。这里也可看出服装的热阻越大，散热量越小。当干热从皮肤表面传至衣服表面时，还要通过附着在衣服表面的空气边界层才能传至环境，因此边界层空气也构成散热的屏障，具有一定隔热作用，即空气隔热值。影响服装隔热值的因素有很多，但主要取决于织物内死腔空气的含量和衣下静止空气层的状态。对服装选材、设计制作、穿着方式和使用条件等方面，都应适当考虑空气隔热值，以使服装能尽量满足人体热平衡的要求。

例如航天服，根据其气密的特点，外界环境中湿度变化对服装隔热值影响不大，但当生保系统去湿能力不足或发生故障时，航天员活动时产生的汗液等水汽不能及时排除，积聚衣下，也会使服装密度增加，导热性增大，隔热值下降。

当在低温环境下剧烈活动引起出汗或人体处在高温环境下汗液蒸发成为主要散热途径时，这时单独用隔热值来表示服装温度特性便不够充分了。汗液的冷却效率取决于皮肤表面与环境间水汽压差和服装水汽通透性，后者与其他因素整合成蒸发热传递系数。由此，服装的温度特性应包括干热传递和水汽传递两方面。关于服装的蒸发热传递通常用透湿指数(i_m)和透湿效率因子(f_{pcl})来表示。

Ooholi T. 等人用透湿指数来描述从皮肤表面经服装的蒸发散热量：

$$i_m = \frac{I_{clo} E_{sk}}{16.5(P_{sk} - P_a)} \tag{2.4.7}$$

式中：E_{sk} 为蒸发热传递量，W/m^2；$P_{sk} - P_a$ 为皮肤表面与环境空气水汽压差，kPa；I_{clo} 为服装总隔热值，$(m^2 \cdot ℃)/W$；16.5 为常数，℃/kPa。

Nishi 及 Gagge 提出透湿效率因子以评价透湿性能，即评价服装对水汽的阻力和它从出汗皮肤表面的传递。f_{pcl} 表示穿了服装后人体蒸发散热率是在该给定环境下不穿服装时的比值，其表达式为

$$f_{pcl} = \frac{1}{1 + 0.143 h_c I_{cl}} \tag{2.4.8}$$

式中：h_c 为对流散热系数，$W/(m^2 \cdot ℃)$；I_{cl} 为服装的热阻，clo。

2.4.3　航空航天领域传热学的研究与应用

1. 航空个体防护传热学

在航空领域，飞行人员的代谢产热、仪器产热、空气摩擦等都是机舱内的热源来源。其中代谢产热强度取决于飞行员年龄、性别、环境温度、营养和体力劳动等。随着外界环境温度的下降，产热量因物质代谢加剧而增加。体力劳动强度越大，越紧张，产热量越大。肌肉完全静止（躺卧）状态下，产热量最小，体重 70 kg 的人产热量约为 58 W/m^2。在一般飞行状态下，飞行员的产热量可超过 100 W/m^2。而在低空飞行、过载等状态下，由于活动剧烈，产热量可增加 2～3 倍。

军用飞行器飞行人员穿戴的各种防护装备，如抗荷服、代偿服、抗浸服、保护头盔等，都具有明显的隔热效果，从而妨碍人体通过对流和蒸发作用进行的散热过程，进一步加剧了机体热负荷。防护服装引起人体热应激的程度主要取决于服装覆盖人体的面积及服装面料的透气性能[16]。目前，飞行员个体装备防护技术主要发展趋势是“系统考虑，综合防护”，要求不仅个体防护装备间要充分协调，而且防护系统还要和弹射救生系统乃至相关的武器系统统筹考虑，并行设计，使系统的性能、重量、成本、可靠性达到最优。采用多功能一体化、标准化、系列化、模块化的设计技术，既能实现综合防护，又能根据作战任务有所取舍。总之，在航空活动中，环境因素、飞行器因素、飞行人员及其防护装备因素引起的热负荷问题突出，必须进行专题研究解决。

2. 航天个体防护传热学

在航天领域，舱外航天服是航天员在舱外活动的生命保障设备，舱外航天服性能的完备与否直接关系着航天员的舱外工作。自从人类第一次出舱以来，舱外航天服的热性能已有了很多改进和完善，服装已能满足在舱外持续工作 8 小时的要求。在舱外活动时，航天员只有通过舱外航天服手套才能进行作业，它的性能完备与否直接影响着舱外作业是否能够顺利完成。由于太空环境恶劣和作业工效的缘故，使得舱外航天服手套必须具有热防护、抗打击和气密的能力，而且还要保证作业工效，这使其成为舱外航天热防护设计中最引人注意和最困难的问题之一。

在舱外航天服手套的设计中，由于工效的要求，手套的保温层不能太厚，当航天员长期处于太阳或地球辐射的阴面时，就会出现航天员手热防护不足的问题[17]。常有出舱作业的航天员抱怨手/足太冷的报道，如 1995 年美国发现号航天飞机作任务代号为 STS－63 飞行时，航天

员就因手太冷而不得不提前回舱。对此，美国对手套采用了电加热措施。为避免出现不必要的失误或耗费，需要对美、俄舱外航天服手套所出现的情况进行研究。舱外航天活动工效中的舱外航天服手套热防护问题也将是我国航天员出舱活动必然要遇到的问题，需持续对舱外航天服手套的热防护特性做进一步研究。

参考文献

[1] 余莉.飞行器救生及个体防护技术[M].北京：国防工业出版社，2015：313.

[2] 王慧，王子琦，杨健.中国新型战机飞行员防护服特征解析[J].科技风，2018(32)：13.

[3] 吴绪清.抗荷服的研究现状与发展趋势[J].中华航空医学杂志，1995(01)：11-13.

[4] 柯美娥.突破生理耐受极限——欧美飞行员生命保障系统评介[J].现代军事，2006(05)：49-52.

[5] 刘保钢，李良明，张建伟，等.飞行员个体防护装备适体性模糊综合评价方法的建立[J].中华航空航天医学杂志，1998(03)：18-22.

[6] 张万欣，李潭秋，尚坤，等.航天服压力防护技术发展与构想[J].航天医学与医学工程，2018，31(02)：121-130.

[7] 贾司光，陈景山.航天服工效学问题[J].航天医学与医学工程，1999(05)：371-375.

[8] 贾司光，陈景山.人体力学的生理基础及其在压力防护服设计中的应用[J].航天医学与医学工程，1999，12(6)：436-440.

[9] 王春慧，陈晓萍，蒋婷，等.航天工效学研究与实践[J].航天医学与医学工程，2018，31(2)：172-181.

[10] 姜宗来，陈维毅，樊瑜波.中国生物力学研究展望[J].科技导报，2019，37(03)：27-29.

[11] Aitchison L. A Comparison of Methods for Assessing Space Suit Joint Ranges of Motion[C]// International Conference on Environmental Systems, 2013.

[12] 刘东岳，杨洪瑞，罗诗瑶，等.基于步态行走的航天服关节技术研究进展[J].航天医学与医学工程，2019，32(04)：370-376.

[13] 庞诚，陈景山.舱外航天手套对手动作业的影响及解决办法[J].中国空间科学技术，1997(06)：36-41.

[14] 张楠楠，田寅生，徐欢，等.航天员舱外活动中典型动作的分类统计与分析[J].航天医学与医学工程，2011，24(05)：366-368.

[15] 刘峰.航空个体防护技术与装备[M].北京：科学出版社，2008.

[16] 杨国甫.直升机防护救生系统技术与发展[M].北京：航空工业出版社，2013.

[17] 丁立.舱外航天服手套的热特性研究[D].北京：北京航空航天大学，2000.

第3章 人体基本特性

人体的特性是工效学研究的基础，也是个体防护装备研制的出发点，这里简单介绍一下所涉及人体特性的最基本知识。这些知识是根据相关工效学书籍进行整理的，主要包含人体尺寸、人体生物力学特性、人体传热学特性、人体作业类型和特点及人体的感知觉特性，目的是让读者对人体特性有所了解，以便于对后面实验的理解。

3.1 人体尺寸

3.1.1 人体尺寸测量

人体尺寸是人体工效学的基本内容。为了使各种与人体尺寸有关的设计对象能符合人的生理特点，让人在活动时处于舒适状态和适宜的环境中，就必须在设计中充分考虑人体的各种尺寸，这就要求设计者要熟悉一些有关人体尺寸测量方面的基础知识。

人体尺寸可分为静态尺寸和动态尺寸。其中，静态尺寸是受试者在固定的标准位置所测得的躯体尺寸（如手臂长度、腿长度、坐高等），也称为结构尺寸。GB 10000—88 是 1989 年 7 月开始实施的我国成年人人体尺寸国家标准。该标准提供了七类共 47 项人体尺寸基础数据，标准中所列出的数据是代表从事工业生产的法定中国成年人（男 18～60 岁，女 18～55 岁）的人体尺寸，并按男、女性别分开列表。动态尺寸是在人体活动的条件下测得的，主要是关节转动所产生的角度与肢体长度协调产生的尺寸和各种参数，也可称为功能尺寸。它对于解决许多带有空间范围、位置、损伤防护和人体舒适等的问题很有实用价值。

虽然静态尺寸对某些设计与应用来说具有重要意义，但在大多数情况下，动态尺寸的用途更为广泛。在运用人体动态尺寸时，应充分考虑人体活动的各种可能性以及人体各部分协调动作的情况。例如，人体手臂能达到的范围绝不仅仅取决于手臂的静态尺寸，它必然受到肩关节的运动和躯体的旋转、背部弯曲等情况的影响，因此，人体手臂的动态尺寸内涵远大于其静态尺寸，动态尺寸对于大部分设计任务而言也更有意义。参考动态尺寸的设计将会把关注点更多地集中在操作功能中。

我国成年男女的身高比例分布是不同的，因此在设计中究竟应该采用什么范围的尺寸作参考就成为一个值得探讨的问题。研究者们一般认为，针对室内设计中的不同情况，可按三类人体尺度来考虑：

① 按较高人体高度考虑的空间尺度，例如楼梯顶高、栏杆高度、阁楼及地下室净高、门洞高度、淋浴喷头高度等，一般可采用男性人体高度的上限再另加鞋厚。

② 按较低人体高度考虑的空间尺度，例如楼梯踏步，厨房吊柜、搁板、挂衣钩及其他空间置物的高度，盥洗台、操作台的高度等，一般可采用女性人体高度的下限另加鞋厚。

③ 一般建筑内使用的空间尺度，可按成年人的平均高度来考虑，例如，剧院及展览建筑中考虑人的视线及普通桌椅的高度等。当然，设计时也需要另加鞋厚。

总体来说，室内设计时，对于人体尺度具体数据的选用，应考虑在不同空间及维度的状态下，人们动作和活动的便利舒适度以及对大多数人都适宜的尺寸，并强调以安全为前提。

人体测量的数据常以百分位数表示人体尺寸等级，百分位表示具有某一人体尺寸和小于该尺寸的人占统计对象总人数的百分比，最常用的是第 5、第 50、第 95 这三种百分位数。其中，第 5 百分位数表示“小”身材，是指有 5%的人群的身材尺寸小于此值，而有 95%的人群的身材尺寸大于此值；第 50 百分位数表示“中”身材，是指大于和小于此值的人群的身材尺寸各为 50%；第 95 百分位数表示“大”身材，是指有 95%的人群的身材尺寸小于此值，而有 5%的人群的身材尺寸大于此值[1]。

3.1.2 人体尺寸的应用原则

人体大小各不相同，设计时不可能满足所有的使用者。为了使设计能适合于较多的使用者，在应用人体测量数据时应考虑以下原则：

① 由人体身高决定的物体，如门、船舱口、通道、床、拉架等，其尺寸应以第 95 百分位数为依据。

② 由人体某些部分的尺寸决定的物体，如取决于腿长的坐平面高度，其尺寸应以第 5 百分位数为依据。

③ 可调尺寸，应可调节到使第 5～95 百分位数之间的所有人使用方便。

④ 如果在一些特殊情况，例如超过界限以外会危害其健康或增加事故的发生，又如安全出口的尺寸设计，则不应该以第 5 百分位数和第 95 百分位数为界限值，而是应扩大到第 1 百分位数和第 99 百分位数。

⑤ 门铃、插座、电灯开关的安装高度以及付账柜台高度，应以第 50 百分位数为依据。

3.2 人体生物力学特性

生物力学是应用力学原理和方法对生物体中的力学问题进行定量研究的生物物理学分支，其中人体生物力学是通过静力学、动力学以及运动学的基本原理结合解剖学、生理学来研究人体运动的学科。生物力学中的应用研究是应用科学知识造福人类。肌肉骨骼系统的损伤和疾病是工业国家的主要职业疾病之一，通过了解肌肉骨骼系统在工作中如何进行调节，制定指导方针来帮助人体在人-机系统中更好地发挥作用，尽量避免做无用功，使人能有效地工作，提高活动效率，减少疲劳并确保人身安全。

人体是以骨为杠杆，关节为枢纽，肌肉收缩为动力的运动系统，因此人体的生物力学特性可以从骨、关节、肌肉三方面去介绍。

3.2.1 骨的生物力学特征

根据外力作用的不同，人体骨骼的受力形式可分为拉伸、压缩、弯曲、剪切、扭转和复合载荷几种形式。载荷会在骨内产生拉应力、压应力和剪应力，相应地对骨的结构造成不同影响。

骨的结构被广泛认为通过进化过程形成了最优化的结构，其结构优化结果主要包括：①均匀强度分布，即在特定的加载条件下，骨的材料每一部分受到的最大应力相同；②轨道结构，即只在力的承受和传递路径上使用材料，而在其他地方是空洞。

从生物力学的角度看，人体经常进行运动训练，会为骨骼营造一个新的受力条件。根据骨的功能性适应原理，当外力条件发生变化时，骨能通过内部调整以有利的新的结构形式来适应新的外部环境。运动对骨的影响，也就是骨对变化的力环境功能适应性的表现。

3.2.2　关节的生物力学特性

关节的基本功能是传递人体运动的力和保证身体各部分间的灵活运动。明确力在各种关节中的传递方式以及关节的运动特点是关节生物力学的主要目标。

关节主要由关节面、关节软骨、关节囊和关节腔构成，关节腔中充满了关节液，起到关节润滑作用。关节的润滑机制主要与关节软骨和关节液有关。其中，关节软骨的主要功能是减小关节活动时的阻力，减小关节面负载时的压强，减轻震动。

关节静力学：分析关节在静止状态下的受力状况，一般是采用关节静力分析法，即根据杠杆平衡条件估算关节受力和关节力矩。因此，对同一个关节来说，不同的环节位置、负重的大小就会有不同的关节反作用力和力矩。

关节运动学：关节是人体运动的枢纽。关节的运动形式可以归纳为绕三个基本运动轴的运动：屈伸、展收和旋转运动。一般来说，关节的两个运动学特征比较受到重视：一是关节的运动幅度，二是达到运动幅度的方式（舒适和尽力运动范围）。

关节动力学：关节动力学包括两方面内容：一是组成关节的各部分在外力作用下的关节特性，如关节软骨、关节液及其润滑机制等；二是作为一个结构整体的关节动力学，根据测定的肢体末端的外力和运动学数据，计算关节的反作用力和肌肉力矩。

研究证明，系统的体育锻炼可以使关节面骨密质增厚，从而能承受更大的负荷并增强关节的稳固性；此外，体育活动还可以使一些辅助结构如关节肌腱、韧带增粗，肌肉力量增强，提高关节的稳定性。

3.2.3　肌肉的生物力学特性

肌肉是人体运动系统的动力器官，肌肉不但可以被动地承受载荷，而且具有自主收缩的能力，可以能动地将化学能转化为机械能做功。在肌肉生物力学领域中，Hill（1938）的开创性工作奠定了骨骼肌力学的基础。Hill 方程表明：在收缩状态下，单位时间内从化学反应获得的机械能是常量。从力学观点来看，Hill 方程描述了骨骼肌收缩时的力-速度关系：张力越大，缩短速度越慢，反之亦然。Hill 的三元素模型一直主导着肌肉生物力学的研究，相关研究不断进行改进，以概括更多新的实验结果。尽管 Hill 的三元素模型仍存在一些缺点（实验所得的参数不是肌肉的固有性质，仅仅是肌肉性质在某种模型中的反映，而这种模型并不是唯一确定的），但是近几十年的实践证明，对骨骼肌的性质来说，Hill 方程和三元素模型仍然是一种良好的近似[2]。

肌肉力量训练是广泛采用的改变肌肉力学性能的方法。力量训练可由增大主动肌力和减少对抗肌力两种途径进行，其结果是肌肉的体积明显增大，一般认为肌肉体积增大是肌纤维增粗的结果。对肌肉性能生物力学评价的常用指标有肌肉功率、肌力变化梯度和肌力矩等[3]。

3.3 人体传热学特征

人必须通过摄取食物和氧气来维持基本的生命活动。食物经过人体的新陈代谢后产生热量，这些热量必须以与产热相同的平均速度散热，才能维持人体的热平衡。一般情况下，人体新陈代谢所产生的热量全部都要散发到周围的环境中，散热量取决于劳动强度。人体散热的方式主要有传导、对流、辐射、蒸发、呼吸等。借助人体自身的调节机制，人体有能力在一定的温度环境变动范围内维持热平衡，但在这个范围内只有很小的一个区域被认为是使人体舒适的。由于人体产热和散热的速率因人而异，通常由热流密度来衡量产热和散热的速率。

传导散热。当人体所接触的物体表面温度低于人体的皮肤温度时，皮肤就会将人体的热量传递给物体；反之，皮肤就会从物体上吸收热量。两者的温差越大，热传导速度就越快。

对流散热。当周围空气温度低于人的皮肤温度时，最接近皮肤的一层空气被加热而上升，周围较凉的空气补充空位。这样通过空气的不断对流，人体就不断地向外散热。对流散热的大小取决于空气与皮肤的温差和风速。温差和风速越大，对流散热量就越大。

辐射换热。当人体周围设施（如墙、工作台、地板、床等）的表面温度低于人体皮肤温度时，身体就不断以辐射的方式把热量传递给它们；反之，当物体表面温度高于人体皮肤温度时，身体将从物体表面吸收辐射热。物体和身体表面的温差越大，二者的辐射换热量就越大。

蒸发散热。在常温状态下，皮肤蒸发散热约占身体总散热量的 25%。在水蒸气分压力和气流速度不变的条件下，人体对环境温度升高的反应主要表现为皮肤温度的升高和排汗量的增加。当气温高于人体表面温度并有辐射热源时，人体主要靠汗液的蒸发来散热。蒸发散热量的大小直接受空气中水蒸气分压力和气流速度的影响。当水蒸气分压力小（气温和相对湿度小、气流速度大）时，汗液蒸发快，散热量大；反之，则汗液蒸发慢，散热量小。

呼吸的热损失。呼吸的热损失包括潜热损失和干热损失两部分。在一般环境状态下，两者总是同时存在。

潜热损失为人体活动量和空气中水蒸气绝对压力的函数：

$$E_{res}=1.72\times10^{-5}M(5\ 867-p_a) \tag{3.3.1}$$

式中：E_{res} 为呼吸潜热损失，W/m^2；M 为新陈代谢率，W/m^2；p_a 为环境水蒸气压力，Pa。

呼吸的干热损失是人体吸入空气和呼出空气的温差造成的，是人体活动量与环境空气温度的函数：

$$C_{res}=0.001\ 4M(34-t_a) \tag{3.3.2}$$

式中：C_{res} 为呼吸干热损失，W/m^2；M 为新陈代谢率，W/m^2；t_a 为空气温度，℃。

当体内产热改变或环境发生变化，正常的体热平衡受到破坏时，人体将产生一系列的生理反应及行为动作来对抗这种干扰，以调节散热速率，维持体热平衡。人的体温调节机制可分为生理性调节和行为性调节两类。

体温的生理性调节也称自主调节，其调节系统是个复杂的负反馈控制系统，大致上可当作闭环比例控制系统处理（见图 3.3.1）[4]。按控制论原理，整个系统可分为两部分，即主控（或控制）系统和受控（或被控）系统。前者是指参与体温调节的神经系统（包括内分泌），主要是调节中枢及温度感受器；后者则是整个身体，主要是效应器，包括血管、汗腺及肌肉三部分。受控变量则是体温，包括核心（深部）体温及外壳（皮肤）温度。分布于全身的冷、热感受器将感受到的信号最终集中到体温调节中枢进行整合，然后驱动相应的效应器工作，产生生理性体温调节反应。同时，所有信号同步传至皮层区，最终产生冷、热感觉及行为性调节的要求。

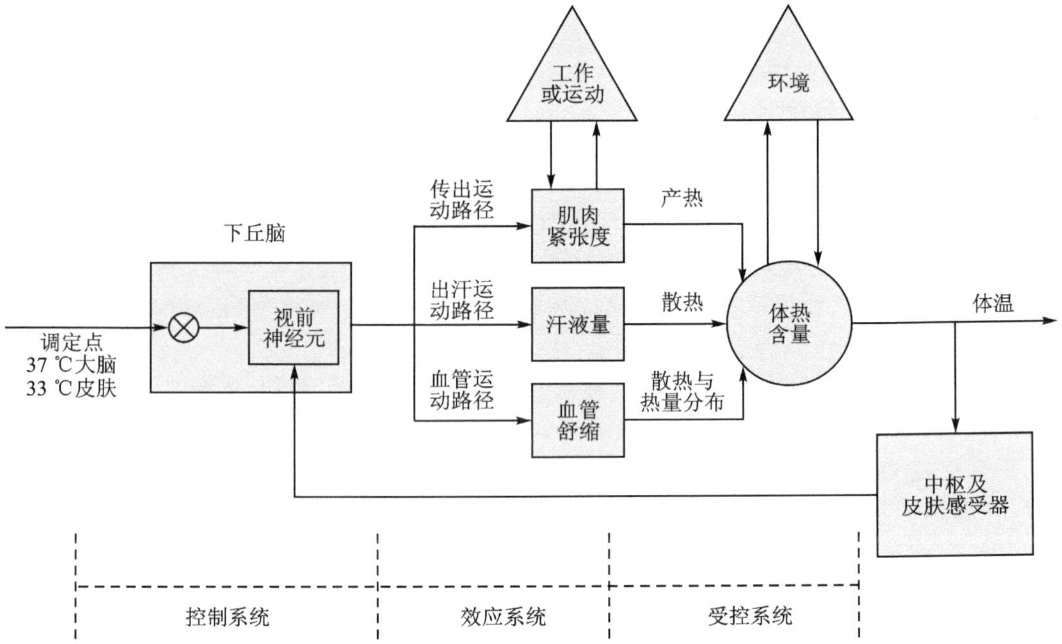

图 3.3.1　人体温度调节负反馈控制系统

1. 神经（体液）调节作用

通常认为下丘脑是体温调节中枢的主要区域，分为两个机能区：一是下丘脑前部，位于视上核，视前核区，为散热中枢。当体温升高时，该区能感受热感受器的传入信号，并驱使血管扩张，汗腺活动加强，以达到加速散热的效果。二是下丘脑后侧部，位于乳头体背外侧区，是产热中枢，主要感受皮肤及核心体温的下降，以驱使血管收缩及肌肉紧张性增加，加速身体产热。二者存在交互抑制的关系，协同调节体温的稳定性。目前的研究表明，体温调节中神经系统的控制作用是十分复杂的，除了下丘脑以外，纹状体、间脑、脑下垂体、脑干网状结构等都参与活动，甚至大脑皮层的冲动也影响着体温的调节。此外还发现许多激素（如蛙皮素、促甲状腺激素释放激素等）也以不同的途径影响体温调节的控制。

2. 心血管系统调节

血管的缩扩运动是体温调节中首要的效应机制。它可以改变核心到体表和体表到环境的传热速率，在冷、热环境下起双向调节作用。心血管系统中不少结构与功能是与体温调节密切相关的。例如外周循环的温度响应，体温稍有增高就能引起外周血管扩张，皮肤血流量增加，从而加速体内传热。皮肤血流量变化范围极大，可以由每百克组织 1 mL/min 增至 100 mL/min 左右。但外周血管的过度扩张将引起回心血不足而导致热衰竭。当体温过低时外周血管收缩，体内血流的对流传热几乎降至零。这时虽然四肢有冒冻伤的危险，却能有效保护核心温度的相对恒定。又如逆流热交换，循环回路中存在着动、静脉交叉的特殊结构，当较热的动脉血流经此处时，通过血管壁与静脉血预先换热，从而增大了对流传热效率。此外，头部还存在着特殊的供血规律。为了保证大脑温度的恒定，头部不仅血管丰富，供血量大，而且额、颞等区域的皮肤血管缺少缩血管神经支配，从而有利于冷环境下的局部保温。至于在热环境下，额、颞等区丰富的汗腺保证了充分的蒸发散热，同时颈部的逆流热交换使血流在进入大脑前就得到预冷。

3. 汗腺活动和寒颤

汗腺是散热效应器，当升高皮肤温度不能有效地增加对流-辐射散热时，就会引起汗腺的排汗活动。全身汗腺的分布密度和引起排汗的皮肤温度阈值存在区域性差异。一般来说，头颈部、手足处汗腺密度最高。随着热负荷的增加，出汗率不断增加，成年男子最大出汗率可超过 1.5 L/h。过大的出汗率或长时间的出汗均会引起脱水失盐、血液浓缩，进而损失汗腺活动能力。

寒颤是一种产热效应机制，当外周血管充分收缩仍不足以保持核心体温时，就会产生非自主的阵发性肌肉收缩，从局部逐渐蔓延至全身，这一反应称为寒颤。寒颤时由于不做外功，其能量几乎全部变为热量，因此全身强烈寒颤时可达基础代谢的 2～3 倍。但寒颤时主观感觉极不舒服，并会降低甚至失去工作能力。在调温措施中应避免利用寒颤。

体温的生理性调节能力是有限的。在生命的进化过程中，为了适应大自然多变的温度环境，人体逐渐建立起行为性体温调节，以弥补机体自身调节的不足[5]。服装和风扇则是人类行为性温度调节产生的，借此大大增强了人类对大自然的适应能力。从广义上讲，人类致力于温度环境的控制和改造，从个体调温服（通风服、水冷服等）到各种通风采暖、温控设备，都可看成行为性体温调节的延伸。体温的行为性调节可以看成比生理性调节更复杂的开环调节，体内参与行为性调节的功能与结构可称为知觉-行为调节（或主动调节）系统。大脑皮层在这一系统中起着主导作用，下丘脑也是控制中枢的重要部分。不过参与控制和调节的神经元及回路与生理调节系统不完全一致，以致出现存在生理性调节能力却失去行为性能力；或相反，仅存在行为性能力却失去生理性调节能力。

3.4 人体作业类型和特点

3.4.1 作业姿势和特点

作业中人们所采取的各种操作姿势均称为作业姿势。在进行人-机系统的空间设计时，作业姿势是应该考虑的基本因素。工作时正确的姿势可以缓解疲劳，有利于身体健康，提高工作质量和生产效率。因此，在设计作业空间和人-机系统时，必须使操作者具有合适的作业姿势。根据作业要求，操作者在人-机系统中具有不同的工作状态，主要分为动态和静态两种：前者是上肢、下肢做频繁的大动作或伴随有躯干的移动，如包装作业、搬运作业等体力劳动；后者是躯干保持相对稳定，人体各部位没有大的动作，如驾驶汽车。在复杂工作中，这两种状态有各种组合情况，这些情况的变化就构成了活动状态下的人体形态[6]。

作业姿势一般分为立姿、坐姿、卧姿和坐立交替姿 4 种。最多的是坐姿作业，其次是立姿，再次是坐立交替姿，卧姿最少，一般只在作业空间狭小时才采用。立、坐、卧三种人体姿势，根据人体各部位形态的不同，又有各自的不同类型。例如：立姿可分为直立、蹲立、半蹲立等姿势；坐姿可分为下肢弯曲的跪坐位姿势和坐在椅子上的椅坐位姿势；卧姿可分为俯卧、仰卧和侧卧等姿势。上述姿势都是空间的静体形态，称为静态姿势。与静态姿势相对的是动态姿势，是指需要不断变动身体位置和姿态的作业姿势，例如，汽车总装线上，作业人员从零部件的搬运到装配，需要采用行走、站立或坐姿等不同的作业姿势，并不断在这几种姿势之间变换[7]。

作业姿势具有作业的制约性和姿势变化的适应性两个特征。作业的制约性：人们在作业中所采取的姿势是由各种作业要求所决定和制约的。例如，装配表等精细作业，要求作业面高度要便于操作者观察并能够维持操作者手臂，使之具有较稳定的作业姿势。相同作业姿势下，操作力大的作业，作业面低的要比高的好。姿势变化的适应性：作业姿势一方面由作业本身决定，另一方面还要便于姿势的更换。长时间作业时，操作者难免要产生疲劳和不适，需要能够方便地变换作业姿势，以缓解疲劳或不适。

决定作业姿势和体位的因素主要包括以下几方面：作业空间的大小和照明条件，身体负荷的大小及用力方向，作业场所中工具、设备、原材料、工作对象等的摆放位置。

1. 立姿作业

立姿作业时，上体前屈角小于 30°时为立姿，大于 30°时为前屈姿势。采用立姿作业的情况主要有以下几种：

① 需要经常改变体位的作业，因为站姿身体挪动方便，且比频繁的起坐消耗能量少；

② 常用的操纵装置分布区域较大，需要手、足有较大幅度活动时；

③ 需要用力较大的作业，立姿时易于用力。

立姿作业应注意的事项包括：

① 避免长期静止不动的立姿(特别是女性)，应使之有经常改变体位的可能。

② 避免长期或反复弯腰，尤其是弯度超过 15°的情况。

③ 站立时应力求避免不自然的体位，以免肌肉产生不必要的静力疲劳。

立姿作业不适合进行精确而细致的工作，这是因为肌肉要做更多的功以支持体重，故易引起疲劳，且下肢负担较重，长期站立易引起下肢静脉曲张。

2. 坐姿作业

坐姿是人体较自然的姿势，具有很多优点：坐姿比立姿更有利于血液循环；坐姿时主要以臀部支撑全身，有利于发挥脚的作用；坐姿有利于保持身体稳定，对于精细作业尤为重要。

坐姿也存在一些缺点：不易改变体位，用力受限制，工作范围受制约，久坐和长期坐姿作业容易导致脊柱弯曲、腹肌松弛、大腿血液回流受影响等问题。

随着作业自动化程度的提高，越来越多的作业会采用坐姿，坐姿将是操作人员未来作业的主要姿势。宜采用坐姿的作业：

① 持续时间较长的静态作业；

② 精密度较高而又要求细致的作业；

③ 手、足并用的作业。

采用坐姿作业时，应避免的动作：

① 避免弯腰并伴有躯干扭曲或半坐姿的情况；

② 避免经常或反复由一侧的上、下肢承担体重；

③ 避免长期双手前伸。

3. 坐立交替姿作业

为了克服立姿或坐姿作业的缺点，可采用坐立交替姿作业的方式。例如，长时间单调的坐姿作业会引起心理性疲劳，转换为立姿并适当走动，有助于维持工作能力；而长时间的立姿作业会产生肌肉疲劳，此时坐下来可以减轻或消除疲劳。

3.4.2 操作灵活性

人体操作动作的灵活性包括操作时的动作速度和动作频率，主要与人体的肢体长度、质量、惯量等生物力学特征和作业情况有关。在考虑动作灵活性时，应对人体生物力学特征进行比较和估算。通常，人体质量轻的部位、短的部位、肢体末端部位要比重的部位、长的部位、肢体主干部位的动作更灵活。对于那些要求身体做较大范围动作的操纵工作，还要考虑如何合理地选择使操作者具有灵活性的动作轨迹。操作者的动作频率是指在一定时间内动作所重复的次数，其大小与操纵方式、机构形状、种类、尺寸及人体操纵部位有关。动作速度是肢体单位时间内移动的距离，在很大程度上取决于肌肉收缩速度，并与动作反向、轨迹和运动阻力有关。选择动作方向和轨迹时，必须要考虑到下述几种基本情况[8-9]：

① 水平操纵动作比垂直操纵动作的速度快；

② 一直向前的动作速度比旋转时的动作速度快；

③ 操纵动作的圆形轨迹比直线轨迹灵活；

④ 顺时针动作比逆时针动作方便；

⑤ 手朝向身体的向内动作比离开身体的向外动作灵活准确；

⑥ 手前后往复动作比左右往复动作速度快；

⑦ 最大动作速度与被移动的负载重量成正比，而达到最大速度所需时间与负载重量成正比；

⑧ 两手的灵活性也不相同，一般右手比左手强，而左利手的人其左手比右手强。

飞行员通过驾驶杆、油门杆、脚蹬等操纵装置来控制和操纵飞机，完成上升、平飞、转弯、降落及着陆等多种飞行姿态。飞行是否安全、舒适、高效与飞行服的操作活动性能和操纵装置在座舱的布局密切相关。飞行员飞行过程中穿着抗荷服、通风服等防护装备，需保证飞行员在穿着抗荷服时能够顺利完成巡航、打击目标等任务。人体各关节角度具有一个舒适活动范围。

航天员的活动操作任务主要包括：

① 支援，如大型航天结构的装备、部属、定位与对接或脱开；

② 维修，如维修大型空间望远镜、维修天文观测台、维修卫星、检查和更换设备舱、补充推进剂或流体连结与分离的有用的设备，以及修理被陨星或其他原因造成的损坏；

③ 转移，如货物、设备与人员，包括不能行动的乘员的移动与营救；

④ 科学实验，如启动与关闭实验、回收样本等。

轨道舱外航天活动主要以上肢工作为主，下肢主要起固定作用，因此要求舱外航天服的上肢应具有良好的活动性，以保证航天员的操作活动性。

3.5　人体的感知特性

3.5.1　人对信息的感受和处理

信息是由人体感知器官感受到后，再通过神经传递给大脑皮层，从而形成对外界事物和刺激的感知觉。感觉是人脑对直接作用于感觉器官的客观事物的个别属性的反映。感觉过程是客观事物直接作用于人的某个感觉器官，感觉器官产生神经冲动，经过神经传递到神经中枢，引起感觉。人体通过感觉过程不仅会感受到来自外部和体内的直接刺激，还会对人体本身的活动状况进行感知，如姿势和运动、疼痛、饥饿等。知觉是人脑对直接作用于感觉器官的客观事物和主观状况整体的反映。它是在感觉基础上形成的。感觉到事物的个别属性越丰富、精确，对事物的知觉就越完整、正确。知觉不是感觉的简单相加，而是具有新的品质，表现为对事物的整体认知。知觉是主动的反映过程，比感觉更加依赖于人的主观态度和已有的知识经验。

人的信息处理过程包括信息接收、信息处理、信息执行三部分。其中，信息接收是通过感觉器官从外部接收信息；信息处理是对接收到的信息进行各种分析和处理；信息执行是把处理过的信息传达到运动中枢，形成控制运动器官，执行所下达的命令。信息处理过程是在大脑皮质中进行的，由于人的心理活动也在这里进行，所以信息的处理过程会受到心理活动的影响。信息的接收、处理、执行过程，也可以称为认识、判断及操作的过程。

在人-机-环境系统中，人需要从外界接收各种形式的信息。其中，由视觉器官获得的信息量最大，占 80%以上，其余大部分是听觉信息。除特殊作业之外，人的信息大部分都是通过视听来获取的。对于其他感觉，往往是同视觉或听觉信息相结合，为感受到的信息做出迅速、正确的判断起辅助作用[10-11]。

3.5.2　人的视觉特性

视觉是指眼睛在光线的作用下，对物体的明暗、形状、颜色、运动和远近深浅等的综合感觉。视觉过程是来自物体表面的光进入眼睛后，经过折光系统在视网膜上形成物像；物像部位的视觉细胞吸收光能而发生化学反应，产生系列的电脉冲信息；这些信息经视神经纤维传送到大脑的视觉中枢进行处理后形成视觉。因此，视觉是由光刺激、眼睛、神经纤维和视觉中枢共同作用的结果[12]。

1. 视角、视距和视敏度

视角是瞳孔中心到被观察对象两端所张开的角度。视距是指眼睛至被观察对象的距离。视角与视距和被观察对象两端点的直线距离有关，可以表示为

$$\alpha = 2\arctan\left(\frac{D}{2L}\right) \tag{3.5.1}$$

式中：α 为视角；D 为被观察对象两端点的直线距离，m；L 为视距，m。

眼睛能分辨目标对象最近两点的视角定义为临界视角。视敏度定义为临界视角的倒数。在规定的照度下，视距 L 取为 0.5 m。

2. 颜色视觉

人眼对波长相同的单一光波产生颜色视觉，能感受的可见光波长范围是 380～760 nm。在可见光范围内，人眼能够辨别出 150 多种颜色，但主要是红、橙、黄、绿、蓝和紫。人眼感受光刺激是由视网膜上的视锥细胞承担的。三原色学说认为视网膜上有 3 种视锥细胞，分别感受红、绿、蓝 3 种基本颜色。当 3 种细胞承受不同强度的光刺激时，就会组合引起各种颜色感觉。

3.5.3 一般视野与色觉视野

一般视野是指人眼观看正前方物体时所能看见的空间范围。根据眼睛的状态可分为静视野、注视野和动视野。静视野是在头部固定、眼球静止不动的状态下自然可见的范围。注视野是头部固定而转动眼球注视某点时所见的范围。动视野是头部固定而自由转动眼球时的可见范围。静视野、注视野和动视野的数值范围以注视野为最小，静视野和动视野比较接近。工效学中，通常以人眼的静视野为依据设计有关部件，以减轻人眼的疲劳。当被观察物体映像落入视网膜黄斑中央时，眼球观察方向为视线方向。在偏离视线方向 1.5°左右的范围内，物体映像基本会落入黄斑，观察效果最清晰，此区域称为最优视区。当偏离视线方向 1.5°时，被观察物体仍能够比较清晰地被观察到，此区域称为良好视区。当向上偏离视线方向 25°，向下偏离 35°，向左、右方向各偏离 35°时，在此空间范围内的物体仍能够被准确地观察到，此区域称为有效视区[13]。

色觉视野是指不同颜色对人眼的刺激有所不同而形成的不同视野。在水平和垂直方向上，人眼在不同颜色可见光环境下的色觉视野也不同。其中，白色视野最大，其次为黄色、蓝色，绿色视野最小。此外，色觉视野的大小还同被看物体的颜色与其背景色的对比情况有关。

3.5.4 人的听觉特性

人耳可分辨声音的高低、强弱，同时还可判定环境中声源的方向和远近。影响听觉的因素主要有声波的频率和强度。一般人的最佳可听频率范围是 20～20 000 Hz。若不计个体差异，则影响听觉的因素主要是年龄。人到 25 岁左右时，对 15 000 Hz 以上频率声波的听觉灵敏度开始降低，听阈向下移动；同时随着年龄的增长，频率感受的上限逐年降低。人耳对声音强弱的辨别能力不如对频率灵敏。人耳对声音强弱的承受能力，一般最高可达 120 dB，超过 120 dB 的声音会使耳膜产生压疼感。

人耳对频率的感觉很灵敏，表现为辨别音调高低的能力。一般在 500～4 000 Hz 范围内，可分辨频率相差 3%的声音；以及在频率小于 500 Hz 或大于 400 Hz 时，能辨别频率相差 1%的声音。这是由于不同频率的声波使不同长度的基底膜纤维产生共振，使得基底膜纤维上的听觉细胞产生兴奋，沿不同的神经纤维传送到大脑皮层的不同部位，因而能产生高低不同的音调感觉。

值得注意的是，人对声音的感觉强度和物理上声音的强度不同。当声音感觉强度增加 1 倍时，声音的物理强度增加 8 倍，这就是所谓的 Stevens 法则。它证实感觉的强度 S 和刺激的强度 I 之间的关系为

$$S \propto I^n \tag{3.5.2}$$

式中：$n = 1/3$。

Stevens 法则不仅体现在音感上，在许多其他感觉上也是成立的。n 值随感觉类型而异，一般在 0.3～3.5 之间。

人耳对声源的方位和远近具有辨别能力。声源的方位主要根据声音信号到达两耳的强度差和时间差来辨别，其中根据强度差辨别高频声音，根据时间差辨别低频声音；声音的频率越高，波长越短，辨别声源方向越容易。判定声源的远近，主要靠声强的变化和主观经验来估计。

3.5.5　人的皮肤感觉特性

从人的感觉对人-机系统的重要性来看，皮肤感觉是仅次于听觉的一种感觉。人体皮肤内分布着 3 种主要的感受器：触觉感受器、温度感受器和痛觉感受器。因此，皮肤感觉主要有触觉、温度觉（冷觉和热觉）和痛觉[14]。

触觉是由于微弱的外部刺激触及皮肤浅层的触觉感受器而引起的，通过触觉能够辨别物体的大小、形状、硬度、光滑度、表面纹理等。皮肤受到很小的机械刺激就能产生触觉，但不同部位的皮肤对触觉的敏感性有很大差别。身体不同部位的触觉感受性从高到低依次为：鼻部、上唇、前额、腹部、肩部、小指、无名指、上臂、中指、前臂、拇指、胸部、食指、大腿、手掌、小腿、脚底、足趾。触觉不但能够感知物体的长度、大小、形状等特征，还能够区分出刺激作用于身体的部位，这称为触觉定位。一般而言，身体有精细肌肉控制的区域，其触觉定位比较敏锐。

温度觉分为冷觉和热觉，它们是由不同范围的温度感受器引起的。温度感受器分布在皮肤的不同部位，形成所谓的冷点和热点。温度觉的强度取决于温度刺激强度和被刺激区域的大小。在冷刺激或热刺激的不断作用下，温度觉会对冷刺激或热刺激产生适应。

人体各组织的器官内都有一些特殊的游离神经末梢，在一定刺激强度下会产生兴奋而出现痛觉。神经末梢在皮肤中分布的部位称为痛点。每平方厘米皮肤表面约有 100 个痛点，整个皮肤表面痛点的数目可达 100 万个。痛觉的中枢位于大脑皮层。人体不同部位的痛觉敏感度也不同，皮肤和外黏膜有高度痛觉敏感度，角膜中央的痛觉敏感度最高。

参考文献

[1] 丁立，柳忠起，李艳. 人体工效学[M]. 北京：北京航空航天大学出版社，2006.
[2] 卢德明. 运动生物力学测量方法[M]. 北京：北京体育大学出版社，2001.
[3] 李良标，吕秋平. 运动生物力学[M]. 北京：北京体育大学出版社，1991.
[4] 张汝果. 航天医学工程基础[M]. 北京：国防工业出版社，1991.
[5] 陈信，袁修干. 人一机一环境系统工程生理学基础[M]. 北京：北京航空航天大学出版社，2001.
[6] 温吾凡. 汽车人机工程学[M]. 长春：吉林科学技术出版社，1991.
[7] 周一鸣，毛荣恩. 车辆人机工程学[M]. 北京：北京理工大学出版社，1999.

[8] 丁玉兰. 人机工程学[M]. 北京:北京理工大学出版社,1991.
[9] 王保国. 安全人机工程学[M]. 北京:机械工业出版社,2007.
[10] 曹琦. 人机工程设计[M]. 成都:西南交通大学出版社,1988.
[11] 郭青山,汪元辉. 人机工程设计[M]. 天津:天津大学出版社,1994.
[12] 马江彬. 人机工程学及其应用[M]. 北京:机械工业出版社,1993.
[13] 赖维铁. 人机工程学[M]. 武汉:华中科技大学出版社,1983.
[14] 朱序璋. 人机工程学[M]. 西安:西安电子科技大学出版社,1999.

第二篇

舱外航天服工效学实验研究

第4章　航天员作业环境和舱外作业任务概述

4.1　航天员作业环境

4.1.1　概　述

空中翱翔和太空探索是人类最古老、最美好的愿望之一。千百年来，中国及其他国家和地区流传着很多关于高空飞行和探索太空的动人故事。随着科技的发展，苏联、美国、中国都已经成功地独立完成了火箭、无人航天飞船和载人航天飞船的发射。

近年来我国的航天事业持续迅猛发展：我国已成功发射的神舟系列飞船已经到第十三号，2003年10月15日，神舟五号成功返回，标志着我国载人航天事业的崛起；2008年9月27日，航天员翟志刚在太空中迈出的第一步标志着我国航天员舱外活动(Extra Vehicular Activity，EVA)时代的来临；2012年6月16号，神舟九号和天宫一号的成功对接，预示着中国空间站的建设迈出了坚实的一步，也意味着航天三步走的战略初步完成；目前在天宫二号空间站的建设中也成功完成了较长时间的EVA。这些都预示着未来我国的航天员将会进行大量的舱外活动，而且活动的复杂程度也会增加。但是，太空环境十分恶劣，航天员会在太空环境中面临真空、失重、极高低温、辐射和宇宙尘碰撞等情况。因此，航天员必须穿上具有防真空、抗高低温、防辐射和供氧等功能的航天服才能出舱作业。但是，这些防护使航天员的舱外作业工效受到很大的影响。为保证舱外作业的顺利进行，必须了解不同因素对舱外作业的影响情况，为有效地规划舱外作业提供基础[1]。

4.1.2　太空作业环境

在太空中，不仅有宇宙大爆炸时留下的辐射，而且各种天体也在向外辐射电磁波，同时许多天体还向外辐射高能粒子，形成宇宙射线。例如，银河系有银河宇宙线辐射，太阳有太阳电磁辐射、太阳宇宙线辐射和太阳风吹出的高能等离子体流等。许多天体都有磁场，形成辐射性很强的辐射带。此外，太空环境还具有高低温、高真空、高速运动的尘埃、微流星体和流动星体。高速运动的尘埃具有极大的动能，例如，1 mg的微流星体可以穿透3 mm厚的铝板。在如此复杂的太空环境中，航天员必须穿着航天服才可进行出舱等一系列的航空作业活动，因此，航天服必须要不断地进行改进，以符合航天员的作业要求。

随着近年国际空间站计划的实施，航天员出舱次数将会越来越多，且航天员所处出舱环境将会有极其差的“极冷环境”。在这种情况下，手套的保温能力将不能满足要求。例如，1995年美国发现号航天飞机在作任务代号为STS-63飞行时，由两名航天员戴上加有加热装置的连指手套做舱外活动，在空间悬停时，两名航天员还能忍受，但做推动Spartan-204飞行器尝试时，航天员就不能忍受手指的冷，使得两名航天员在未完成任务的情况下不得不提前回舱。这次舱外活动表明，航天服手套的保暖性能需要进行进一步研究。在随后的 STS－69、STS－72 和 STS－76 出舱活动中，又对改进的舱外航天服手套的加热系统进行实验，在两名出舱航天员的任务报告中认为舱外航天服手套的加热系统工作良好，且对手的灵活性没影响，但加热源对手腕的活动有一定限制。目前的加热系统采用的是单个锂化学电池，但是体积较大，需改进加热源和加热系统以降低耗热量。

在航天员进行舱外活动时，手套内应具有一定的压力，并且在满足人体工效的要求下，满足隔热保暖性能，另外还应提供手指、手部、腕部适宜的活动与合理的触觉、灵活性和舒适性。显然这是一个很矛盾的要求，达到环境的所有要求均会明显降低手部的灵活性、活动范围、触觉功能、手的力量和耐力以及手的舒适性。而舱外活动对手的作业能力要求是最高的，因为只有在保证手的活动能力的前提下，舱外作业才能迅速、高效地完成。因此，可以认为发展舒适性较好、带有改善手部灵活性和触觉性能、防止低温低压的手套是实现先进的舱外航天服活动系统、满足空间站需要的一个决定性因素[2]。

太空环境十分恶劣，除了上述影响之外，还有很多其他影响。例如，在失重适应阶段，航天员进行出舱操作时，将会产生不同程度的运动和体位性错觉。此外，失重还会对人的视觉产生影响，使得对比灵敏度降低，看远处物体的视敏度增强，但近距离观察时的分辨率反而会降低。此外，航天员在地面重力情况下形成的习惯亦将干扰舱外作业的完成，尤其在舱外无支持物的空间干扰更大，致使航天员在运动或作业时常出现用力过度、失定向以及肌紧张度过高等现象，从而导致工作能力下降。这种运动性协调障碍通过一段时间适应将会建立新的协调，运动系统的紊乱也会逐渐消失[3-4]。

4.1.3 内部环境

在太空飞行的航天器，除了遇到上述自然环境之外，还有独特的诱导环境，即在太空环境作用下，航天器某些系统工作时所产生的环境。它主要有以下几种：

① 极端温度环境。航天器在太空真空中飞行时，由于没有空气传热和散热，受阳光直接照射的一面可产生高达 100 ℃以上的高温，而背阴的一面，温度则可低至 －100 ～ －200 ℃。

② 高温、强振动和超重环境。航天器在起飞和返回时，当运载火箭和反推火箭等点火和熄火时，会产生剧烈的振动。当航天器重返大气层时，高速地在稠密的大气层中穿行，与空气分子剧烈摩擦，使航天器表面温度高达 1 000 ℃左右。当航天器加速上升和减速返回时，正、负加速度会使航天器上的一切物体产生巨大的超重。超重以地球重力平均加速度（其符号为 g，g 约为 9.8 m/s^2）的倍数来表示。载人航天器上升时的最大超重达 $8g$，返回时达 $10g$，卫星返回时的超重更大些。

由于环境影响产生的热生理问题众多（人体产热量差异超过 5 kcal/min、热调节能力下降、耐高低温能力下降、血液重新分配等），所以热控系统始终是航天服的核心研究内容之一。尽管作为热控系统理论基础的人体热调节系统数学模型已有很大的改进，但航天员感到肢体末端冷得无法工作的情况仍然存在，且热不舒适感更是常见现象，这些都在不同程度上影响着航天员出舱作业[5-6]。20 世纪 50 年代，苏联研制了利用被动热防护与主动温控相结合的"Berkut"航天服，在航天服内部采用开放式通风散热的设计方案。然而，随着舱外作业的复杂化，航天员在出舱活动中产生的代谢热量会极大地提高，在这种情况下，如果只是依赖通风的方式来达到散热的目的还远远不够，航天员的热舒适需求依旧无法得到很好的满足[7]。

针对以上情况，除了低气压、微重力等在出舱活动时对其产生的影响之外，温度调节更因为航天员大量的体能消耗和航天服的复杂设计而进一步困难化。目前，世界上主要参与航天探索的国家如中国、俄罗斯、美国，其使用的航天服均采用液冷服，即通过液冷和通风两种方式来维持航天员的热舒适性。其中，液冷是带走航天员热量的主要方式。然而，通过对欧美等国家舱外活动历史中 34 次航天服温度突发事件产生的后果所展开的统计表明，7 次（占总计的 20.6%）温度突发事件引发出舱活动过早停止或者直接取消；3 次（占总计的 8.8%）温度突发事件使得航天员产生严重的操作失误，对其出舱活动的效率造成显著的影响；6 次（占总计的 17.6%）温度突发事件造成工作舱内温度以及航天员的皮肤温度发生很大的变化[8-10]。虽然在温度突发事件发生时可以采取提前返舱或提前返回地面的处理方式，但通常航天员受高低温的影响较大，工作能力下降，操作失误升高，这将导致更严重的后果。例如苏联上升 2 号飞船的航天员出舱活动时出汗过多（约 6 kg），虽然提前返舱，但十分疲劳，返回地面时由于手动导航操作失误而着陆在偏离预定地点 3 200 km、被大雪覆盖的森林中，次日才被救回[11]。此外，在美国的 Apollo 号和 Sky Lab 的出舱活动中也出现了多次航天员感到极端冷和极端热的状况。上述这些温度事故发生的原因主要就是由于温度控制系统的调节方式——手动调节存在很多弊端。

通常，航天员在进行紧张的出舱任务时会产生很高的代谢热量，随即会降低液冷服入口水温来保持其热舒适性，但是航天员倾向于长时间保持温度调节阀在最小或中度冷却的模式，而不愿频繁地调节，这就导致热舒适调节滞后，甚至于产生更为严重的后果。由此可见，对于载人航天活动，尤其是出舱活动，航天服中的温度控制不容忽视。因此，针对航天服的液温调节，非常有必要建立一种能基于航天员的代谢水平、生理参数和环境参数等进行自适应液温调节的自动温控系统，以保证航天员的热舒适状态，从而提高其工作效率[12]。

目前，冷却水入口温度大部分都是通过安装在航天服外表面上的调节阀进行手动调节的。但是，对于航天员来说，他们所执行的舱外工作非常复杂、困难且烦琐，需要很高的时间和设备等成本，这就意味着在执行舱外活动时必须高效且安全。采取手动调节液冷阀门的方式将使他们难以集中精力专注于当前执行的更高级别的任务中，以至于不能有效、按时地完成既定目标，甚至有时会直接造成任务的终止。另外，手动控制器是一个最简单的控制器，它仅接受航天员自身的控制输入，即航天员的手动调节，只输出决定液冷服入口水温的控制信号，而航天服内各种探测器的信号对控制器没有直接的影响。因此，手动调节液温阀很难调节到航天员感觉舒适的温度，并且影响他们的工作效率[13-14]。

航天服主要包括服装和便携式生保背包两部分。其中，服装的主要功能是将航天员与太空环境隔离开来，具有热防护和机械防护等功能；便携式生保背包的作用是为航天员的生存提供物质保障。便携式生保系统包括气源系统、热控系统、二氧化碳还原系统等。为了维持航天员的热舒适性，热控系统必须将航天员的代谢产热通过液冷和通风带走，而其中液冷是最主要的方式，因此航天服的温控系统对于航天员来说至关重要[15]。

4.2　舱外作业任务

4.2.1　概　述

舱外活动也称太空出舱活动，是航天员在离开地球大气层后在太空飞行器外所做的工作。

舱外活动主要在绕行地球的太空飞行器外执行(即太空漫步或称太空行走),但也可在月球表面实行(即月球漫步)。航天员离开太空飞行器,直接在空间或在邻近星球表面进行的一切活动都称为舱外活动。舱外活动是载人航天活动的主要组成部分,是开发利用空间不可缺少的技术途径。

1965 年上升 2 号飞船乘员 Leonov 进行了人类历史上第一次出舱活动。60 多年来,人类已进行了 400 多次出舱活动,且出舱活动取得了丰硕的成果:1969 年 7 月,美国航天员尼尔·阿姆斯特朗成为第一个登上月球的人,实现了人类登月的愿望;修复严重受损的美国太空实验室、苏联礼炮 7 号及和平号空间站;在航天飞机遥控机械臂的协助下,修复价值为 14 亿美元的哈勃太空望远镜;回收多颗失控的通信卫星等。出舱活动大大拓展了人类自由活动的领域和探索空间的能力。我国天宫二号空间站的建立也开启了我国航天员长期在轨的太空探索。

4.2.2 舱外活动类型

航天员舱外完成的工作多种多样,大致分为三类:计划内工作、计划外工作和应急工作,其中大部分是完成计划内的工作。根据舱外活动任务复杂度的不同,美国国家航空航天局(National Aeronautics and Space Administration,NASA)将舱外活动分为 3 类:简单、中等和复杂。分类的标准与出舱任务所使用工具的种类、出舱模式以及对航天员的操作要求有关,如对于简单的出舱任务,航天员仅使用简单的工具,对机动性要求不高,航天员一般的舱外训练就能满足任务要求;而对于复杂的舱外任务,需要为任务研制特殊的工具,操作精度要求高,航天员必须做更多的训练,同时出舱作业过程中各种限制和辅助装置要求高。无论执行哪种任务,均需要航天员戴舱外手套的手来完成。通过梳理航天员在和平号空间站进行的舱外活动表明,在舱外主要进行的就是航天器的安装和维修工作。

4.2.3 舱外任务类型

航天员在国际空间站上的历次出舱活动任务主要包括:为国际空间站的温度调节系统重新配置冷却回路;进行站外维护和修理;站外电路接线工作;清理废弃的氨水冷却设备;将空间站外的大型遮蔽罩移除丢弃,并安装货物运输机的几个附属装置;修复对接在空间站上的一处天线故障;在空间站外安装 5 个大小在 0.6~0.9 m 之间的铝制遮蔽罩;在国际空间站外放置容器;拆除摄像头支架以冷却液罐;完成许多清理工作,如拆除一些电缆和连接线等;为和谐舱连接冷却、电力、加热以及数据系统的部分线路;安装流体管道装置、运送并安装新的结构组件以及更换太阳能电池板;修补发射时损坏的隔热板;安装大型桁架和太阳能电池板;激活阿尔法旋转接头;安装新的氧气系统排气装置;安装摄像头、计算机网线;拆除全球定位系统天线;拆除空间站上的 1 根柱子,先把柱子上的螺栓和钢索解开,然后装设所需设备和扶手栏杆;修复一块出现裂缝的太阳能电池板等。

从上述国外主要完成的舱外活动任务中可以看出,航天员在舱外活动过程中进行了下列作业类型:①装配作业:组装(拆卸)螺纹接合,对接(松开对接)密封接头和电气接头,组装管线和电通信等;②加工处理作业:钻孔、切割板材和型材、弯曲和矫正等;③接合作业:钎焊、粘接、焊接、上涂层等。在这些作业的完成过程中,均需要航天员利用手抓握舱外扶手行走,抓握工具或徒手进行操作。梳理出航天员手部经常涉及的动作,包括:抓(如抓握工具)、握(如抓握扶手)、捏(如系束缚绳)、拧(如使用工具拧螺丝)、推(如徒手禁锢插销)、拉(如拔插销)、提(如使用钳子或扳手)、旋转(如旋转开关)等。

航天员的舱外活动对于我国载人航天的发展非常关键,空间站的舱外组装、维护、维修,舱外载荷的操作等任务都将涉及航天员舱外作业任务。虽然我国已经成功地多次完成出舱活动任务,突破了出舱活动技术,但按照我国载人航天的发展战略,所建造的大型长期有人照料的空间站,期间将有航天员或从事空间科学研究的专家在空间站的外部开展一系列的空间活动,这必将涉及操作更加复杂、任务更加精细、出舱活动时间更长、次数更频繁的舱外作业,如机械臂组装、天线调整、科学实验仪器或平台的安装、太阳能电池翼维修、卫星捕获、空间其他平台的在轨服务、应急操作等。

在这些舱外作业过程中,人手所具有的灵活性、对物体的操作和感知能力是任何工具和设备无法替代的。航天员可以用拇指配合其他手指捏住小物体,用手做出抓、握、拧、翻转、环绕等动作,用手感知位置、形状和温度等。特别是在航天员修复哈勃望远镜后,人们更加认识到手动作业具有机器人不可替代的优越性,因此在舱外作业过程中航天员的手操作能力将对出舱任务的完成起到至关重要的作用。手不仅具有这些作用,而且也是航天员舱外移动、抓握物体、使用工具的主要途径[16]。

航天员舱外作业时需要着加压状态下的舱外航天服,航天员所戴的舱外航天手套,由于其防护功能的要求,设计非常复杂,指尖、指中、手掌和手腕都是多层结构,因此导致航天员的手操作能力大大下降。美国和俄罗斯均进行过多次出舱活动,航天员完成了大量的舱外活动,与早期的舱外服相比,美国和俄罗斯的舱外手套在灵活性、舒适性方面已经有了很大的提高,但是直到现在,美国和俄罗斯仍然非常重视航天员舱外活动手操作能力方面的研究,以期更大程度地提高航天员的舱外操作工效[17-18]。

参考文献

[1] Portree D S F, Trevino R C. Walking to Olympus: An EVA Chronology[J]. Monographs in Aerospace History, 1997,7(10):2-5.

[2] 刘何庆, 丁立, 袁修干, 等. 低温加压条件下 EVA 手套的力量分析[J]. 北京航空航天大学学报, 2010, 11: 013.

[3] 林泰明. 航天员舱外救生动力学建模与控制技术研究[D]. 长沙:国防科学技术大学,2009.

[4] Lagen T. Human Anatomy[M]. Wuhan: Huazhong Science and Technology University Press, 2010.

[5] Pavy-Le T A, Heer M, Narici M V, et al. lrom space to Earth: advances in human physiology from 20 years of bed rest studies (1986-2006) [J]. European Journal of Applied Physiology, 2007,101(2):143-194.

[6] Yang ZH ZH, Feiv J X, Yu X J, et al. Thermal comfort and thermoregulation in manned space flight[J]. CHINESE JOURNAL OF APPLIED PHYSIOLOGY, 2013, 29(6):518-524.

[7] Ellwein L M, Tran H T, Zapata C, et al. Sensitivity Analysis and Model Assessment: Mathematical Models for Arterial Blood Flow and Blood Pressure[J]. Cardiovascular Engineering, 2008,8(2):94-108.

[8] Kesterson M, Sverdrup J, Bue G, et al. Wissler Simulations of a Liquid Cooled and Ventilation Garment (LCVG) for Extravehicular Activity (EVA)[J]. Sae Technical Papers, 2006,1(7):17-20.

[9] Coats B W, Sharp M K. Simulated Stand Tests and Centrifuge Training to Prevent Orthostatic Intolerance on Earth, Moon, and Mars[J]. Annals of Biomedical Engineering, 2010,38(3):1119-1131.

[10] Fritsch-Yelle J M, Charles J B, Jones M M, et al. Spaceflight alters autonomic regulation of arterial pressure in humans [J]. Journal of Applied Physiology,1994,77(4):1776-1783.

[11] Skoog A I, Abramov I P. The Soviet/Russian spacesuit history: Part III – The European connection[J]. Acta Astronautica, 2007,60(12):1002-1014.

[12] Wang F, Gao C, Kuklane K, et al. A Review of Technology of Personal Heating Garments[J]. International Journal of Occupational Safety & Ergonomics Jose, 2010,16(3):387.

[13] 赵朝义，孙金镖，袁修干. 舱外航天服温控系统的研究现状与展望[J]. 航天医学与医学工程，1999,12(2):149-153.

[14] Shanguang C. EVA Technology of Astronaut[M]. Beijing: Higher Education Press, 2004: 3-21.

[15] Smith L F, Campbell A B, Nair S S, et al. Issues in the Development of Automatic Thermal Control for Portable Life Support Systems: International Conference On Environmental Systems [C]. 1994.

[16] O'Hara J M, Brigann M, Cleland J, et al. Extravehicular activities limitations study. Vol. 2: Establishment of physiological and performance criteria for EVA gloves, 1998.

[17] Keith S, David G, Richard S. Phase VI Glove TMG Evolution[R]. SAE: 2004-01-2344, 2004.

[18] Melissa H W, David L A. The effects of extravehicular activity gloves on human hand performance[R]. SAE: 2001-01-2164, 2001.

第 5 章　舱外航天服手套热学特性实验研究

5.1　舱外航天服手套低温作业研究

5.1.1　实验背景

航天员在舱外低温环境作业时，其手部的热流失速度远大于服装其他部位的热流失速度。其主要原因是舱外的环境辐射温度很低，导致辐射散热速度加快。而且在舱外航天服的设计中，为了保证在加压工作时，手部保持一定的操作能力，手套的厚度不能过厚，因此对手部的热防护十分有限，只能依靠手套热防护层的材料特性进行被动的保护。此外，人体自身的热调控对手部难以进行热量补充，航天员在操作过程中经常面临手部的低温状况[1-2]。

根据文献统计，美国和俄罗斯两国在多年的舱外飞行记录中，始终存在人体失温的问题，严重者甚至导致手部麻木僵硬，造成任务失败。在低温冷环境实验中，当手指的温度降低到 15 ℃以下时，手的操作能力，尤其是灵巧性会显著降低；低于 5 ℃时会对生命安全造成危害；高于 20 ℃时则基本没有影响。但这些低温实验结果都是在常压下获得的，舱外航天手套在低温和低压复合因素条件下对操作能力有怎样的影响目前还没有准确的结论。另外，在目前的设计中出于简化工程设计的考虑，手套的材料厚度是均匀的。但从操作的角度来看，由于加压对操作能力的抑制，手指和手掌参与操作的程度是不同的，因此局部的温度会产生差别。在未来设计手套时，如何分配手套局部的热防护可能会成为一个问题。因此，通过实验模拟的方式，评估现有的 EVA 手套在低温、低压环境中对手部操作能力的影响及其热防护性能是十分必要的[3-4]。

5.1.2　实验目的

研究舱外航天服手套在低温、低压条件下灵巧性操作能力的变化，评估低温和有压手套双因素对手指温度手部作业能力和主观感受的影响。

5.1.3　实验方法

1. 受试者招募及特征

本实验选择 12 位身体健康的男性在校大学生志愿者(23.4±2.5)岁参与实验，所有受试者均为右利手。受试者均在了解实验内容的情况下自愿参与实验。

2. 实验所用设备

实验在 EVA 手套低温低压模拟舱中进行，如图 5.1.1 所示。低温低压模拟舱分为温度采集系统、制冷系统、抽压系统 3 部分。

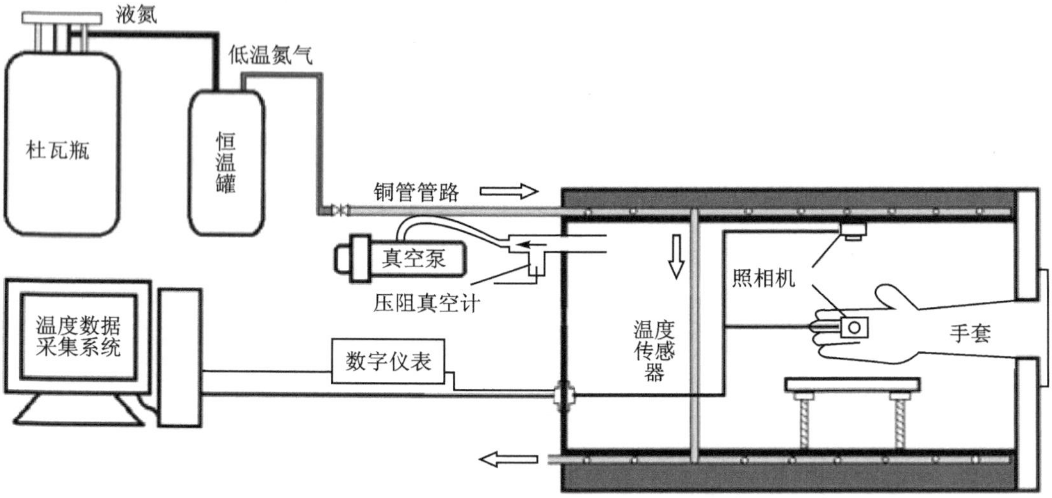

图 5.1.1　低温低压模拟舱结构示意图

温度采集系统包括：温度传感器(PT－100)、数字仪表(Changhui，SWP－SSR－M)和基于组态王软件平台(Kingview 6.53)开发的温度数据采集系统。其功能为：①采集、实时监测并记录模拟舱内环境温度，辅助制冷系统维持舱内的低温状态；②实时测量手指表面的温度变化。环境测温点位于低温模拟舱中央位置；根据预实验结果，加压后右手拇指、食指和中指的操作较为频繁，手指测温点简化为 3 个。温度采集系统的工作原理为：将温度传感器采集的温度信号转换为电阻值的变化传输给数字仪表，数字仪表再将电阻值转换成数字信号，最后通过温度数据采集系统实时显示和监测并记录温度数据。温度采集系统的测量精度为 0.1 ℃。

制冷系统包括：杜瓦瓶、恒温罐和低温低压模拟舱。其功能为：实现低温低压模拟舱的低温条件。其工作原理为：杜瓦瓶中存放有液氮，液氮首先流入恒温罐，由恒温罐升温气化为低温氮气，并通过恒温罐控制氮气的流量。低温低压模拟舱的外壁上固定有独立的铜管管路与恒温罐相连，低温氮气在铜管中流动带走低温低压模拟舱内的热量，最终排放到大气中。低温低压模拟舱的温度调节直接通过控制液氮流量实现。实验舱温度的控制精度为 0.1 ℃。

抽压系统包括：真空泵、压阻真空计、低温低压模拟舱和舱外航天服手套(简称手套)。其功能为：通过真空泵抽取低温低压模拟舱内气体来实现手套内外压差。手套安装在低温低压模拟舱的舱门中心位置，实验中使用中国“飞天”EVA 地面测试模拟手套进行测试。手套从内到外分为三层：气密层、限制层和 TMG(Thermal Micrometeoroid Garment)层。其中，气密层由不透气的橡胶材料制成，用来维持手套内的压力。当手套加压时，气密层膨胀，材料变得坚硬，关节部位弯曲时即会产生阻抗力。限制层位于气密层外表面，可以限制气密层过度膨胀，减小手套的阻抗力。TMG 层可防止热量流失和微陨石击穿气密层。抽压系统的基本工作原理为：低温低压模拟舱舱门关闭后，低温低压模拟舱成为一个密封的中空金属圆筒，手套安装在透明 PVC 材料制作的舱门上，外表面与低温低压模拟舱内环境接触，EVA 手套内侧暴露于大气中。打开真空泵抽低温低压模拟舱至低压环境，压力通过压阻真空计监测。由于 EVA 手套内部与外界大气相通，因此 EVA 手套内外压差为大气压与舱内压之差。太空中航天员穿着有压的 EVA 服装进行作业，环境近似认为是真空的，手套的内外压差即为充入服装中的气体压力，因此，可认为上述两种情况下手套的相对压力是相同的，此时的手套材质变化也基本一致。系统的压力控制精度为 10 Pa。

3. 实验条件控制

实验考虑了两种因素的影响：压力（0/29.6/39.2 kPa）和温度（25/－50/－70 ℃）。实验条件如表 5.1.1 所列。C0 为裸手测试，是 C1 常温常压戴手套测试的对照组，C2～C9 是温度、压力、是否预冷却等不同工况组合后戴手套的实验，主要测试不同环境工况对手套自身灵巧性的影响。压力和低温混合环境只测试了一种工况（－50 ℃和 39.2 kPa），它更接近航天员实际出舱时的情况。压力参数来自美国、俄罗斯、中国、欧洲四个重要的航天国家和地区 EVA 服装的制式标准；温度参数来自统计数据[1]，其中－70 ℃是以能耐受1 min 为限通过预实验选取的最低温度。在低温测试中还考虑了在冷环境中的暴露因素，因为灵活性实验的操作时间普遍较短，手指温度不易产生明显变化，低温对灵活性的影响程度不足，可能会出现与航天员实际出舱情况不符的情况。但出于对受试者安全方面的考虑，冷暴露并未进行极限状态的模拟。

表 5.1.1　灵巧性实验工况

工　况	温度/℃	压力 P_g/kPa	预冷却	手　套
C0	25	0	否	否
C1	25	0	否	是
C2	－50	0	否	是
C3	－50	0	是	是
C4	－70	0	否	是
C5	－70	0	是	是
C6	25	29.6	否	是
C7	25	39.2	否	是
C8	－50	39.2	否	是
C9	－50	39.2	是	是

4. 测量及评价指标

(1) 灵巧性测试

灵巧性是综合评价指标，它不仅综合了力量、疲劳、活动范围和感知觉，而且包含了训练和作业熟悉程度等因素。灵巧性与以上指标的最大区别是，灵巧性的好坏直接影响完成作业的效率，因此灵巧性的测试大多与时间有关。根据手动作业评价体系选取了两种经典的灵活性测试项目——普渡钉板实验和拧螺母实验，对灵巧性进行测试[5-6]。根据实验舱和手套的特点，对实验进行了一定改进，改进方案如下：

① 改进的普渡钉板测试：标准的普渡钉板实验是在一块布满小孔的平板上用最快的速度

插满钉棍(peg),以一个标准时间内插的钉棍数量为准。但 EVA 手套安装在低温低压模拟舱舱门上,加压后活动范围有限。根据手套加压后手的最大活动距离,将普渡钉板进行改进。钉棍为圆柱形,横截面直径为 10 mm,长度为 100 mm。两个小孔位于木质平板正下方,小孔直径为10.5 mm,边沿相距 20 mm,如图 5.1.2 所示。

图 5.1.2 普渡钉板测试装置

实验起始阶段,钉棍位于左侧小孔中,当受试者听到实验开始的指令后,以最快的速度抓取钉棍并在两个孔之间交替传递,每插入小孔一次计数为 1,总共完成 10 次。每次钉棍插入孔中后,受试者都要放开钉棍并重新抓取。主试人员通过摄像头观察并用秒表记录从第一次接触钉棍到完成全部任务所需时间。每个工况每人至少做 3 轮。对 3 次的数据结果求均值得到此工况下的平均完成时间。

② 改进的拧螺母测试:由于戴手套时很难将螺母安装到螺栓上(加压时更加困难),因此将螺母拧在螺栓上开始实验。螺栓直径 20 mm,螺母在螺栓上单次行程约为 30 mm(螺母行程由戴手套加压预实验中食指弯曲时的指尖位移决定),与地面水平并固定在垂直金属面板的右侧,水平高度与手套基本平齐。为了适应不同人的操作习惯,实验开始前受试者可以调整螺栓在平台上的水平高度和角度,让受试者在尽量舒适的条件下进行实验。加压状态下,受试者很难按照常压的方式拧螺母,只能用食指拨动螺母,为了统一动作,保证实验的一致性,拧螺母的操作动作以加压状态下的动作为准。

实验开始时,受试者将螺母从螺栓顶端向外旋出直至螺栓末端,但不能将螺母脱离螺栓;再将螺母反向拧回至起始位置,中间不休息,如图 5.1.3 所示。主试人员通过摄像头观察并用秒表记录完成整个操作的时间。每个工况每人至少做 3 轮。对 3 次的数据结果求均值得到此工况下的平均完成时间。

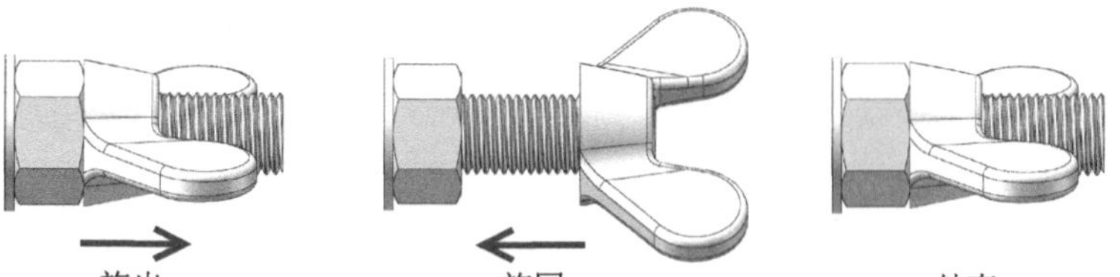

图 5.1.3 拧螺母测试流程示意图

(2) 手指温度和主观感受

为了进一步了解灵巧性实验中受试者的感受,获得更加丰富的信息。在低温实验中,测量了不同暴露时间下,右手食指、中指和拇指的指尖温度。选择这 3 个测点的原因是:参与触感、拧螺母和普渡钉板实验操作的主要是这 3 根手指,尤其是食指。受试者会被要求填写一份在低温和复合实验中的调查问卷,如表 5.1.2 所列。主要调查受试者在实验过程中对低温的耐受等级(最低 1 级,最高 5 级)。这些信息也将作为对实验结果的印证。

表 5.1.2　主观量表和定义

耐受等级	定　义
1	基本没什么感觉
2	有冷感，但对操作基本无影响
3	感觉很冷，但并不感觉麻木
4	手指感到麻木，但还能操作
5	手指麻木僵硬，已经无法继续操作

5. 数据处理方法

通过对实验数据进行单因素方差分析来分析测试条件（压力、低温）对普渡钉板测试和拧螺母测试完成时间的影响，同时还进行了多因素 ANOVA 以查看温度、压力和冷暴露对完成时间的影响。为了探索两种灵巧性测试的完成时间、手指温度和主观冷评分之间的可能关系，还计算了它们的相关系数。统计分析采用 SPSS(19.0，IBM)进行，统计显著水平固定在 0.05。

5.1.4　实验结果

表 5.1.3 总结了完成普渡钉板（T_Purdue）测试和拧螺母（T_Nut）测试所需时间、冷刺激主观评分及手指温度的平均值和标准偏差。图 5.1.4 比较了 10 种工况下平均完成时间和它们的最小显著差（LSD）置信区间。不重叠的区间表示所选置信度水平的均值之间的统计学显著性差异。其中，C1 中普渡钉板测试的完成时间为 C0 的 152%，但拧螺母测试没有显示出 C0 和 C1 之间的显著性差异。需要注意的是，在冷暴露和非冷暴露条件（C2 和 C3，C4 和 C5，C8 和 C9）之间，普渡钉板测试和拧螺母测试的完成时间没有显著性差异。在两种灵巧性测试中，均发现 C8 和 C9 的结果与其他条件显著不同。同时，在普渡钉板测试中发现 C4，C5，C7 和 C1，C2，C3，C6 之间有小但显著的差异，而拧螺母测试则不是这种结果。关于手指温度，对于普渡钉板测试，C4 和 C5 只有食指和中指的温度低于 15 ℃；对于拧螺母测试，即使环境温度为−70 ℃，所有工况下食指温度都高于 15 ℃。

表 5.1.3　普渡钉板测试和拧螺母测试的完成时间、冷刺激主观评分及手指温度的平均值和标准偏差

工　况	普渡钉板测试					拧螺母测试		
	完成时间/s	冷刺激主观评分	手指温度/℃			完成时间/s	冷刺激主观评分	手指温度/℃
			拇　指	食　指	中　指			
C0	5.56±0.79	1±0	28.16±3.14	28.34±4.5	26.83±3.66	16.29±2.86	1±0	27.67±4.13
C1	8.48±1.11	1±0	30.0±2.9	28.0±3.0	28.4±3.0	21.76±4.85	1±0	28.0±3.0
C2	9.35±1.24	1.92±0.51	19.59±2.32	22.79±5.35	20.26±3.14	21.04±4.4	2.16±0.58	25.03±4.57
C3	9.61±1.55	2.66±0.86	18.67±3.95	21.69±5.5	20.23±3.01	22.07±4.71	2.42±0.67	25.77±3.83
C4	12.71±2.84	2.5±0.66	16.23±5.14	14.57±4.87	13.36±4.77	26.71±7.02	2.79±0.54	17.68±3.13
C5	12.87±2.37	2.91±0.66	15.79±4.38	14.65±5.5	13.87±4.21	28.13±8.05	3.58±0.63	15.6±3.97
C6	10.45±0.8	1±0	—	—	—	22.45±7.93	1±0	—
C7	13.28±1.84	1±0	—	—	—	25.96±10.24	1±0	—
C8	18.2±3.69	2.25±0.25	23.19±2.95	20.53±2.05	17.54±3.52	44.08±10.62	2.45±0.72	20.35±4.24
C9	18.02±3.2	2.58±0.67	23.95±3.38	21.38±2.77	18.53±3.77	46.03±12.48	2.65±0.88	19.94±4.38

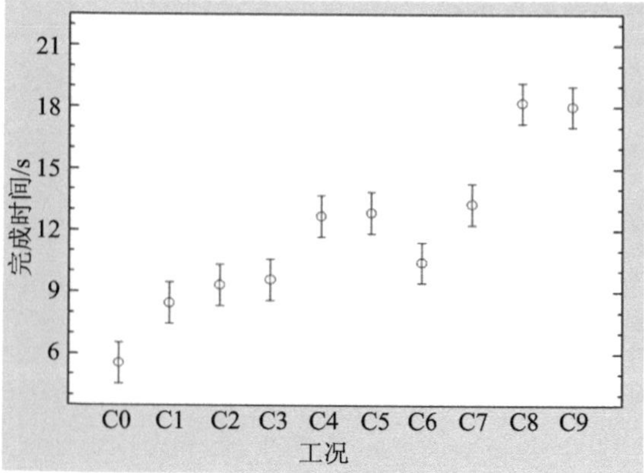

(a) 普渡钉板测试

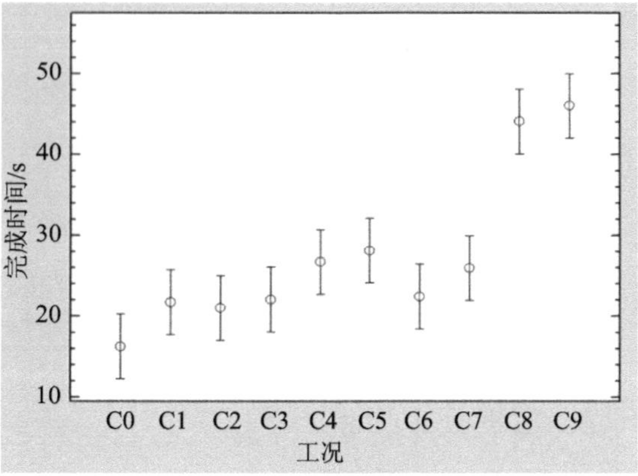

(b) 拧螺母测试

图 5.1.4　10 种工况下普渡钉板测试和拧螺母测试平均完成时间的均值和 95%最小显著性差异置信区间

实验中还进行了多因素方差分析，用于评估压力、温度和冷暴露对普渡钉板测试和拧螺母测试完成时间的影响，如图 5.1.5 所示。两种测试都观察到非常相似的效果。冷暴露效果不明显（$p>0.05$），而温度和压力显著影响（$p<0.001$）。在实验中，完成时间随温度和压力的增加而下降。普渡钉板测试和拧螺母测试之间只有很小的差异。普渡钉板测试的完成时间比拧螺母测试对温度变化更加敏感。在普渡钉板测试的 3 个测试温度之间观察到显著性差异，而拧螺母测试在－70～－50 ℃之间没有明显差异。

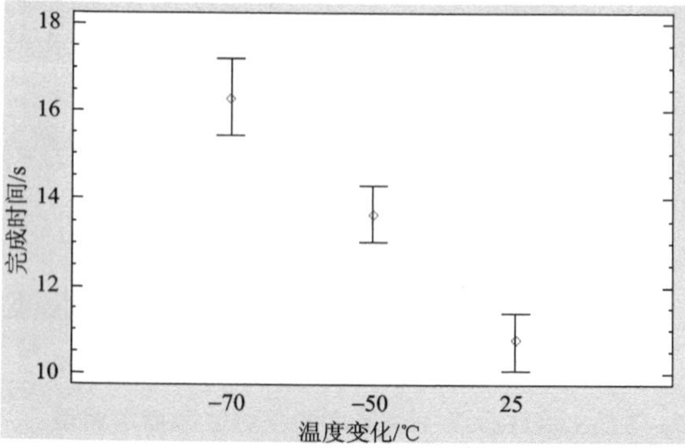

(a) 普渡钉板测试(1)

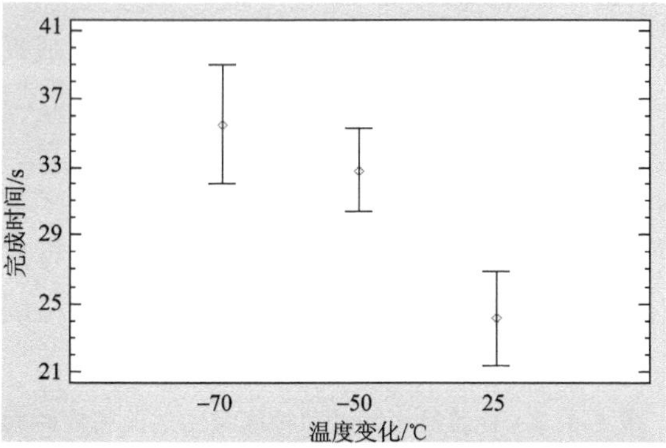

(b) 拧螺母测试(1)

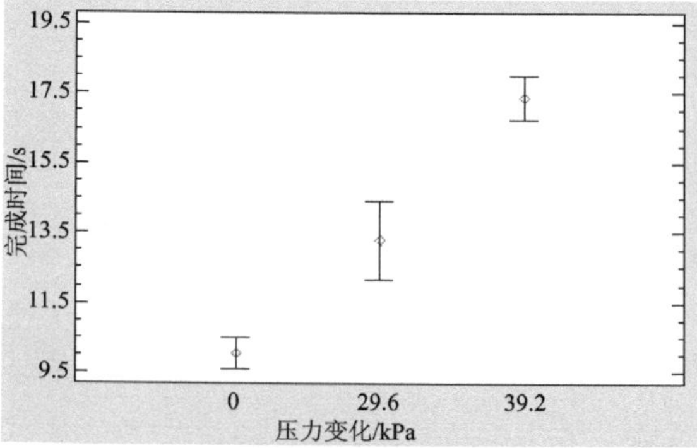

(c) 普渡钉板测试(2)

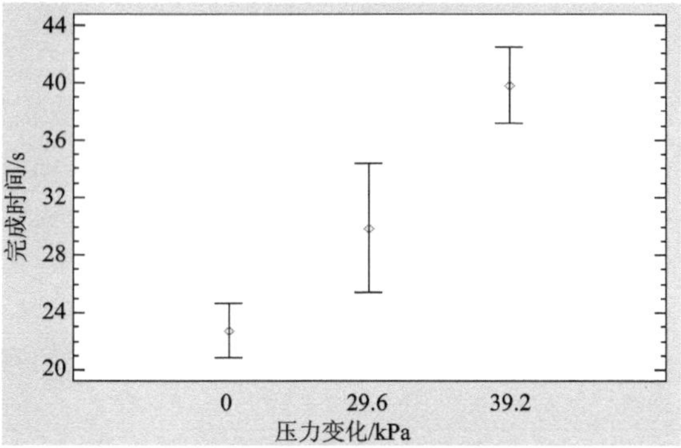

(d) 拧螺母测试(2)

图 5.1.5　3 个测试温度和压力水平的普渡钉板测试和拧螺母测试完成时间的均值和 95%最小显著性差异置信区间

普渡钉板测试和拧螺母测试的手指温度、冷刺激主观评级和完成时间之间的相关系数如表 5.1.4 所列。普渡钉板和拧螺母之间存在中等程度的相关性($0.5<|r|<0.8$)。3 个手指温度之间的相关性很高($0.8<|r|<0.95$)，并且手指温度与冷刺激主观评级具有中等相关性。完成时间和冷刺激主观评级无关($|r|<0.3$)，但完成时间和手指温度之间存在低度相关性($0.3<|r|<0.5$)。

表 5.1.4　普渡钉板测试和拧螺母测试的手指温度、冷刺激主观评级和完成时间之间的相关系数

项　目	普渡钉板完成时间	普渡钉板食指温度	普渡钉板中指温度	普渡钉板拇指温度	普渡钉板冷刺激主观评级	拧螺母完成时间	拧螺母食指温度	拧螺母冷刺激主观评级
普渡钉板完成时间	—	−0.27*	−0.36**	−0.11	0.23*	0.54**	—	—
普渡钉板食指温度	−0.27*	—	0.87**	0.85**	−0.71**	—	—	—
普渡钉板中指温度	−0.36**	0.87**	—	0.85**	−0.77**	—	—	—
普渡钉板拇指温度	−0.11	0.85**	0.85**	—	−0.71**	—	—	—
普渡钉板冷刺激主观评级	0.23*	−0.71**	−0.77**	−0.71**				
拧螺母完成时间	0.54**	—	—	—	—	—	−0.35**	0.22*
拧螺母食指温度	—	—	—	—	—	−0.35**	—	−0.68**
拧螺母冷刺激主观评级	—	—	—	—	—	0.22*	−0.68**	—

注：* 代表 $p<0.05$；** 代表 $p<0.01$。

在正常的温度和压力条件下，手套材料会影响手部的舒适性和灵活性。Havenith 等人[6]发现，与裸手相比，0.6 mm 厚的橡胶手套中的普渡钉板性能会降低 37%。本实验结果表明 C0 和 C1 之间有 35%的差异，但是这种观察到的差异比 Pleton 等人[7]和 O'Hara 等人[8]用其他 EVA 手套发现的结果要大，他们分别观察到 25%和 30%的差异，这可能是由不同研究中使用的手套的一致性设计的差异造成的。

5.1.5　实验结论

本实验模拟了穿戴 EVA 手套在超低温环境中手动作业的场景，对其热防护能力进行了研究。正如预期的那样，手的灵活性受到压力和温度的影响。同时，还观察到联合效应，可以用“联合压力源方法”来解释[9]。如图 5.1.6 所示，相对于组合条件 C8 和 C9 的对照条件(C1)的完成时间均长于两个单因素的总和，表明压力与低温之间的相互作用是协同的，还表明分别分析压力或温度就足够了。据观察，大多数参与者在进行组合条件测试时更容易感到疲劳。每个志愿者两次实验之间的休息时间较长，疲劳可能是灵巧性下降的主要原因。

普渡钉板测试的实验结果在低温或低压条件下与参考文献[7-8,10]结果更为一致；而拧螺母测试对测试条件变化较不敏感，这可以通过单指旋转螺母的简单动作来解释，该实验没有足够的判别力，因此拧螺母测试可能不具有代表性。

实验中也发现，不同受试者的手指温度数据的偏差较大，主观感觉和温度之间的相关性较低。这很可能是小样本测试以及受试者之间的个体差异造成的。实验中模拟手套压力是通过抽取低温低压模拟舱内的压力实现的，实际上手套表面并未达到真空状态，因此，其散热途径和航天员 EVA 活动相比并不一致。但是，真空状态的 EVA 手套热模拟测试危险性较大，不宜进行人体测试。

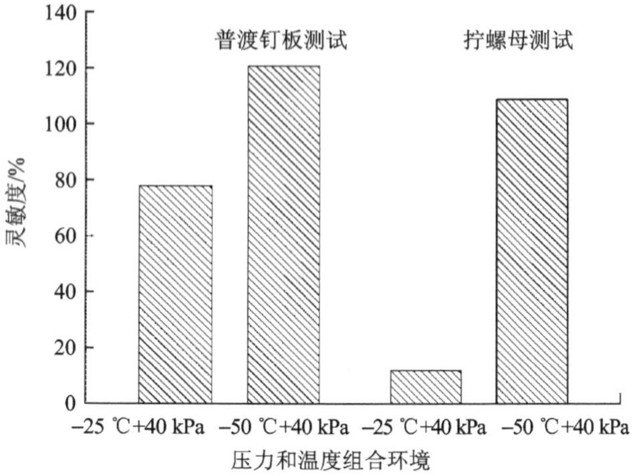

图 5.1.6 压力和低温对灵巧性的相互影响

5.2 舱外航天服自适应液温调节研究

5.2.1 实验背景

由于太空环境复杂(环境温差超过 250 ℃、紫外线辐射、高速粒子、真空、未知化学成分的气体等),导致航天员产生一系列热生理问题(人体产热量差异超过 5 kcal/min、热调节能力下降、耐高低温能力下降、血液重新分配等)[11−12],加上舱外活动操作困难,航天员经常会面临热不舒适问题。航天服的热舒适调节主要是通过液冷和通风两种方式实现,其中,航天员大部分代谢产热都是通过液冷服带走的。而目前液冷服的调节方式主要是手动调节转动控制阀门,由于操作烦琐,从而出现了很多弊端。例如,分散航天员注意力、影响其工作效率,尤其是因为调节滞后而导致航天员经常出现过冷或过热的情况,使航天员感到极不舒适,甚至终止正在执行的舱外任务[13]。对于载人航天活动,尤其是出舱活动,航天服中的温度控制不容忽视。因此,针对航天服的液温调节,非常有必要建立一种能基于航天员的代谢水平、生理参数以及环境参数等进行自适应液温调节的自动温控系统,以保证航天员的热舒适状态,从而提高其工作效率。

5.2.2 实验目的

通过受试者进行模拟器械锻炼来达到不同的代谢水平,同时身着模拟液冷服,通过改变液路水温,探究受试者在不同代谢水平、不同液路水温下人体各生理参数以及主观热舒适感受的变化情况,根据所求参数设计自适应液温调节模型,最后根据模型做出自适应液温调节装置。

5.2.3 实验方法

1. 受试者招募及特征

本实验选择了 10 位健康男性,分别为 4 名 25～30 岁、3 名 30～35 岁、3 名 35～40 岁,身高在 165～180 cm，胸围在 94～110 cm 且无心肺系统疾患和传染性皮肤病的男性。最后要对受试者依据标准的 Bruce 程序进行次极量运动的“运动心功能检查”，凡不符合者均不能作为受试者。

2. 实验所用设备

方案验证设备所用到的硬件包括数据采集模块、实验用 PC、控制模块以及液温调节执行机构。数据采集模块选用的处理器为 MSP430F149，采集传感器收集到的各类参数，包括模拟液冷服的液路温度、CO_2 分压以及相关人体参数（心率、呼吸频次）等，因此至少需要 4 路通道的 A/D 转换器。控制模块同样采用 MSP430F149 作为处理器。

液温调节执行机构包括驱动电机、联轴器及其他辅助部件。其中，驱动电机采取步进电机，以便实现角度的精确控制，其电机中的角度传感器采用增量式光电编码器，其工作原理是将电信号转化成计数脉冲，从而计算电机的角度位移。联轴器依据步进电机的具体尺寸以及液温调节阀的具体尺寸进行设计。

3. 实验条件控制

人体代谢及其影响参数实验中要求实验在模拟温度舱内进行，实验舱的控制条件要求环境温度为 22～25 ℃，相对湿度为 30%～70%，服装热阻小于 0.7 clo（身着短裤、背心/薄 T 恤、运动衣、薄棉袜、运动鞋）。

4. 测量及评价指标

人体代谢及其影响参数实验中要求受试者在实验舱身着模拟液冷服，然后在不同水温下完成两组运动的代谢率和心率等数据测量。每种功率负荷持续运动 3～7 min，运动频率为 2～3 s 一次。受试者在完成每种运动负荷之后保持直立、静息状态 5～8 min。

在设计自适应液温调节模型中共设计了 2 个模型：BP 神经网络代谢率预测模型和热舒适预测模型。BP 神经网络代谢率预测模型中的预测指标包括心率、呼吸频次和 CO_2 分压，热舒适预测模型依据代谢率、水温、主观热舒适打分和时间等具体数值进行建立，对该模型进行求解与验证，即可得到每名受试者相应的各项参数。

在验证自适应液温调节模型的有效性时，首先确定总体验证思路，即从设备验证和温控模式两个方面来验证整体方案；然后验证实验的设计，包括受试者的选择、测试参数的选择、工况设定与流程等；最后确定两种温控模式，一种是基于热舒适预测模型的热平衡模式，另一种是基于代谢率——入口水温热舒适云图的温控带模式。从主观热舒适分值和平均皮肤温度的角度说明了温控带和热平衡两种模式的有效性，并对这两种模式的优劣进行了比较。

5. 数据处理及分析方法

在本小节计算人体代谢率时，采用 4A 级测量耗氧量法计算实际代谢率，如下：

$$M=\left[5.88\times\left(0.23\times\frac{\dot{V}_{CO_2}}{\dot{V}_{O_2}}+0.77\right)\right]\times\dot{V}_{O_2}\times\frac{1}{A_{Du}} \tag{5.2.1}$$

计算出实际代谢率，再找出实际可测得的参数中与代谢率相关性最大的几组参数，从而训练出基于这几组参数的 BP 神经网络代谢预测模型。然后根据人体代谢及其影响参数实验的实验结果，统计 10 名受试者每个工况阶段下的平均心率、平均呼吸频次、平均 CO_2 分压、平均皮肤温度与平均代谢率的相关性曲线图。在热舒适预测模型温控模式下首先采集受试者的实时心率、呼吸频次、CO_2 分压这 3 个参数，将其代入 BP 神经网络代谢率预测模型计算出实时代谢率，再将实时代谢率及实时采集的模拟液冷服入口水温代入热舒适预测模型进行积分计算。

5.2.4 实验结果

设备验证结果：

数据采集模块实现参数采集功能部分验证了该装置可以实现人体生理参数包括呼吸频次、实时心率、CO_2 分压，模拟液冷服参数包括入口水温等参数的采集与显示，并通过对比验证了该装置采集结果与模拟液冷服原有测控设备采集数据保持一致；电机控制及角度显示功能验证了电机能按照既定设定转动，并且转速、力矩都达到了实验要求，能顺利带动液温调节阀转动；自适应液温调节装置的液晶显示模块可以实时显示电机角度。验证设备和样机连续正常工作时长验证：整套设备工作时间不小于 6 h。

方案实验结果：

主观热舒适分值验证是受试者热感受的最直观体现，因此首先分析自适应液温调节装置对受试者主观热感受的调节能力。要求受试者都完成代谢水平在 50～300 w/m^2 区间内的实验。

对于入口水温热舒适云图自控模式验证的代谢率，将 3 名受试者在温控带模式下不同工况的主观热舒适分值进行统计，得到的主观热舒适分值曲线如图 5.2.1～图 5.2.3 所示。3 名受试者在温控带模式下，主观热舒适分值都保持在 −1（稍凉）～＋1（稍暖）之间，且长时间处于 0（热中性）状态。只有受试者 9 在肩运动休息时的主观热舒适评分为 −1（稍凉），这是由于模拟液冷服本身不具有对水温进行加热的功能，只能制冷，因此水温的提高只能依靠受试者自身的代谢产热来加热实现，因此这段时间内受试者 9 会出现稍凉的状态。

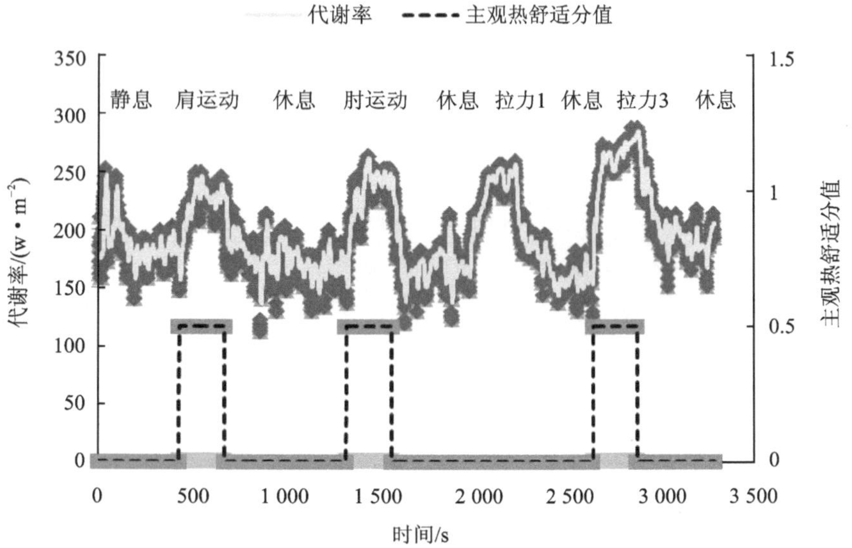

图 5.2.1　温控带模式下受试者 1 主观热舒适分值曲线

热舒适预测模型自控模式验证：

将两个受试者在热平衡模式下不同工况的主观热舒适分值进行统计，得到主观热舒适分值曲线，如图 5.2.4 和图 5.2.5 所示。

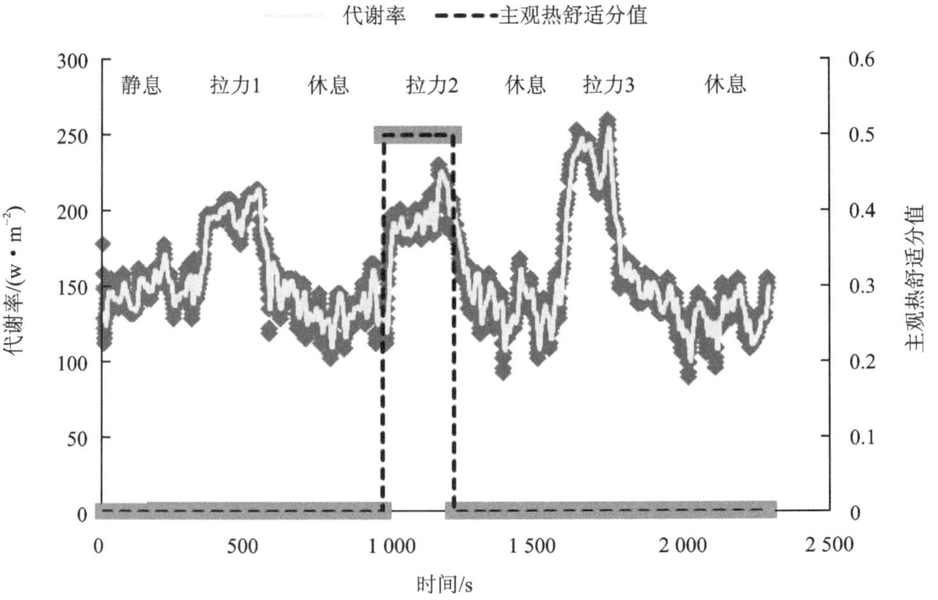

图 5.2.2　温控带模式下受试者 8 的代谢率和主观热舒适分值曲线

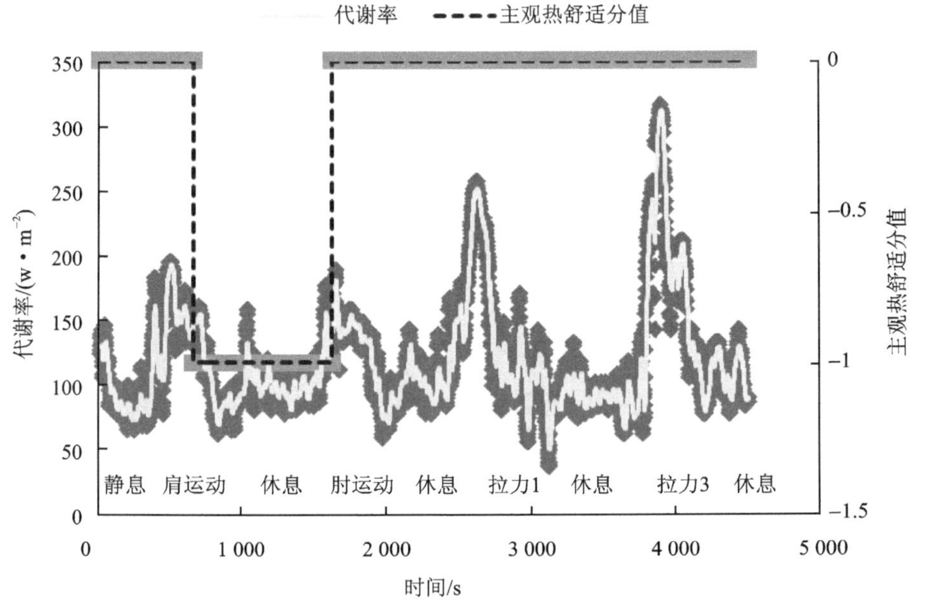

图 5.2.3　温控带模式下受试者 9 的代谢率和主观热舒适分值曲线

由图 5.2.4 和图 5.2.5 可知，受试者 8 和受试者 9 在热平衡模式下，主观热舒适分值都保持在−1(稍凉)～+1(稍暖)之间，且长时间处于热舒适区间内(−0.5～0.5)。受试者 9 在肩运动过程以及拉力 3 过程的主观热舒适评分为+1(稍暖)，这是由于热舒适预测模型本身的局限性导致的，由于热舒适预测模型计算的热舒适分值不够准确，导致液温调节滞后，受试者代谢水平升高时水温没有及时下降，因此出现了稍暖的状态。

平均皮肤温度验证：

通过对 10 个受试者在不同空调温度(21～30 ℃)下的皮肤温度与心率变异性进行测量，同时对受试者的热感觉和热舒适程度进行主观问卷调查，最后基于马氏距离判别法提出了基

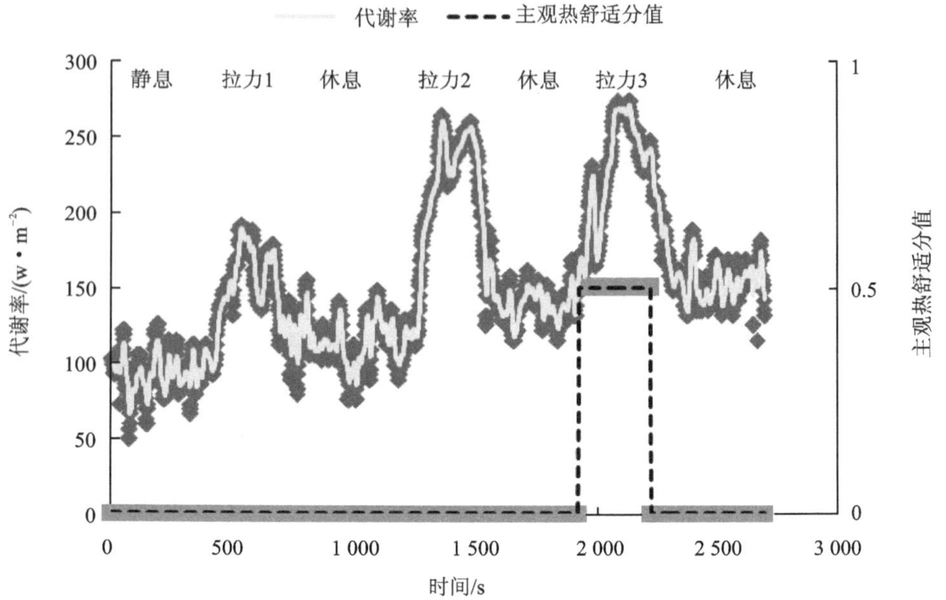

图 5.2.4 热平衡模式下受试者 8 主观热舒适分值曲线

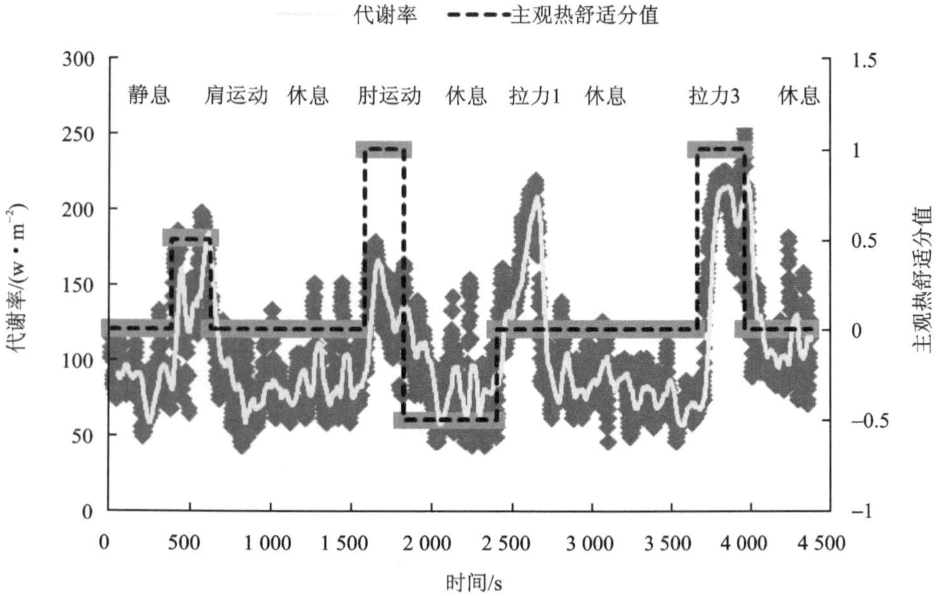

图 5.2.5 热平衡模式下受试者 9 主观热舒适分值曲线

于平均皮肤温度的热舒适评价标准，具体如表 5.2.1 所列。

表 5.2.1 平均皮肤温度热舒适评价标准

热舒适分值	平均皮肤温度 y/℃
凉(－2)	$y<31.76$
稍凉(－1)	$31.76\leqslant y<32.49$
中性(0)	$32.49\leqslant y\leqslant 33.66$
稍暖(＋1)	$33.66<y<34.18$
暖(＋2)	$y\geqslant 34.18$

表 5.2.1 中，平均皮肤温度的计算方法同样采取 10C 法。表 5.2.2～表 5.2.4 所列为温控带模式下 3 名受试者在不同工况下的平均皮肤温度，并依据表 5.2.1 给出热舒适评价。

表 5.2.2　温控带模式下受试者 1 的平均皮肤温度

工　况	静　息	肩运动	休　息	肘运动	休　息
平均皮肤温度/℃	33.14	33.32	32.69	32.50	32.33
热舒适评价	0	0	0	0	−1
工　况	拉力 1	休　息	拉力 3	休　息	总　体
平均皮肤温度/℃	32.11	31.91	31.82	31.60	32.38
热舒适评价	−1	−1	−1	−2	−1

表 5.2.3　温控带模式下受试者 8 的平均皮肤温度

工　况	静　息	拉力 1	休　息	拉力 2	休　息
平均皮肤温度/℃	32.59	31.96	31.77	31.73	31.75
热舒适评价	0	−1	−1	−2	−2
工　况	拉力 3	休　息	总　体		
平均皮肤温度/℃	31.74	31.55	31.88		
热舒适评价	−2	−2	−1		

表 5.2.4　温控带模式下受试者 9 的平均皮肤温度

工　况	静　息	肩运动	休　息	肘运动	休　息
平均皮肤温度/℃	33.80	33.82	33.34	33.36	33.32
热舒适评价	1	1	0	0	0
工　况	拉力 1	休　息	拉力 3	休　息	总　体
平均皮肤温度/℃	33.45	33.27	33.53	33.28	33.46
热舒适评价	0	0	0	0	0

由表 5.2.2 可知，受试者 1 在温控带模式下基本处于热中性和稍凉的状态，在拉力 3 休息时出现了凉的状态。这一方面是由于休息状态时模拟液冷服水温无法主动加热从而导致受试者感觉偏冷，另一方面是由于该基于平均皮肤温度的热舒适评价标准存在一定的局限性所致。受试者 1 在温控带模式下总体平均皮肤温度的热舒适评价为稍凉。

由表 5.2.3 可知，受试者 8 在温控带模式下较长时间处于稍凉的状态，在拉力 2 及拉力 3 过程中热舒适评价为凉。这是由于受试者 8 的热舒适云图区间范围较大，导致其入口水温变化不大，维持在 19 ℃左右，因此在以平均皮肤温度为准的热舒适评价基础上会出现凉的状态。受试者 8 在温控带模式下总体平均皮肤温度的热舒适评价为稍凉。

由表 5.2.4 可知，受试者 9 在温控带模式下基本处于热中性状态，只在静息和肩运动时出现了稍暖的状态，这可能是由于模拟液冷服入口水温初始温度较高导致的。受试者 9 在温控带模式下的总体平均皮肤温度的热舒适评价为热中性。

表 5.2.5～表 5.2.6 所列为热平衡模式下受试者 8、受试者 9 在不同工况下的平均皮肤温度，并依据表 5.2.1 给出热舒适评价。由表 5.2.5 可知，受试者 8 在热平衡模式下都处于热中性和稍凉的状态，其在热平衡模式下总体平均皮肤温度的热舒适评价为热中性。

表 5.2.5　热平衡模式下受试者 8 的平均皮肤温度

工　况	静　息	拉力 1	休　息	拉力 2	休　息
平均皮肤温度/℃	33.12	33.33	33.24	32.87	32.46
热舒适评价	0	0	0	0	−1
工　况	拉力 3	休　息	总　体		
平均皮肤温度/℃	32.28	32.11	32.77		
热舒适评价	−1	−1	0		

表 5.2.6　热平衡模式下受试者 9 的平均皮肤温度

工　况	静　息	肩运动	休　息	肘运动	休　息
平均皮肤温度/℃	33.93	34.03	33.69	33.58	33.56
热舒适评价	1	1	1	0	0
工　况	拉力 1	休　息	拉力 3	休　息	总　体
平均皮肤温度/℃	33.66	33.73	33.80	33.69	33.74
热舒适评价	0	1	1	1	1

由表 5.2.6 可知，受试者 9 在热平衡模式下都处于稍暖和热中性的状态，其在热平衡模式下总体平均皮肤温度的热舒适评价为稍暖。

综上所述，无论是在温控带模式下还是在热平衡模式下，3 名受试者都基本能在以平均皮肤温度为基础的热舒适评价中维持在−1(稍凉)～+1(稍暖)之间的状态，因此从平均皮肤温度的角度验证了自适应液温调节装置的有效性。

5.2.5　实验结论

本节验证了自适应液温调节装置的有效性，从主观热舒适分值和平均皮肤温度的角度说明了温控带和热平衡两种模式的有效性，并对两种模式的优劣进行了比较，结果表明：热平衡模式会出现滞后调节的现象，温控带模式的调节更为直接、高效。

参考文献

[1] Zhang N, Tian Y, Ding L, et al. Classified statistics and analysis of astronauts′ typical actions during extravehicular activity[J]. Space Med. Med. Eng, 2011, 24(5): 366-368.

[2] Heus R, Daanen H, Havenith G. Physiological criteria for functioning of hands in the cold[J]. Appl. Ergon, 1995, 26(1): 5-13.

[3] Bishu R, Klute G. The effects of extra vehicular activity (EVA) gloves on human performance[J]. Ind. Ergon. 1995, 16(3): 165-174.

[4] Ding L, Yang F, et al. Ergonomics implications of extravehicular activity spacesuit glove[J]. J. Beijing Univ. Aeronaut. Astronaut, 2005, 31(4): 416-420.

[5] Tiffin L, Asher E. The Purdue pegboard; norms and studies of reliability and validity

[J]. J. Appl. Psychol. 1948, 32: 234-247.

[6] Havenith G, Vrijkotte T. Comfort and ergonomics of gloves used by glasshouse workers [C]// Sixth International Conference on Environmental Ergonomics, Montebello, Canada, 1994.

[7] Pelton M. The effects of extravehicular activity gloves on human hand performance[R]. Department of Aerospace Engineering University of Maryland, College Park, US, 2000.

[8] O'Hara J M, Briganti M, Cleland J, et al. Extravehicular activities limitations study. Volume II[R]. Establishment of physiological and performance criteria for EVA gloves - Final report, NAS-9-17702, 1988.

[9] Lloyd A, Havenith G. Interactions in human performance: An individual and combined stressors approach[J]. Temperature, 2016, 3(4): 514-517.

[10] Muller M, Ryan E, et al. The influence of interval versus continuous exercise on thermoregulation, torso hemodynamics, and finger dexterity in the cold[J]. J. Appl. Physiol, 2010, 109(5): 857-867.

[11] Pavy-Lc T A, Heer M, Narici M V, et al. From space to Earth: advances in human physiology from 20 years of bed rest studies (1986—2006)[J]. European Journal of Applied Physiology, 2007,101(2):143-194.

[12] Yang ZH ZH, Fei J X, Yu X J. Thermal comfort and thermoregulation in manned space flight[J]. Chinese Journal of Applied Physiology, 2013,29(6):518-524.

[13] Wang F, Gao C, Kuklane K, et al. A Review of Technology of Personal Heating Garments[J]. International Journal of Occupational Safety & Ergonomics Jose, 2010,16(3):387-404.

第6章　舱外航天服生物力学特性实验研究

6.1　裸手肌力验证实验研究

6.1.1　实验背景

肌力的直接测量一直是未能很好解决的问题，原因是单肌肉的肌力不可能通过体表方式来测量，目前测量肌力比较准确的方式是通过刺入肌肉的拉力传感器来测量真实的肌张力[1]。通过体表测量肌张力的方法目前比较流行的是表面肌电。通过表面肌电的方法能够较为准确地判断肌肉张力的大小，但是仅在定性层面有着较为准确的应用，并且只能说明肌力和肌电幅值呈正相关，并不能准确计算出肌张力的数值，因此肌电只能作为模型计算值验证的辅助手段[2]。手部的力学模型可以通过肌肉力量的大小计算出不同握距下的握力，但是作为模型计算的准确度较难验证，对此，考虑到人在较短时间内其肌肉最大等长收缩力可认为是定值的，可假设最大握力时肌力是最大的，而最大的肌力在不同握距时呈现的是不同的最大握力，如果模型计算的与此对应，即可验证该假设。得到验证的模型就可对不同工况的工效性能进行比较，评价舱外航天服手套和手操作仪器的优劣[3-5]。

6.1.2　实验目的

为验证肌力计算模型，研究 EVA 手套对手部最大握力和最大关节活动度的影响，以及各个工况下的手部疲劳极限时间，本节实验设计了模型验证实验，对裸手与戴手套的工效进行对比。

6.1.3　实验方法

1. 受试者招募及特征

本实验针对测试手套的尺寸，筛选出手指尺寸与手套尺寸偏差在±2 mm 的 6 名受试者，受试者均为男性，年龄平均为(22±1)岁。实验期间受试者身体健康状况良好，手部无疲劳现象，实验前 48 h 未进行任何形式的剧烈运动。

2. 实验内容及所用设备

常压裸手实验要测量手部自然形态下的手尺寸、弯曲角度，为模型计算提供手部形态参数；测量各种握距下的最大握力、各种握力下对应的握力疲劳时间以及典型工况下的手指弯曲角度和压力情况，来与戴手套时的工况作对比，裸手实验内容及所用设备见表 6.1.1。

表 6.1.1　裸手实验内容及所用设备

序　号	实验名称	内容说明	设　备
1	手部自然形态测量	要求受试者手部在完全放松的情况下，手背朝下，置于透明平板上，进行 3D 激光扫描手部形态，得到手尺寸 H 以及自然弯曲角度 A_{0i}	3D 激光扫描仪
2	最大握力实验	实验在常温常压下进行，使用握距 L_i 可调节的握力计，测量受试者在各个握距(30～60 mm)下的握力值 N_{1i}，测量的同时进行 3D 激光扫描手动静态抓握的动作，测量关节角度 A_{1i}，测量得到手部压力情况 P_{1i}	3D 激光扫描仪、数据手套
3	握力疲劳实验	选用在最大握力实验中，握力值 N_{1i} 最大时对应的握距 L_i，以 100%、90%、80%、70%、60%、50%、40%、30% 最大握力抓握握力计，要求受试者的手紧密接触握力计，用力均衡，直到握力不能维持在 5% 浮动区间内，记录疲劳时间 T_{1i}	握力计、数据手套
4	典型工况实验	受试者完成指定的典型工况，实验中同时测量受试者手部压力分布 W_{1i}、静态稳定时的指关节角度 B_{1i}	3D 激光扫描仪、数据手套

模拟真空环境戴手套实验要测量受试者在戴上模拟 EVA 手套之后，各个手部工效指标的变化，包括最大握力、典型手部工况下的手部压力分布情况、空手抓握时手部压力分布情况以及手指最大关节活动度。模拟真空环境戴手套实验的内容及所用设备见表 6.1.2。

表 6.1.2　模拟真空环境戴手套实验的内容及所用设备

序　号	实验名称	内容说明	设　备
1	最大握力实验	实验在舱外常压和舱内戴充气手套的情况下进行，使用握距 L_i 可调节的握力计，测量受试者在各个握距(30～60 mm)下的握力值 N_{2i}，测量得到手部压力情况 P_{2i}。实验中，实验人员通过触摸手部骨性标志进行手套内指关节弯曲角度 A_{2i} 的测量	低压舱、握力计、数据手套
2	典型工况实验	受试者完成指定的典型工况，实验中同时测量受试者手部压力分布 W_{2i}、静态稳定时的指关节角度 B_{2i}	低压舱、数据手套
3	空手抓握实验	实验在舱外常压和舱内戴充气手套的情况下进行，实验中，受试者手部由自然初始状态开始，中指与拇指指尖间对应一个固定标尺，手部缓慢地抓握，两指尖在标尺上的距离每缩小 1 cm 手部保持静止，记录对应的压力分布 P_{3i} 和指关节角度 A_{3i}	低压舱、数据手套

3. 实验条件控制

(1) 裸手实验的典型工况的实验条件

1) 指尖式抓握(1 kg 握力)

该工况下，手指只用五指指尖指腹来接触物体，并对物体施加 1 kg 的抓握力。

2) 全指接触式抓握(1 kg 握力)

该工况下，掌心及五指指腹接触物体，并对物体施加 1 kg 的抓握力。

3）指尖式抓握（最大握力）

该工况下，手指只用五指指尖指腹来接触物体，并对物体施加最大抓握力。

4）全指接触式抓握（最大握力）

该工况下，掌心及五指指腹接触物体，并对物体施加最大抓握力。

（2）模拟真空环境戴手套的实验条件

模拟真空实验舱使用真空泵将舱外空气抽出，使用数字气压监控设备进行舱外气压测量并人工监控，将舱内气压控制在 60 kPa，此时手套内余压为 39.6 kPa。实验在常温下进行。实验舱内安装高清摄像头，供实验人员观察记录实验过程。

受试者在实验前佩戴手部压力测量传感器，再佩戴手套，手套上贴上关节点标志点。

4. 测量及评价指标

根据变量采集方法，对 6 名受试者的手部形态进行了测量；根据表 6.1.1 所列的最大握力测量方法，测量了 6 名受试者在 4 种握力计握距下的最大握力；根据表 6.1.1 所列的握力疲劳时间测试方法，测量了 6 名受试者在 4 种握力计握距下的握力疲劳时间；根据表 6.1.2 所列的最大握力测量方法，测量了模拟真空环境下，6 名受试者在 4 种握力计握距下的最大握力；根据表 6.1.2 所列的空手抓握测量方法，受试者手部由自然初始状态开始，中指与拇指指尖间对应一个固定标尺，手部缓慢地抓握，两指尖在标尺上的距离每缩小 1 cm 手部保持静止，同步记录手部压力值的变化。

5. 数据处理及分析方法

通过对 6 名受试者的手部形态进行测量，得出 6 名受试者的手指尺寸和自然状态下指关节角度参数的平均值，如表 6.1.3 所列。

表 6.1.3　手指尺寸和自然状态下指关节角度参数的平均值

参　数	参数含义	平均数值
l_1/cm	食指远节指节测量长度	2.5
d_1/cm	食指 DIP 关节厚度	1.0
l_2/cm	食指中节指节测量长度	3.0
d_2/cm	食指 PIP 关节厚度	1.8
l_3/cm	食指近节指节测量长度	4.7
d_3/cm	食指 MCP 关节厚度	2.0
l_4/cm	中指远节指节测量长度	2.6
d_4/cm	中指 DIP 关节厚度	1.0
l_5/cm	中指中节指节测量长度	3.2
d_5/cm	中指 PIP 关节厚度	1.8
l_6/cm	中指近节指节测量长度	5.1
d_6/cm	中指 MCP 关节厚度	2.2
a_1/(°)	食指 DIP 的弯曲角度	15

续表 6.1.3

参　数	参数含义	平均数值
a_2/(°)	食指 PIP 的弯曲角度	18
a_3/(°)	食指 MCP 的弯曲角度	25
a_4/(°)	中指 DIP 的弯曲角度	17
a_5/(°)	中指 PIP 的弯曲角度	20
a_6/(°)	中指 MCP 的弯曲角度	25

以上手指尺寸数据的平均值将作为肌力模型的参数输入，该尺寸与实际航天员手部尺寸的差距在 2 mm 以内。指关节的自然弯曲角度可作为模拟计算的参考值。

通过测量 6 名受试者在 4 种握力计握距下的最大握力值，得出每名受试者在各个握距下的最大握力平均值，如表 6.1.4 所列。

表 6.1.4　最大握力及其平均值

握距/mm 最大握力值/kg	16.1	28.7	41.3	54.4
受试者一	32.07	37.60	30.77	22.62
受试者二	36.65	42.05	35.10	28.45
受试者三	36.20	43.43	34.72	28.10
受试者四	37.20	43.80	36.00	30.55
受试者五	41.33	48.24	40.56	33.41
受试者六	40.55	48.21	38.97	32.12
平均值	37.33	43.89	36.02	29.21

通过测量 6 名受试者在 4 种握力计握距下的握力疲劳时间，得出每名受试者在 28.7 mm 握距下的握力疲劳时间平均值，如表 6.1.5 所列。

表 6.1.5　固定握距下的握力疲劳时间及其平均值

最大握力百分比/% 握力疲劳时间/s	100	90	80	70	60	50	40
受试者一	0.5	1.5	3.4	19.0	28.5	50	68
受试者二	0.7	1.8	3.5	25.0	33	68	80
受试者三	0.7	1.7	3.6	24.6	33.5	65	77
受试者四	0.8	1.8	3.9	26.4	42	76	84
受试者五	1.2	2.3	4.7	35.2	50	85	95
受试者六	1.1	2.0	4.4	33.8	48	80	90
平均值	0.83	1.85	3.9	27.3	39.2	70.7	82.3

对比握力疲劳时间平均值，结果如图 6.1.1 所示。

通过测量模拟真空环境下，6 名受试者在 4 种握力计握距下的最大握力，得出每名受试者

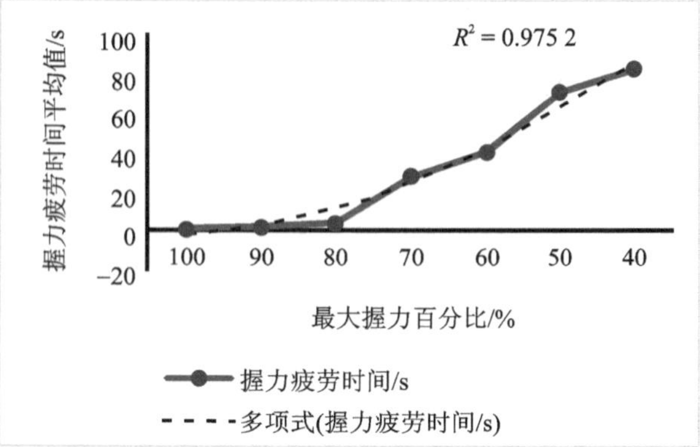

图 6.1.1　最大握力百分比与平均握力疲劳时间对应关系

在各个握距下的最大握力平均值，如表 6.1.6 所列。

表 6.1.6　模拟真空环境下各握距下的最大握力值及其平均值

最大握力值/kg \ 握距/mm	16.1	28.7	41.3	54.4
受试者一	6.7	8.0	6.4	4.8
受试者二	8.1	9.2	7.8	6.4
受试者三	8.2	9.4	7.6	6.0
受试者四	7.8	9.2	8.1	7.0
受试者五	9.2	10.1	8.6	7.6
受试者六	8.7	10.4	8.8	7.3
平均值	8.1	9.4	7.9	6.5

通过测量，得出中指 3 个压力测量点的数据如表 6.1.7 所列。

表 6.1.7　中指 3 个压力测量点的数据

指尖距/cm \ 压强值/(Pa・cm^{-2})	MCP	PIP	DIP
12	0.10	0.00	0.10
11	0.56	0.32	0.90
10	0.88	0.50	1.40
9	1.19	0.67	1.90
8	1.50	0.85	2.40
7	1.88	1.06	3.00
6	2.25	1.28	3.60
5	3.00	1.70	4.80
4	3.44	1.95	5.50
3	3.94	2.23	6.30
2	4.69	2.66	7.50
1	5.44	3.08	8.70
0	6.13	3.47	9.80

6.1.4 实验结果

从表 6.1.4 所列的测量结果中可以看出，28.7 mm 握距是 4 种握距中最适合发力的，为了让受试者在握力疲劳实验中能充分发挥出其最大肌力，实验均采用 28.7 mm 握距握力计进行测试。

从图 6.1.1 中可以看出，在 100%～80%最大握力区段内，握力疲劳时间平均值非常小，一般不超过 5 s；在 70%～60%区间内，握力疲劳时间平均值达到 25～40 s；而 50%最大握力值之后，握力疲劳时间平均值长达 70 s 以上。这是由于在短时间的最大力抓握时，消耗的是肌肉内的三磷酸腺苷(ATP)，能量释放量大但是总储能较少，只能维持数秒，并且肌肉神经接头无法维持大强度的刺激，因此肌肉出现疲劳的时间会很短；而在长时间的较小力量抓握时，肌肉耗能以有氧消耗肌糖原为主，而且神经能持续传递肌肉兴奋收缩的信息，所以疲劳时间相比大力量抓握时要长很多。据此，将握力疲劳的等级分为 3 个等级，并根据运动生理学经验，把操作力小于或等于 50%最大握力(也可以换算为 50%的最大肌力)的力度定义为“舒适操作力度”。

从表 6.1.6 所列的结果可以看出，EVA 手套充压之后的反力矩对手的影响非常大。在相同的握距下，相同的手部肌力输入，对比表 6.1.4，裸手与戴手套时的最大握力输出差异如图 6.1.2 所示。

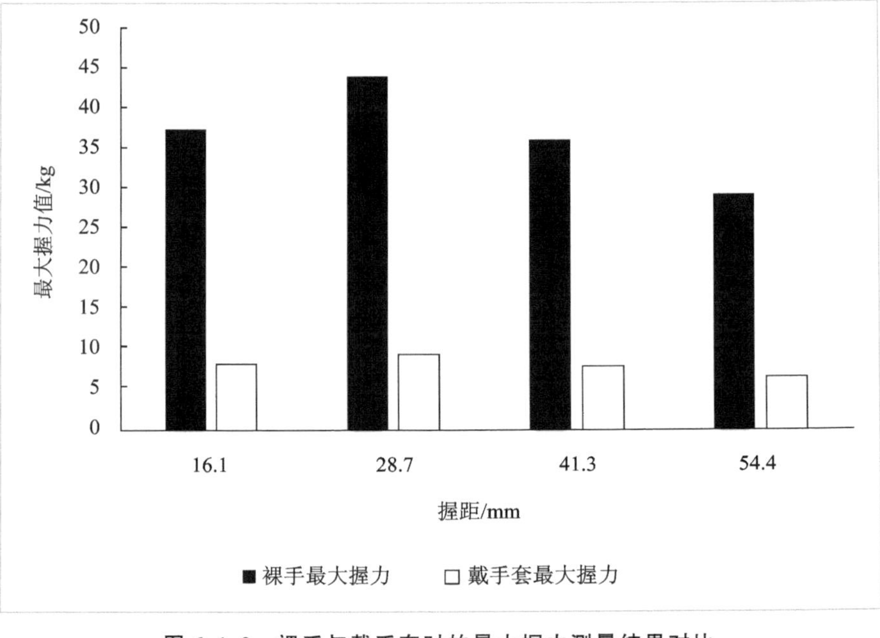

图 6.1.2　裸手与戴手套时的最大握力测量结果对比

从表 6.1.7 所列的结果中可以看出，随着指尖距离的逐步减小，手套弯曲对手指的反力矩逐步增大，尤其在指尖部位，增加幅度相对较大，其次是 MCP 关节。该部分压力数据以及对应的角度序列将作为模拟计算的参数输入。

6.1.5 实验结论

本节介绍了裸手和模拟真空戴手套两种状态下的手部工效实验，通过实验获得了包括手部的指节尺寸、关节半径尺寸、压力分布情况、关节弯曲角度、最大握力、最大关节弯曲角度、握力疲劳时间等数据。研究发现，戴上 EVA 手套之后握力平均减小，如果要使戴手套之后的握力输出与裸手时相等，则手部各肌群的肌力增加了 4 倍。因此，航天员穿戴 EVA 手套工作时比正常状态下额外付出的肌力是工效降低和疲劳剧增的最主要原因。本研究的实验数据可以对人体手部肌力预测模型提供实验支持。

6.2 手动作业工效指标优化研究

6.2.1 实验背景

太空环境十分恶劣，航天员会在太空环境中面临真空、极高低温、辐射和宇宙尘碰撞等情况，在此环境下手动作业的防护一般是由 EVA 手套实现的，但这些防护使航天员的舱外作业工效受到很大的影响[6]。为保证舱外作业的顺利进行，必须了解不同因素对舱外作业的影响情况，为有效规划舱外作业提供基础。航天员在舱外作业时，手动作业主要会受到压力、舱外航天服手套和低温环境等因素的影响[7]。压力和手套使工效减小有两方面的含义：从戴上手套起，压力和手套就对作业工效有影响；不同的压力和不同类型的手套对工效影响也不同。航天员的舱外作业是受到许多因素的组合影响的，只有通过系统的评价体系，才能准确了解每个因素对作业工效的影响程度[8]。目前，较为公认的评价体系是将手动作业工效划分为：力量、疲劳、活动范围（Range of Motion，ROM）、感知感觉和协调性。但是，这在很多实际工作中还不能满足具体要求，如感知感觉又可分为力量、形状和长度感知感觉，不同的感觉影响不同的作业。另外，虽然评价手动作业工效的实验方法很多，但没有统一的标准，使得选择评价工效的方法没有规范性。因此，有必要对手动作业进行更为细致的研究，建立较为完整的工效评价体系。

6.2.2 实验目的

为了更好地评价作业工效，本节实验的目的是根据手的活动机理和手动操作建立完整的手动作业工效评价实验体系，并利用此体系优化评价指标，用于舱外航天服手套工效的快速有效评价研究。

6.2.3 实验方法

1. 受试者招募及特征

实验共进行了两个批次，每个批次实验的受试者为 13 名，其中 6 名女性，7 名男性。要求受试者身体健康，手部有一定力量。记录受试者年龄、身高、体重、手长、手宽、中指长轴、中指短轴等信息。

2. 实验所用设备

(1) 力　量

① 握力计：是分体式握力计。握力测试设备和握力显示设备通过电缆连接，便于将来在

实验舱内进行实验时采集数据。此设备可用于握力和捏力测试。握力计的最小刻度为 0.1 kg,测量范围为 0～100 kg。

② 拧力计:是直径为 30 mm 的滚花杆件,最小刻度为 0.01 N·m,测量范围为 0～5 N·m。

(2) 疲　劳

① 握力疲劳计:握力测试设备和握力显示设备通过电缆连接,便于将来在实验舱内进行实验时采集数据。

② 捏力疲劳计:捏力测试设备和捏力显示设备通过电缆连接,便于将来在实验舱内进行实验时采集数据。

③ 拧力矩疲劳计:拧力矩测试设备和拧力矩显示设备通过电缆连接,便于将来在实验舱内进行实验时采集数据。

④ 无因次握力疲劳计:握力手柄和显示仪通过电缆连接,便于在实验舱内进行实验时采集数据。

(3) 活动范围

采用数码摄像机记录不同姿势手关节活动范围。

(4) 感知感觉

1) 力量感知

① 力感知仪:是灵敏度为 1～1 000 g 的力感知设备。当受试者将手放到力感知触点时,显示器就会显示作用在感知触点上的力。

② 感知力变化仪:一个碗内装有固定重量的钢球,另一个碗内装有大小不同的钢球,通过拿出或放进大小不同的钢球可调整碗中的重量,同装有固定重量钢球的碗感知比较。

2) 长度感知

① “V 形”测量仪:由两根直尺组成,一端用螺栓固定,另一端开口分开,在离交叉点 150 mm 处,两尺的距离为 15 mm。

② 游标卡尺感知仪:用于测试手对长度变化的感知。

3) 形状感知

不同形状的物体:物体特征尺寸分别为 1 mm、2 mm 和 3 mm 的圆球、圆柱和正方体。

(5) 协调性

① 装配板:装配板上固定有一根直径为 3 mm 的铁棍,在铁棍旁有若干个螺母和小管。

② 螺母板:4 种不同尺寸的螺栓和螺母各一套 ,螺栓直径为 16 mm、12 mm、8 mm 和 6 mm,其中螺栓固定在底座上。

③ 镊子和小铁棍:若干。

④ 绳子:两种柔软程度的绳子,每种柔软程度的绳子各有两根。打结时用同样柔软的两根绳子打结。

3. 测量及评价指标

(1) 力　量

实验时,受试者都平静地坐在桌子前,将手臂水平放在桌上进行实验。每次完成一种力量方式的实验后,都要求休息 5 min 以上,恢复后再进行下一项实验。由于力量测量易于疲劳,通常每次以不同的方式握 3 次后，要求休息一天以上再进行实验。

① 受试者以不同的握力方式用最大力量握握力计，并记录数据；

② 受试者以不同的捏力方式用最大力量捏握力计，并记录数据；

③ 受试者以不同的拧力方式用最大力量拧拧力计，并记录数据。

(2) 疲　劳

① 受试者按表 6.2.1 所列进行疲劳实验，重复实验直到受试者不能使握力疲劳计的显示灯亮为止。

表 6.2.1　握力疲劳测试表

实　验	进　程	受试者评估
1	1 次/秒握握力计 20 次	
	5 s 休息并回答问题	
2	1 次/秒握握力计 20 次	
	5 s 休息并回答问题	
3	1 次/秒握握力计 20 次	
	5 s 休息并回答问题	

② 受试者按表 6.2.2 所列进行疲劳实验，重复实验直到受试者不能使捏力疲劳计的显示灯亮为止。

表 6.2.2　捏力疲劳测试表

实　验	进　程	受试者评估
1	1 次/秒捏捏力计 10 次	
	5 s 休息并回答问题	
2	1 次/秒捏捏力计 10 次	
	5 s 休息并回答问题	
3	1 次/秒捏捏力计 10 次	
	5 s 休息并回答问题	

③ 受试者按表 6.2.3 所列进行疲劳实验，重复实验直到受试者不能使拧力计的显示灯亮为止。

表 6.2.3　拧力矩测试表

实　验	进　程	受试者评估
1	1 次/秒拧拧力计 10 次	
	5 s 休息并回答问题	
2	1 次/秒拧拧力计 10 次	
	5 s 休息并回答问题	
3	1 次/秒拧拧力计 10 次	
	5 s 休息并回答问题	

④ 以 15 次/分的频率进行 1 min 握紧和放松握力计的循环动态实验，每次握紧时其握力值必须超过其最大握力值的 50%。然后始终用力握住疲劳测试器，维持其最大握力值的 20%10 s 的时间，重复实验，直至不能进行实验。

(3) 活动范围

受试者做出各种动作，实验员用摄像机拍下图片。

(4) 感知感觉

为使结果更为一致，需进行多次重复实验，重复次数根据实验经验而定。同时，由于感知感觉是手的不同感受器的感知实验，不能让受试者看到测试设备的情况，因此要求蒙上受试者的眼睛。

1）力量感知

① 感知力。

受试者用手指慢慢去触摸物体，当感知到物体后就马上移开手指。受试者触摸感知触点的力会通过显示器显示出来，实验员记录显示器显示的数据。共实验 3 次。

② 感知力变化。

a. 实验员将在一个碗内放上与基准重量相近的重量钢球，然后向受试者发出开始测试的信号。测试时，受试者并不知道哪支碗是基准重量的碗。

b. 受试者用手拿起两个碗，比较两个碗重量的差别，并将结果告诉实验员。实验时间控制在 5 s 内。

c. 实验员记录下实际重量和受试者的回答结果。再重复实验 9 次。

2）长度感知

① 两点感知。

受试者的中指从“V 形”测量仪的开口端逐步向里移动。当感知到测量仪的两端时，告知实验员。实验员测量两感知点的数据。再重复实验 2 次。

② 长度感知误差。

a. 实验员将游标卡尺的紧固螺钉拧松，调整主尺的位置，使游标卡尺上两测试点的间距在 16 mm 左右，然后拧紧螺钉，并向受试者发出开始测试的信号。

b. 受试者将先触摸两个基准点，等两基准点之间的间距在大脑之中有了直观的印象之后，再去摸两个测试点，比较两个间距的相对大小，并将结果告诉实验员。若两测试点之间的间距大于两基准点之间的间距，则受试者回答“大”，反之回答“小”；若两测试点之间的间距与两基准点之间的间距相差很小，受试者无法辨别，则回答“一样”。实验时间控制在 5 s 内。

c. 实验员记录下从显示器上读出的两测试点之间的间距和受试者的回答结果。再重复实验 9 次。

3）形状感知

实验员将 1 mm、2 mm 和 3 mm 的圆球、圆柱和正方体打乱次序提供给受试者感知，受试者用手指感知实验员所给物体形状。5 s 内告知实验员物体形状，实验员记录下受试者所触摸的物体的真实大小和形状、受试者感知的结果。再重复实验 9 次。

(5) 协调性

由于实验时，需要受试者能以最佳状态进行协调作业，因此实验前实验员将实验设备放在平台的合适位置，使受试者能很舒服地进行操作。另外，实验多次重复是为了使结果更为一致，重复次数根据过去实验的经验而定。

1) 装　配

实验员发出开始的信号后，受试者按顺序拿螺母和小管套在铁棍上，一共拿 3 个螺母和 3 个小管，完成时实验员记下时间。受试者再重复实验 2 次。

2) 拧螺母

实验员发出开始的信号后，受试者开始操作，受试者把螺母拧下后，展示给实验员看，然后再迅速地把螺母装上。受试者共完成 4 种大小的螺母实验。实验员记下受试者完成此操作所用的时间。再重复实验 2 次。

3) 夹小棍

实验员发出开始的信号后，受试者用手拿起镊子夹起小棍放到旁边的容器内。30 s 后，实验员发出停止的信号，受试者停止操作。实验员记下受试者夹起并放到容器内小棍的数目。再重复实验 2 次。

4) 打　结

受试者在得到实验员的指令后开始用绳子打结，同时实验员开始记时。在受试者完成两根绳子的打结后，实验员记下时间。再重复实验 2 次。

6.2.4　数据处理及分析方法

参考 Michel 等的处理方法，本节的数据采用算术平均法分别处理男性和女性的数据。误差是数据点与算术平均值的绝对偏差的平均值(见表 6.2.4)。

1. 力　量

O'Hara 在设计力量指标时，没有考虑将手部力量系统地分类，特别是缺乏对力量与解剖结构及作业内容关系的阐述。由于无法对所有肌肉进行单独力量测试，因此本实验在对力量进行分类时主要依据作业的位置和姿势来研究，同时阐明力量测试时所涉及的肌肉。

(1) 握　力

参与握力的主要是浅屈肌、深屈肌和部分手肌，根据参加作业肌肉群的合力，手指力量从小到大为：指尖、指中和指根。以近节指骨与掌骨的关节处为力矩的基点，手指力臂从小到大为：指根、指中和指尖。综合手指的肌腱拉力和作用力臂，在手指的 3 个指节中指中的力矩应该是最大的，结果也证明了这一点(见表 6.2.4)。因此，在测最大握力时，只需测试指中握力即可。同时，最大握力与参考文献[9]所测我国男女大学生握力数据相比，基本一致。

表 6.2.4　手动作业工效统计

作业工效指标				实验结果	
一级指标	二级指标	三级指标		女　性	男　性
力　量	握力/N	掌部向上	指尖握力	143.4±27.6	228.2±38.8
		掌部向下		164.4±27.9	216.1±43.7
		掌部水平		149.1±28.4	219.4±41.3
		掌部向上	指中握力	250.8±33.4	403.9±60.3
		掌部向下		244.6±31.7	392.9±65.1
		掌部水平		257.2±42.3	411.2±70.0
		掌部向上	指根握力	200.9±37.2	338.4±73.8
		掌部向下		173.8±37.5	301.6±67.4
		掌部水平		176.5±39.0	320.9±76.9
	捏力/N	拇指和食指捏力		56±10.2	79.6±8.0
		拇指和中指捏力		46.5±18.2	75.1±14.4
		拇指和无名指捏力		36.3±9.8	45.2±5.8
		拇指和小指捏力		14.7±10.7	32.8±7.3
		拇指、食指和中指捏力		62.5±13.3	101±13.7
		拇指在食指中间捏力		61.7±14.2	99.7±12.5
	拧力矩/(N·m)	拇指、食指和中指拧力矩		0.65±0.11	0.83±0.07
		拇指和食指拧力矩		0.61±0.16	0.84±0.08
		所有手指拧力矩		2.07±0.33	2.59±0.57
疲　劳	握力疲劳/次			136±44	314±110
	捏力疲劳/次			189±60	400±200
	拧力疲劳/次			83±25	184±45
	无因次握力疲劳/个			4.0±0.14	9.14±1.7
活动范围	拇指掌骨向后延伸/(°)			30±7.7	33.4±14.9
	拇指掌骨弯曲/(°)			59±4.5	60.2±7.4
	拇指指节延伸/(°)			15.1±4.6	12±7.3
	拇指指节弯曲/(°)			68.6±13.8	74±9.5
	拇指侧向延伸/(°)			29.4±9.7	32.1±7
	掌骨指骨弯曲/(°)			79.1±5	80.5±5.7
	掌骨指骨延伸/(°)			24.9±5.2	23.6±9.7
	邻近指节弯曲/(°)			105.5±5.4	96.8±13.2
	邻近指节延伸/(°)			10.5±3.5	8.7±5.2
	食指指骨弯曲/(°)			97.5±4.9	99.2±6.5
	中指指骨弯曲/(°)			108.2±5.1	104.4±6
	小指指骨弯曲/(°)			107.5±8	89.3±9.9
	食指与中指最大夹角/(°)			41.2±11.6	46.1±10.9
	手腕向内弯曲/(°)			70.8±9.6	64.2±7.2
	手腕向后延伸/(°)			71.5±7.4	63.1±11
	手掌向桡骨侧偏离/(°)			35.6±14.2	20.1±9.9
	手掌向尺骨侧偏离/(°)			51.8±6.4	56.6±10.1

续表 6.2.4

作业工效指标			实验结果	
感知感觉	力感知/g		1.7±0.3	2.7±0.5
	感知力变化/g		6.7±1.8	7.7±2.2
	长度感知/mm		3.7±0.6	4.3±1.2
	感知长度变化/mm		1.07±0.48	1.38±0.56
	物体形状判断出错率/%	1 mm	0.26	0.27
		2 mm	0.18	0.23
		3 mm	0	0.11
协调性	装配/s		8.59±0.89	8.91±1.04
	拧螺母/s	大	6.3±1.0	5.9±0.6
		中	7.7±0.8	7.9±1.1
		小	6.1±0.8	5.6±0.9
	夹小棍/个		37.0±3.7	31.7±4.0
	打结/s		9.7±1.5	11.5±1.7

(2) 捏　力

如图 6.2.1(a)所示,测试了不同姿势的握力,发现不同姿势对握力没有显著影响,因此捏力的测试就没有进行不同姿势的测试(见图 6.2.1(b))。从图 6.2.1(b)可以看出,食指、中指、无名指和小指的捏力是逐渐减小的,这与我们平时使用力的情况也是一致的。对于拇指的捏力,由于指深屈肌和指浅屈肌的力量明显大于拇指的力量,因此拇指、食指和中指的捏力实际就是测拇指屈肌的捏力,同样拇指在食指中间的捏力也是测拇指捏力,即拇指、食指和中指的捏力与食指中间的捏力相等,拇指捏力也是所有手指中捏力最大的。

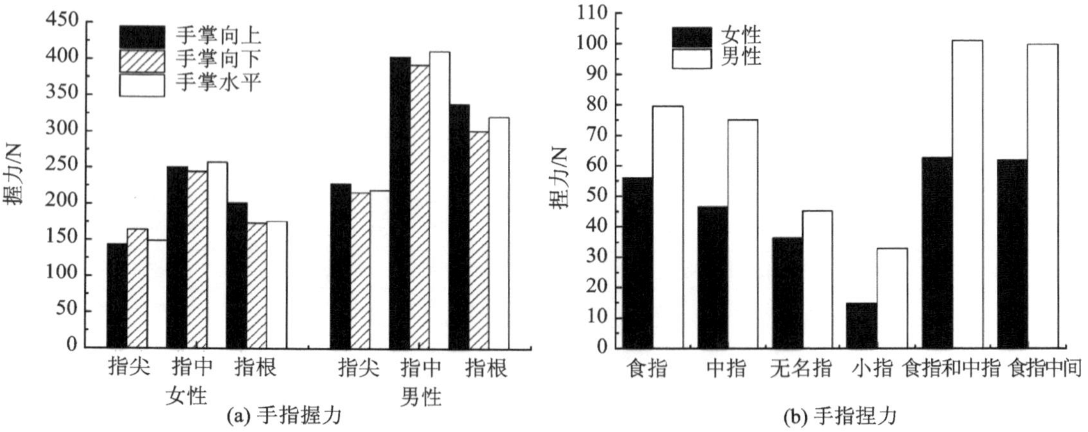

图 6.2.1　手指握力与手指捏力

(3) 拧力矩

手在进行拧力动作时,指尖首先是压紧滚花杆件,使手指和物体存在较大的摩擦力,然后才能做拧的动作,这主要涉及指尖的屈肌和手指间的手肌。实验中,拇指、食指和中指同时拧的最大力矩与拇指和食指同时拧的最大力矩相差不大(见图 6.2.2 和表 6.2.4),两者平均值的差值在 0.04 N·m 以内,这在 0.16 N·m 的误差范围内,可以认为两者是一致的。因此,在测试拧力矩时,只需测试拇指和食指的拧力矩、所有手指的拧力矩两种情况即可。

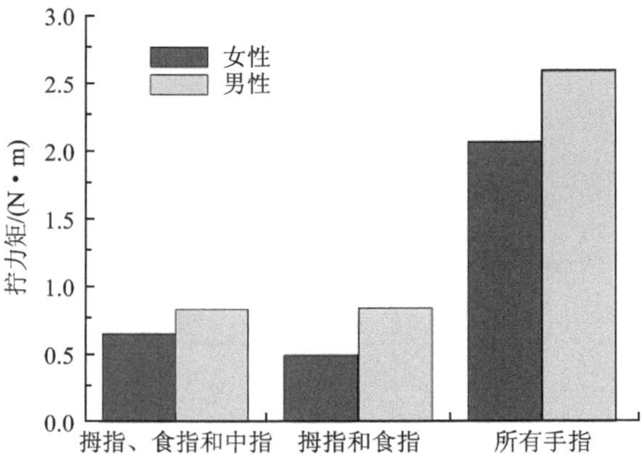

图 6.2.2 手指拧力矩

(4) 其 他

由于实际工作中手部的肌肉是共同作业，同时受到锻炼，因此力量大的受试者，其握力、捏力和拧力矩也应比较大；通过对所有受试者的最大握力、捏力和拧力矩的比较，力量一致性百分比平均为 76%(见表 6.2.5)。所以，如果受实验条件限制，只能采用一个指标来评价力量工效，就可以只通过测量三个力量指标中的一个来评价力量。

表 6.2.5 力量一致性百分比

%

排序方式	男 性	女 性
以握力大小排序	79	77
以捏力大小排序	74	77
以拧力矩大小排序	69	80

2. 疲 劳

对应于力量，疲劳评价分为握力疲劳、捏力疲劳和拧力疲劳。O'Hara 和 Shingo 等只进行了握力疲劳测试。

(1) 握力疲劳

由于力量相差较大(男性∶女性＝403∶251)，男性的此项指标是女性的 2 倍以上(见图 6.2.3)。与 O'Hara 的疲劳相比，采用固定力测试疲劳能够较容易地评价作业疲劳。另外，在实验中发现，由于采用的是同样的疲劳测试器械，因此对不同力量的人，差异较大，个别力量较大的人始终不感到疲劳，甚至做到后来还有消除疲劳的感觉，这将影响疲劳的准确测试。需要根据研究内容制定疲劳测试方法，如采用几种不同的力量进行疲劳测试，这样就可避免力量大的受试者始终不感到疲劳和力量小的受试者握不动疲劳计的情况。另外，也可选用力量差异不大的受试者进行实验。

(2) 捏力疲劳

由于手指的力量相对握力要小得多(最大握力∶最大捏力＝546∶114.7)，因此在固定力实验中，受试者容易疲劳。同时由于女性的最小捏力与男性的最大捏力差异不是很大(最大

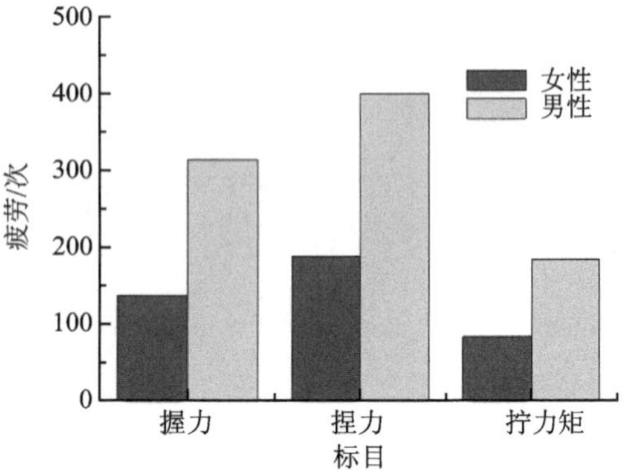

图 6.2.3　疲劳比较

捏力一最小捏力=77.7 N),故此项指标未出现力量大的受试者始终不感到疲劳和力量小的受试者捏不动捏力计的情况(见表 6.2.4)。鉴于两性各自之间的差异不是很大,因此捏力疲劳的最佳测试方法是给女性和男性各自设计一个捏力疲劳测试计。

(3) 拧力矩

因为手出汗后,摩擦系数减小,所用的力需增大,因此与其他两种测试方法相比,拧力疲劳的测试受到手出汗的影响较大,导致受试者之间的差异较大(见表 6.2.4)。与握力疲劳测试相似,男性的拧力疲劳指标评价也需设计几种不同的力量来进行评价,以避免出现力量大的受试者始终不感到疲劳的情况。

(4) 无因次疲劳法

由于采用多个力量评价会使受试者之间疲劳的比较变得困难,因此本实验针对握力设计了无因次疲劳法。实验表明,采用无因次疲劳法可以有效避免个别力量较大的受试者始终不能感到疲劳的问题。但又存在个别受试者在测试最大等长收缩肌力(Maximal Voluntaryisometric Contraction,MVC)时,不能测量到其真正的 MVC,从而使数据准确度受到影响,严重的就会出现如图 6.2.4 所示的循环次数明显过高失真的问题。同时,由于受试者的肌肉消除疲劳能力的不同,因此存在疲劳测试循环次数(见图 6.2.4)和力量的不同,使得受试者之间的疲劳比较较为复杂。

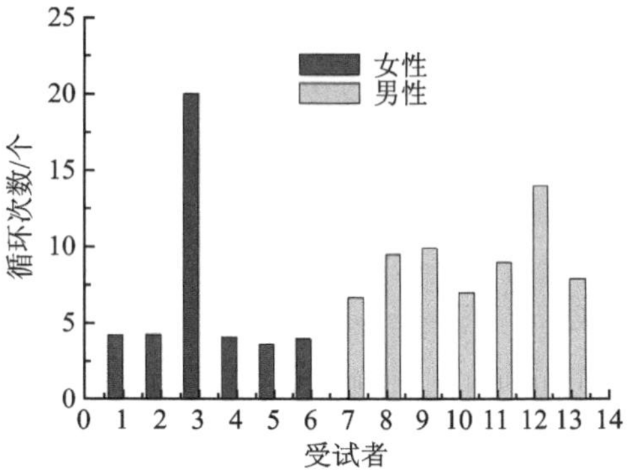

图 6.2.4　无因次疲劳法

3. 活动范围

(1) 拇　指

由于拇指的 ROM 基本呈锥体状，因此在 O'Hara 等人研究的基础上，评价指标中增加了拇指侧向外延伸的评价指标，使拇指 ROM 得到完整的表示。

由于拇指掌骨和指骨的弯曲和延伸是同时进行的，因此拇指的弯曲和延伸的 ROM 应从拇指掌骨与指骨的弯曲和延伸的总角度来比较。女性的拇指掌骨向后延伸小于男性，但其拇指指节向后延伸大于男性，两者相加后，总角度只差 0.3°，证明男性和女性的拇指延伸一致。男性的两种拇指弯曲和侧向延伸都较女性略好。但总体来讲，女性和男性的拇指 ROM 差值不大（最大为 5.4°），拇指指节延伸的差异百分比较大是因为指节延伸的角度较小。同时，与参考文献[9]提供的拇指掌骨弯曲和拇指指节弯曲数据相比，拇指掌骨弯曲略大，指节弯曲略小，但二者的弯曲总角度差值较小，基本一致。

(2) 其余手指

由于在其余手指中，食指相对要独立一些，因此其余手指的 ROM 评价可分成手指一起的 ROM 和食指单独弯曲的 ROM。

与拇指相似，手指弯曲时，掌骨指骨弯曲和邻近指节弯曲是相互影响的，因此评价时应联系两者进行评价。比较其余手指的弯曲和延伸（见表 6.2.4），女性的 ROM 略好于男性，但除小指女性明显大于男性之外，其余指标的差值不大。男性食指的两项弯曲评价指标都略好于女性，这表明女性的食指与其余 3 个手指的相关性要略大于男性手指的相关性，即女性食指的独立性差于男性。测试数据与参考文献[9]的掌骨指骨弯曲、邻近指节弯曲数据相比，邻近指节弯曲基本一致，掌骨指骨弯曲略小，二者的弯曲总角度也比参考文献[9]略小，但差值不大。

(3) 手　腕

手腕的 ROM 和拇指的一样，也是呈锥状。在手腕向不同方向的弯曲中，除手掌向桡骨侧偏离时女性明显比男性好之外，其余与男性的 ROM 相差不大。手腕的 ROM 与参考文献[9-10]中的数据相比，除手掌向桡骨侧偏离时女性比参考文献中的大之外，其余数据基本一致。

4. 感知感觉

(1) 力感知

由于力感知测试仪的最小值为 1 g，这不是人能感知的最小值，因此测量存在一定误差。对于微小力的感知，女性比男性略强一些（见表 6.2.4）。女性的力感知较为一致，在 1～2.5 g；男性的力感知相对要分散一些，为 1～5.75 g。

在拿物体时，考虑到标准重量会对主观判断产生影响，因此采用受试者不知道标准重量是哪个碗，只是根据感知判断哪个碗更重一些的方法。实验表明，当基准重量为 151 g 时，女性感知力的变化要比男性略敏锐一些（见表 6.2.4 和图 6.2.5）。除个别差别较大者之外，女性的误差范围为 2.4～10.7 g，男性的误差范围为 2.5～11 g。另外，对于不同的基准重量，人在感知力的变化时可能会不同，这需要进一步研究。

(2) 长度感知

经典的“V 形”实验是测量从豁口到接触点的距离，感觉受到影响就会使距离增加。但

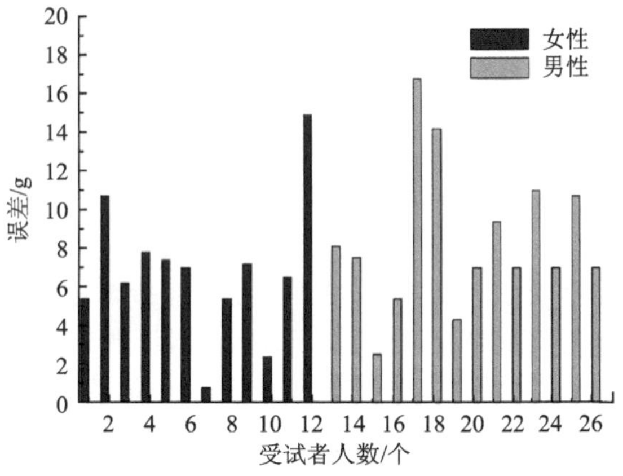

图 6.2.5　力感知的变化范围

是，由于不同受试者的手指粗细是不一样的，无法进行统计和比较，因此这里采用的是分析手指与直尺的接触线长短来判断长度感知灵敏度。这是因为实际测试时，手指与直尺接触处不可能是一点，而是一条短的接触线，接触线越短，灵敏度越高。这与测量从豁口到接触点的距离是一致的，灵敏度差时，豁口到接触点的距离就会增加，同时接触线也会变长。实验表明，女性的接触线比男性的要略短一些，女性的变化范围为 2.7～5.3 mm，男性的变化范围为 1.5～6.2 mm。

对于长度的微小变化，除少数人差别较大之外，大部分人在 0.5～2.0 mm 之内（见图 6.2.6）。女性比男性的长度误差感知略好。

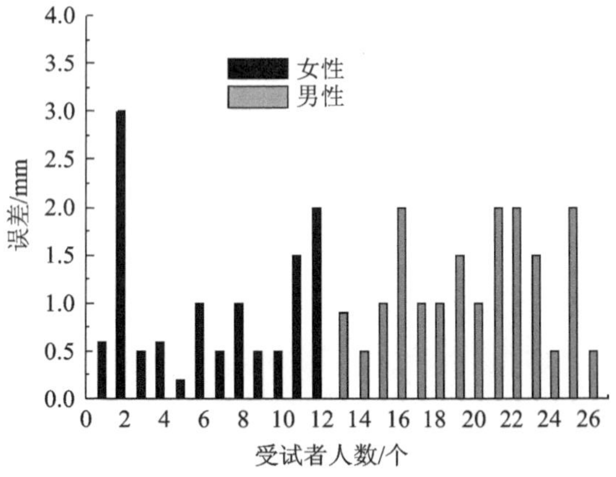

图 6.2.6　感知长度的变化范围

(3) 形状感知

在实验中有意识地将提供感知的形状设计成不是非常严格的球体、圆柱和正方体，但可以明显分辨出圆形、柱状体和方块。实验表明，此项设计的效果较好，特别是受试者在感受柱状体时，需准确感知到物体形状，才能做出正确判断。从实验中可以看出，人在感受特征尺寸是 1 mm 和 2 mm 的物体时，易出现错误，平均出错率都为 23.5%；3 mm 物体的出错率为 5.5%，出错率已经减小较多。男性的出错率略大于女性的出错率（见图 6.2.7）。另外，实验发现，受试者易把圆柱和球体判断错，而立方体不易出错，这合乎感知机理，但需进一步研究确认。

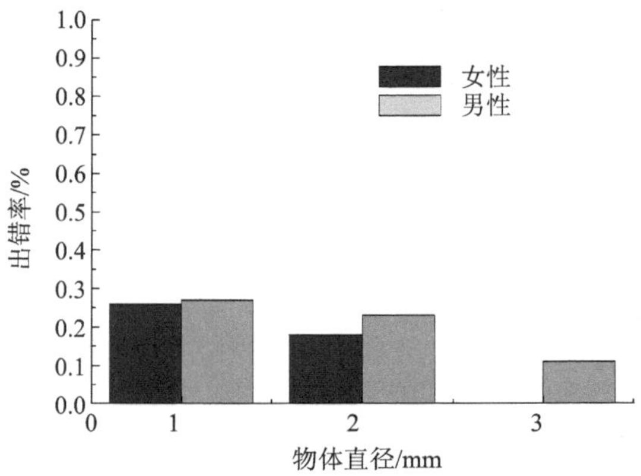

图 6.2.7　感知物体形状

比较以上 3 种感知指标，力和长度的感知相对较为单一，形状感知是力和长度等多个感知信息的整合。形状感知对于操作同一物体具有代表性，对于操作不同物体具有差异性。另外，通过比较每个受试者的 3 种感知指标可以发现，受试者的 3 种感知基本成正比，即当受试者的一个感知指标表现较好时，其余指标也基本表现较好。因此，当条件限制无法对所有指标进行实验，只能采取单个指标评价感知感觉时，可以选用形状感知作为最佳指标评价手抓物体的感知。

5. 协调性

(1) 装配实验

在装配中主要是拇指、食指和中指合作拿起螺母或小管，并调整到合适位置，将螺母或小管套在铁棍上。实验主要测试 3 个手指协调完成作业的情况。实验表明，女性比男性的手指协调性要略好一些(见表 6.2.4 和图 6.2.8)，结果符合女性手指比男性手指相对灵活的特点。

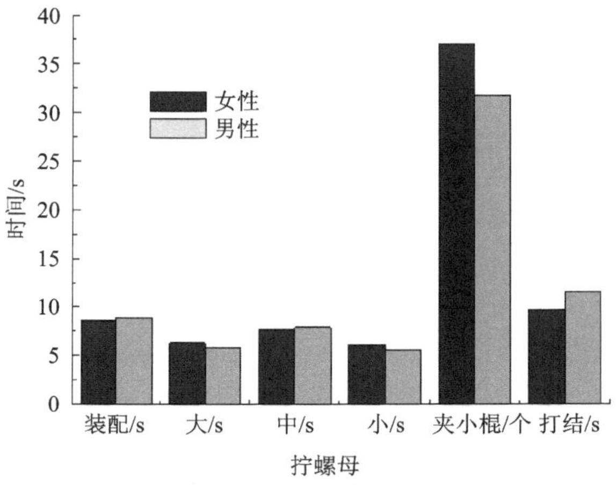

图 6.2.8　男女协调性比较

(2) 拧螺母实验

拧螺母实验主要是测试手指协调拧物体的情况，通常需要所有手指快速移动，并用力作拧的动作。比较 3 种螺母，男性拧螺母所用时间比女性略少，这也是所有协调性测试中唯一一个男性比女性好的工效指标(见表 6.2.4 和图 6.2.8)。这是由于此项指标涉及一定的用力，力量大，螺母松开或拧紧的速度都要快一些，男性的力量普遍要比女性的要大，因此完成任务的时间快一些。

(3) 夹小棍实验

夹小棍是拇指和食指协调用夹子夹住小棍，通过手腕转动将小棍移动到容器上方，松开夹子将小棍放到容器里。此项指标主要依靠手指和手腕的协调性来完成(见表 6.2.4 和图 6.2.8)。由于女性在这方面通常要比男性好，因此这一指标女性也比男性好。

(4) 打结实验

打结是测试两只手的协调作业情况，这一指标女性同样比男性好(见表 6.2.4 和图 6.2.8)。

(5) 其　他

除以上结论之外，通过对手的协调性的不同情况的实验研究还可以发现：

① 在实验中，拇指、食指和中指都不同程度参与了实验，而且 3 个手指协调性的好坏直接影响作业的完成。在舱外航天服手套的设计中，这 3 个手指的设计极为重要，因此在评价手套的协调性时，必须评价这 3 个手指的协调性。

② 在协调性作业中，手指之间的协调性存在一种作业策略，这与人的生理特征、作业的熟练程度、训练等有着密切的关系。

6.2.5　实验结果

由于在实际手动作业工效评价中，很难对工效评价体系的所有指标进行研究，所以需对评价指标进行合理简化；同时实验也表明，评价工效时可根据评价体系针对不同的作业内容设计最佳评价指标和评价方法。如表 6.2.6 所列，字体后有“●”的为准确评价手动作业工效的最佳评价指标(注：对于力量是任意一种手掌姿势)。当每项的一级指标只能采用一种评价方法时，在二级指标后有“▲”的可以代替一级指标用于评价。在手动作业的 5 个大指标中，男性的力量和疲劳指标比女性好，女性的感知感觉和协调性指标比男性略好，活动范围基本一致。

表 6.2.6　手动作业的实验工效评价体系最佳指标

层　次	一级指标	二级指标	三级指标	
1	力量	握力▲	掌部向上	指尖握力
			掌部向下	
			掌部水平	
			掌部向上	指中握力●
			掌部向下	
			掌部水平	
			掌部向上	指根握力
			掌部向下	
			掌部水平	

续表 6.2.6

层　次	一级指标	二级指标	三级指标	
1	力量	捏力▲	掌部向上	拇指和食指捏力
			掌部向下	
			掌部水平	
			掌部向上	拇指和中指捏力
			掌部向下	
			掌部水平	
			掌部向上	拇指和无名指捏力
			掌部向下	
			掌部水平	
			掌部向上	拇指和小指捏力
			掌部向下	
			掌部水平	
			掌部向上	拇指、食指和中指捏力●
			掌部向下	
			掌部水平	
			掌部向上	拇指在食指中间捏力
			掌部向下	
			掌部水平	
		拧力矩▲	掌部向上	拇指、食指和中指拧力矩
			掌部向下	
			掌部水平	
			掌部向上	拇指和食指拧力矩
			掌部向下	
			掌部水平	
			掌部向上	所有手指拧力矩●
			掌部向下	
			掌部水平	
	疲劳	握力疲劳▲●	无	
		捏力疲劳▲●	无	
		拧力疲劳▲●	无	
	活动范围	拇指	拇指掌骨向后延伸●	
			拇指掌骨弯曲●	
			拇指侧向延伸●	
			拇指指节延伸●	
			拇指指节弯曲●	
		其余手指	掌骨指骨弯曲●	
			掌骨指骨延伸●	
			邻近指节延伸●	
			邻近指节弯曲●	
			中指指节弯曲	
			小指指节弯曲	
			食指指节弯曲●	
			食指与中指的最大夹角●	

续表 6.2.6

层　次	一级指标	二级指标	三级指标
1	活动范围	手腕	手腕向内弯曲●
			手腕向后延伸●
			手掌向桡骨侧偏离●
			手掌向尺骨侧偏离●
	感知感觉	力量感知▲	感知力量●
			感知力量误差●
		长度感知▲	两点感知●
			感知长度误差●
		形状感知▲●	无
2	协调性	手指之间的协调性▲	拇指和食指的协调性
			拇指、食指和中指的协调性●
		手与其他部位的协调性▲	手腕和手指的协调性●
			两手之间的协调性●
3	手动作业集成	实际作业	

6.2.6　实验结论

1. 力　量

由于手部的肌肉较多,因此手部的力量指标很多,但在实际工作中是无法全部都进行测量的,也没有必要测量所有指标。通过对手部力量的实验研究,可以得出以下结论:

① 评价力量时,可以不考虑不同姿势对力量的影响;

② 最大握力是从指中产生,最大捏力是拇指的最大捏力,最大的拧力矩是所有手指同时作用的拧力矩,因此在测量最大力量时可以只测这三个值即可;

③ 在只能用一个实验评价不同因素对手动作业力量的影响时,可以只选用一项二级指标来评价作业力量。

2. 疲　劳

疲劳是肌肉力量延续性的表现形式,由于界定疲劳的标准和个体主观的差异,实验结果会受到一定的影响,测试方法需根据实际作业进行选择。通过对手部疲劳的实验研究,可以得出以下结论:

① 握力、捏力和拧力疲劳能较为全面地评价手动作业疲劳;

② 采用固定力能够较为简单地测试手动作业疲劳,但在受试者力量差异较大时会受到影响;

③ 采用无因次评价可避免受试者力量差异较大的影响,但会受到受试者的 MVC 准确度的影响。

3. 活动范围

由于手动作业 ROM 的不同指标与手部不同的肌肉相关,因此指标之间不能相互替代。

实验研究表明，对于不同的指标，男性和女性之间都有一定的差别。同时与国内外实验相比，手动作业 ROM 的相关数据基本一致。但在受条件限制不能采用所有指标进行 ROM 评价时，可根据评价的作业内容减少不受影响的评价指标。

4. 感知感觉

由于不同的感受器用于完成不同作业的感知信息，因此在准确评价感知感觉时，需评价所有的三级指标。当受条件限制，只能采取单个指标评价感知感觉时，可以采用形状感知作为感知评价指标，其次可以采用其他一个指标来表征其余感知指标。

5. 协调性

协调性是手的不同部位协作作业的综合性指标。在手动作业中，拇指、食指、中指和手腕是参与作业的主要部位，因此在评价手套的协调性时，必须评价这些部位的协调性。同时在协调性作业中，手指之间的协调性存在一种作业策略，这与人的生理特征、作业的熟练程度、训练等有密切的关系。

6.3 机械反压舱外航天服手套力学工效研究

6.3.1 实验背景

为解决气体充压航天服所带来的力学问题，从 20 世纪 40 年代就出现了机械反压的概念，经过 70 多年的研究表明，用机械反压航天服来代替气体充压航天服是一个执行复杂的 EVA 任务以及探索其他星球的非常引人注目的选择[11-12]。机械反压航天服由两部分组成，其一为头盔系统，穿戴者穿戴头盔后能保障头盔的气密性，头盔附带供氧装置；其二为机械反压系统，机械反压系统由弹性材料组成，用弹性材料产生的压强来代替气体充压产生的压强。机械反压航天服与气体充压航天服相比较柔软，产生的反力小，航天员可以走、跑、爬、跪、弯腰和弯曲身体，在执行任务过程中相同时间内消耗的能量小，降低了活动的代谢成本，穿戴者可以长时间工作而不产生疲劳[12-16]。其中，机械反压航天服手套在给穿戴者提供生命保障的同时，由于手套与手部具有良好的贴合性，可以大大提高航天员的手部触感，而且弹性的材料对手部动作时产生的反力较小，使航天员的手部更加灵活。另外，由于机械反压的柔软及其产生反压的机制，航天员穿着航天服时，可以穿越崎岖地形，而不会因服装穿刺或撕裂立刻影响到穿戴者的呼吸系统，避免造成灾难性危害[11]。在过去的 70 多年里，纺织工艺的提高、材料研究的发展为机械反压航天服手套的研究解决了诸多问题，比如手套厚重和穿戴困难的问题，使机械反压代替气体充压成为可能[17-21]。因此，本实验基于机械反压的机制对航天手套进行研究，希望能提高穿戴手套后手部的机动性和灵活性，以及为以后机械反压航天服手套的设计提供参考。

6.3.2 实验目的

检测改进后的手套即气体-机械反压手套对手部灵活性的影响。为验证手套的反压对手动作业的影响情况，本次实验主要包含两部分：手套灵活性的测试实验和手部最大握力实验。

其中，手部最大握力实验是对手套灵活性的验证实验。

6.3.3 实验方法

1. 受试者招募及特征

本实验的受试者选定为10名男性青壮年，年龄为24～26岁，均为右利手。因为本实验中所要测试的两种气体-机械反压手套是按着一定的尺寸进行设计制作的，所以在选择受试者时对受试者操作手的尺寸有明确要求，要求手指的尺寸(最大直径)与表6.3.1中的静态尺寸相差不超过±1 mm，手套对尺寸在允许偏差范围内的手产生的压强大小偏差不超过为±5%(以10 kPa为例，产生反压的大小偏差为±0.5 kPa)。

表 6.3.1 受试者手部尺寸

编　号	1	2	3	4	5	6	7	8	9	10
A/mm	24.52	23.55	23.83	24.58	23.52	24.13	25.50	23.95	25.12	24.25
B/mm	21.65	21.48	21.33	22.35	21.81	22.31	22.53	20.88	22.05	20.98
C/mm	18.60	18.31	18.95	18.58	19.13	18.71	18.94	18.12	18.69	18.56
D/mm	18.13	18.53	18.25	17.38	17.98	17.81	18.37	17.83	18.21	18.35
E/mm	17.62	17.63	16.57	17.10	16.91	17.96	18.35	17.15	17.95	18.12

注 A、B、C、D、E分别代表大拇指、食指、中指、无名指和小拇指。

2. 实验所用设备

实验设备由真空系统、任务系统、监测系统和手套系统组成。实验装置示意图如图6.3.1所示。

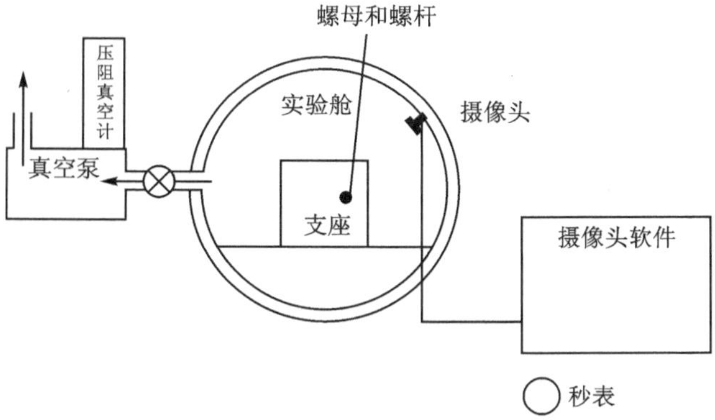

图 6.3.1 实验装置示意图

真空系统由实验舱、真空泵、压阻真空计组成(见图6.3.2)。其中，实验舱的大小为ϕ500×500 mm的圆柱腔体，舱壁是表面涂有黑色涂料的中空结构，空腔与外界管路连接；真空泵为上海金陵雷戈劳伊特电机有限公司所产的单相电容起动异步电动机，功率为370 W，抽气速率为2 L/s；压阻真空计为ZDY-I型真空计，测量精度为0.01 kPa。通过真空系统可以实现不同的手套内外压差来测试手套在不同状态下的灵活性。其原理是通过真空泵抽取实验舱内的气体，使舱内气体压强小于外界的大气压，手套与外界相通，因此手套内外形成压差。通过压阻真空计监测实验舱内的气体压强，调节真空泵控制实验舱内的气体压强，来实现不同的手套内外压差。

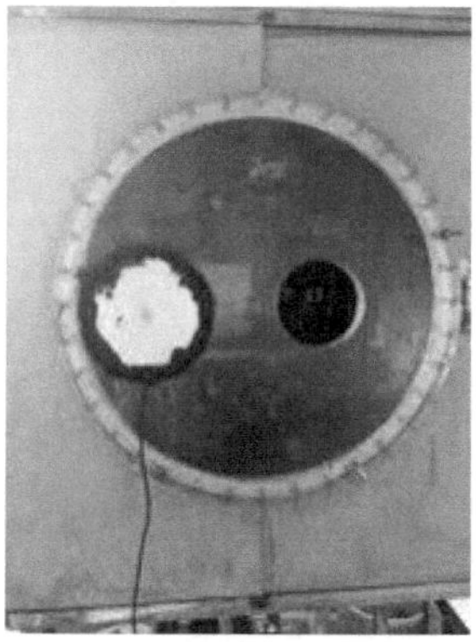

(a) 实验舱

(b) 真空泵

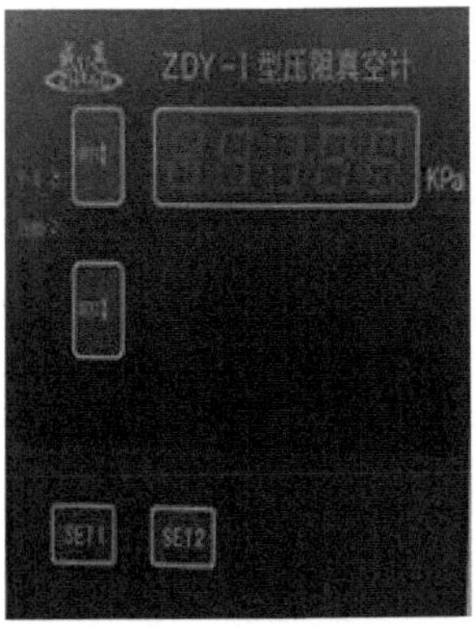

(c) 压阻真空计

图 6.3.2　真空系统

任务系统由握力计、拧螺母装置组成。握力计(见图 6.3.3)由两部分组成：压力应变片和显示仪表，其中，压力应变片感受握力并将握力大小转化为电信号输出，电信号传输到显示仪表上显示握力值。该仪表有两种显示模式，即最大握力显示和实时握力显示。

拧螺母装置(见图 6.3.4)使用的是 M16 的六角螺母，而非蝶形螺母。这样做的原因是，改进后的手套的性能可能比较好，为了增加实验的难度，所以选用六角螺母。为了避免出现达到目标时受试者出现减速的现象，在目标位置用非常明显的白色医用胶带制作一个停止标志，此标志主要方便主试者在实验过程中判断任务是否终止。

图 6.3.3　握力计

图 6.3.4　拧螺母装置

监测系统包括秒表(见图 6.3.5)、摄像头(见图 6.3.6)和摄像头软件(见图 6.3.7)。其中，秒表，用来监测受试者完成任务所用的时间；摄像头，用来监测受试者完成任务过程中手部的动作，同时可以验证秒表监测任务完成时间的准确性。

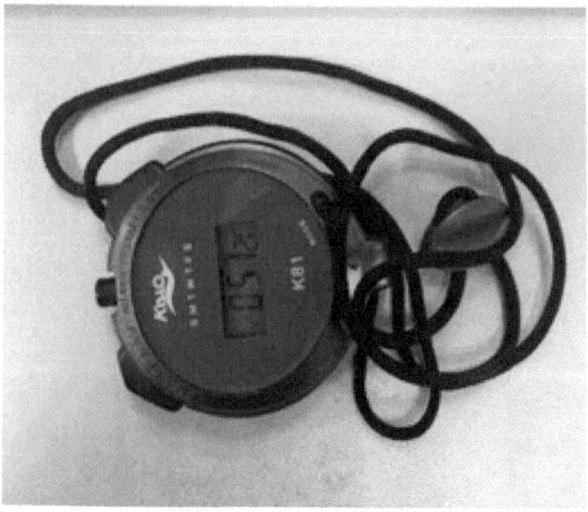

图 6.3.5　秒　表

图 6.3.6　摄像头

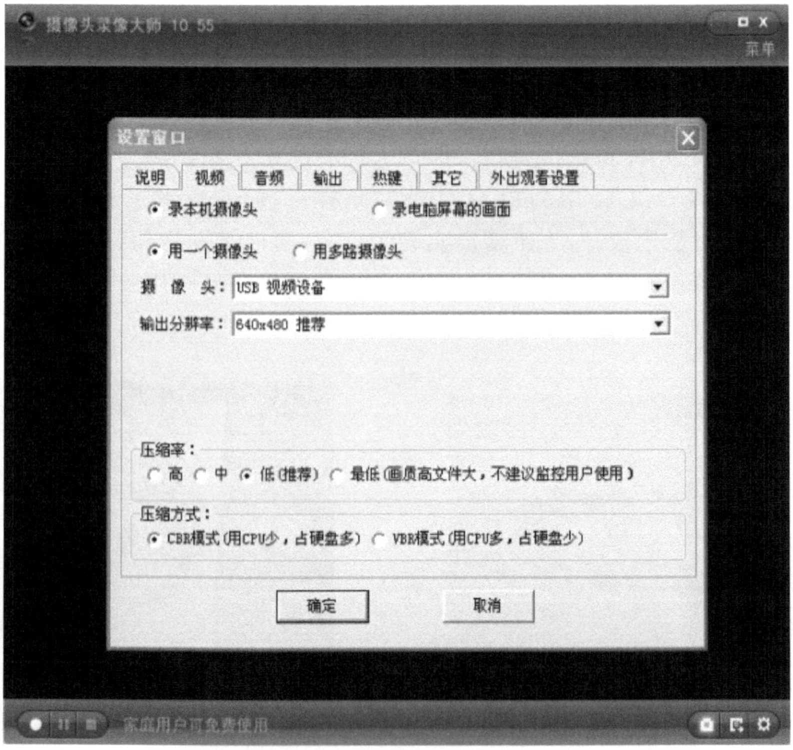

图 6.3.7　摄像头软件

手套系统由 3 只手套和手套连接装置组成。其中，3 只手套分别是常见的气体充压手套(见图 6.3.8)、气体-机械反压 1 号手套(见图 6.3.9)和气体-机械反压 2 号手套(见图 6.3.10)。当手部穿戴气体-机械反压 1 号手套时在标准大气压下能产生 5 kPa 的压强，当手部穿戴气体-机械反压 2 号手套时在标准大气压下能产生 10 kPa 的压强。气体充压手套从内到外由气密层、限制层和防护层组成。

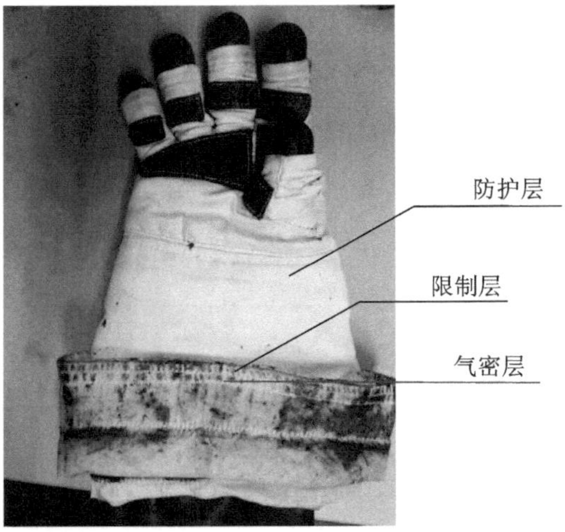

图 6.3.8　气体充压手套

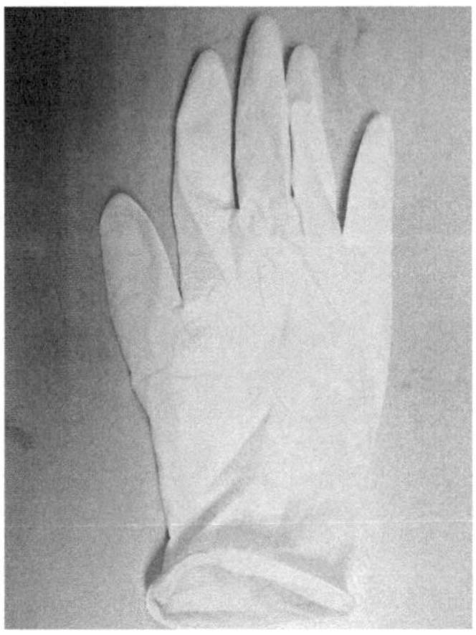

(a) 气体机械反压1号手套气密层

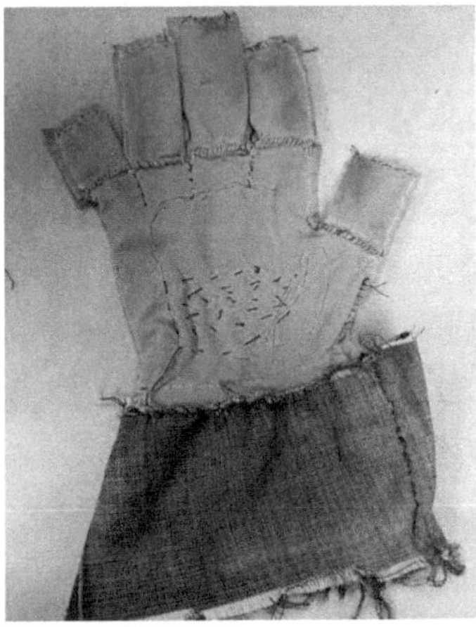

(b) 气体机械反压1号手套限制层

图 6.3.9　气体-机械反压 1 号手套

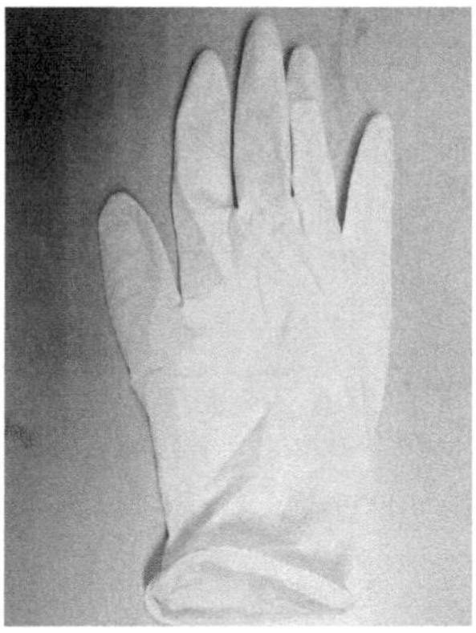

(a) 气体-机械反压2号手套气密层

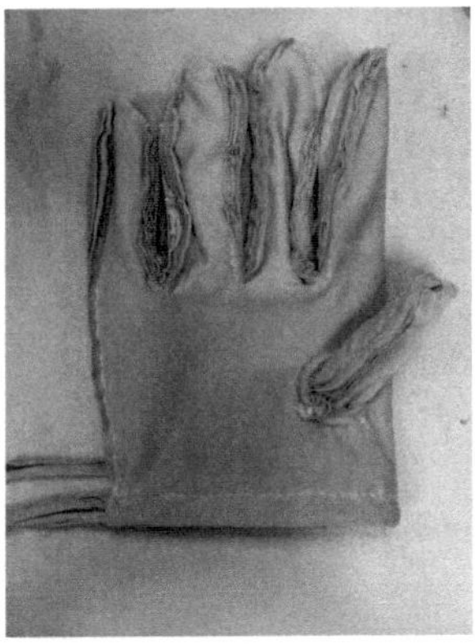

(b) 气体-机械反压2号手套限制层

图 6.3.10　气体-机械反压 2 号手套

3. 实验条件控制

本实验的目的是测试在不同压强的环境下不同手套对手部灵活性的影响，所以本实验所需控制的实验条件为气压的变化。故设置裸手、3 种手套，每种手套 4 种工况 0 kPa、5 kPa、10 kPa、15 kPa，共 13 组实验，如表 6.3.2 所列。

表 6.3.2　实验工况

气体充压手套	气体-机械反压 1 号手套	气体-机械反压 1 号手套
0	0	0
5	5	5
10	10	10
15	15	15

在不同工况下测试受试者的机动性和灵活性：力量（最大握力）、灵活性的综合测试（拧螺母）。

4. 测量及评价指标

本次实验的主要评价指标为灵活性。灵活性是综合评价指标，它不仅与受试者的力量、疲劳、活动范围和触觉有关，而且与受试者的被训练程度和对任务的熟悉程度等因素有关。本实验选取改进的单手拧螺母实验对灵活性进行测试，利用握力测试对受试者进行手部力量测试。

（1）灵活性综合测试

在实验中受试者将螺母从初始位置拧到终止位置，在拧螺母过程中，对受试者有 4 点要求：第一，要求受试者使用大拇指、食指和中指 3 根手指协作完成拧六角螺母的任务；第二，要求受试者以最快的速度拧动螺母；第三，要求受试者在拧螺母过程中，螺母不能出现打转现象；第四，由于实验设备的局限性，穿戴手套进入实验舱后手部的前后位置无法改变，为了模拟真实环境中拧螺母的状态，也为了避免因为螺栓位置而影响受试者的操作，在实验过程中允许受试者调节螺栓所在的位置，从而可以更好地拧动螺母完成任务。同时，在完成拧螺母任务的过程中要求注意两个事项：第一，受试者不能看到其他受试者的实验数据；第二，受试者在拧动螺母时不能盯着任务的进度，任务完成是由主试者提醒受试者，并记录完成时间，在实验过程中主试者要鼓励受试者，使受试者在完成任务过程中尽量保持最快的速度。

实验步骤：

① 打开摄像头；

② 调整摄像头到可以监测到手部完整动作的地方；

③ 打开真空泵使手套膨胀到手部可以轻松戴入的状态；

④ 要求受试者正对低压舱，将手伸到实验舱内，手套的手肘部将固定在实验舱的入口处；

⑤ 调节真空泵使手套内外压差达到工况的要求；

⑥ 打开秒表，开始实验；

⑦ 秒表记录时间、摄像头记录任务完成过程中的手部动作；

⑧ 实验结束。

因为本次实验是通过任务完成时间来衡量的，而拧螺母是一件与受试者熟练程度有关的“技术活”，所以在正式实验前要先对受试者进行训练。为了消除受试者训练程度和对任务熟悉度对本实验的影响，首先对受试者进行实验训练。要求受试者按实验的正规要求反复进行操作，当受试者完成任务所用的时间与上一次（相隔 1 h）训练所用时间相差不超过±5 s 时，认为受试者已经训练有素。受试者在训练有素之后按实验要求进行正式实验，记录完成任务的时间。将得到的实验结果与其训练有素时的数据相比，如果相差在±5 s 之内则认为该实验有效，如果超过±5 s 则认为实验无效，视此次实验为训练实验。记录受试者完成任务所用的时间、完成任务过程中螺母打滑的次数，调查受试者在任务过程中的感受。

（2）手部力量测试

手部力量对手部的灵活性和机动性极其重要，因此要进行力量测试来验证灵活性测试。本实验中的力量测试选择握力测试。在不同工况下对受试者的力量进行测试，即最大握力测试。

在实验过程中，要求受试者以最舒适的姿势站立，手部大臂自然下垂，根据舱口的高度调节受试者的高度，使受试者小臂进入舱内后，小臂与大臂垂直，手部位置与心脏齐平。在进行力量测试时，调节握力计的握距，使手部抓握时的数据与 3.2 节中的手部功能尺寸一致。

要求受试者用最大力抓握握力器 3 次，之间间隔 5 min，取 3 组数据的平均值作为该受试者的最大握力。在实验过程中需要注意三个事项：①任何受试者不能看到其他受试者的实验数据，因为会在心理上影响受试者的实验数据；②受试者在实验时不能看到握力计的显示仪表，因为同样会在心理上影响受试者的实验数据；③受试者在抓握握力计时，身体保持不动，仅靠手部力量进行抓握。

实验步骤：

① 打开摄像头；

② 打开握力计的显示仪表，将显示模式调成实时握力显示模式；

③ 打开真空泵使手套膨胀到手部可以轻松戴入的状态；

④ 受试者穿戴好被测试手套；

⑤ 调节真空泵使手套内外压差达到工况的要求；

⑥ 开始抓握；

⑦ 记录受试者的三次最大握力值；

⑧ 实验结束。

5. 数据处理及分析方法

在进行灵活性综合测试和力量测试之后，将不同手套在不同压力下对手部灵活性的影响、不同手套在相同压力下对手部灵活性的影响、不同手套在不同压力下的最大握力、不同手套在相同压力下的最大握力分别列出条形实验分析图进行数据分析。

6. 实验结果

在灵活性测试的实验过程中，受试者普遍感受到充压后的气体充压手套变得非常僵硬，对完成任务的阻碍非常大，尤其是在手套内外压差为 15 kPa 时，受试者感到手部非常不舒服，完成任务非常艰难。而气体-机械反压手套就好很多，首先在各种内外压差的工况下，气体-机械反压手套没有变得过于膨大，对手部尤其是手指而言还是比较适体的；其次在手指弯曲过程中，受试者感觉气体-机械反压手套受到的阻力更小。对于两种不同的气体-机械反压手套，受试者还有不同的感受，对于气体-机械反压 1 号手套，受试者在内外压差为 0.5 kPa 时感觉手套对手部有压迫感；在 10 kPa 和 15 kPa 时，感觉手套有些部位已经和手部脱离，例如手掌和手指的前端。而气体-机械反压 2 号手套在 10 kPa 时，处于与手部脱离未脱的临界点。以下是不同手套在不同压力下手部灵活性的横向分析和每个手套在不同压力下的纵向分析。

（1）不同手套在不同压力下对手部灵活性的影响

气体充压手套在不同的内外压差下的灵活性分析图如图 6.3.11 所示。

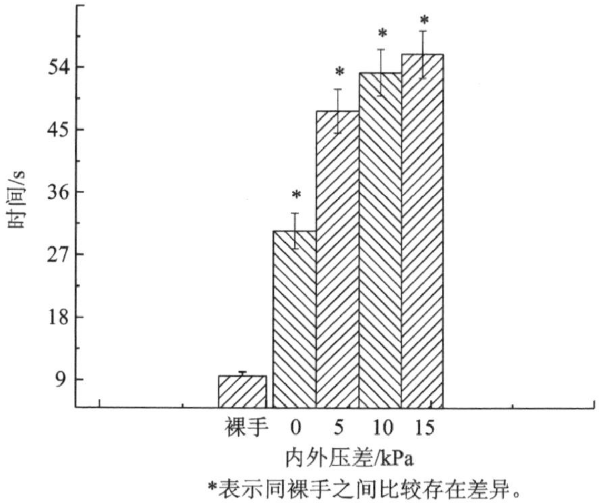

图 6.3.11　气体充压手套在不同的内外压差下的灵活性分析图

气体-机械反压 1 号手套在不同的内外压差下的灵活性分析图如图 6.3.12 所示。

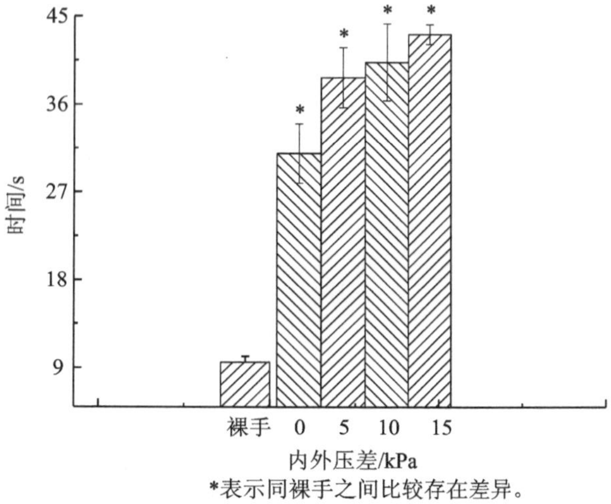

图 6.3.12　气体-机械反压 1 号手套在不同的内外压差下的灵活性分析图

气体-机械反压 2 号手套在不同的内外压差下的灵活性分析图如图 6.3.13 所示。

由图 6.3.11～图 6.3.13 可以看出：

① 戴上手套后，手部的灵活性均明显下降。在 0 kPa、5 kPa、10 kPa、15 kPa 的工况下与裸手比较，气体冲压手套的灵活性下降了 220%、400%、460%、480%；气体-机械反压 1 号手套下降了 220%、304%、320%、350%；气体-机械反压 2 号手套下降了 139%、198%、

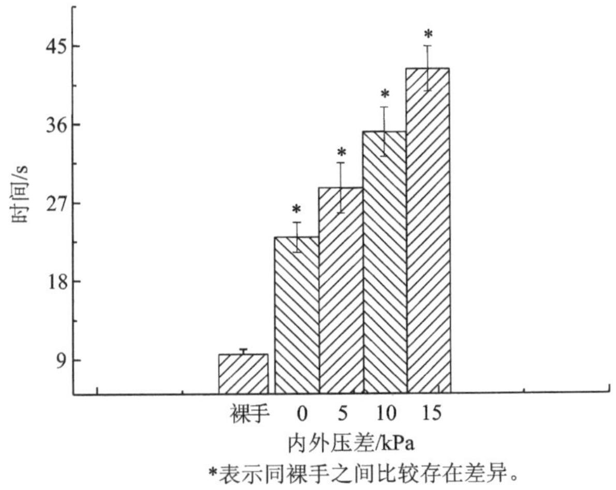

图 6.3.13　气体-机械反压 2 号手套在不同的内外压差下的灵活性分析图

265%、340%。

② 从灵活性下降的幅度来看，在穿戴手套后，气体-机械反压手套的灵活性整体降低的幅度比气体充压手套要小，尤其是充压 5 kPa 后，气体充压手套的灵活性与不充压状态相比明显下降，而气体-机械反压手套的灵活性在充压后虽然有所下降但无明显差异($p<0.05$)。

③ 气体充压手套在充压 5 kPa 后的灵活性出现明显降低的趋势，继续加压，虽然仍会降低手套的灵活性，但没有显著性差异，而气体-机械反压手套在加压过程中手套的灵活性仍出现显著性差异：气体-机械反压 1 号手套在充压 15 kPa 时的灵活性出现显著下降；气体-机械反压 2 号手套在充压 10 kPa 时的灵活性比不充压状态出现明显下降，而在充压 15 kPa 时比充压 10 kPa 时出现灵活性的显著下降。

(2) 不同手套在相同压力下对手部灵活性的影响

3 种手套在内外压差为 0 时的灵活性分析图如图 6.3.14 所示。

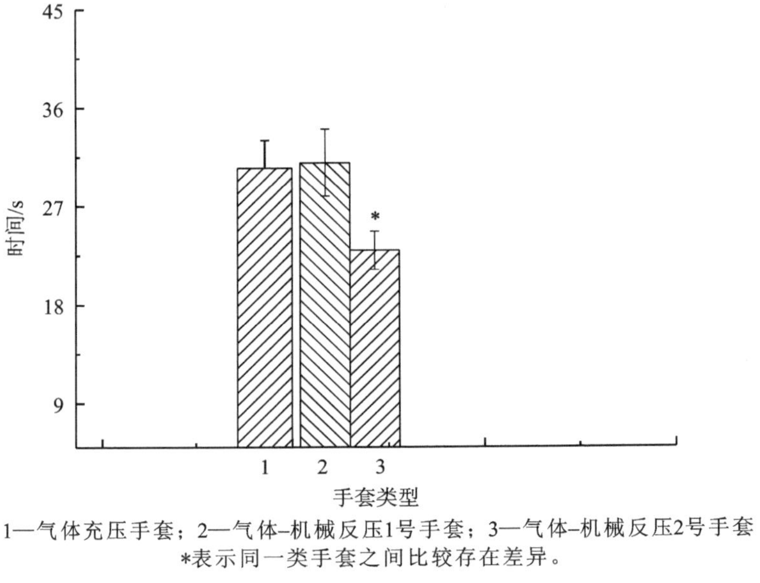

图 6.3.14　3 种手套在内外压差为 0 时的灵活性分析图

3 种手套在内外压差为 5 kPa 时的灵活性分析图如图 6.3.15 所示。

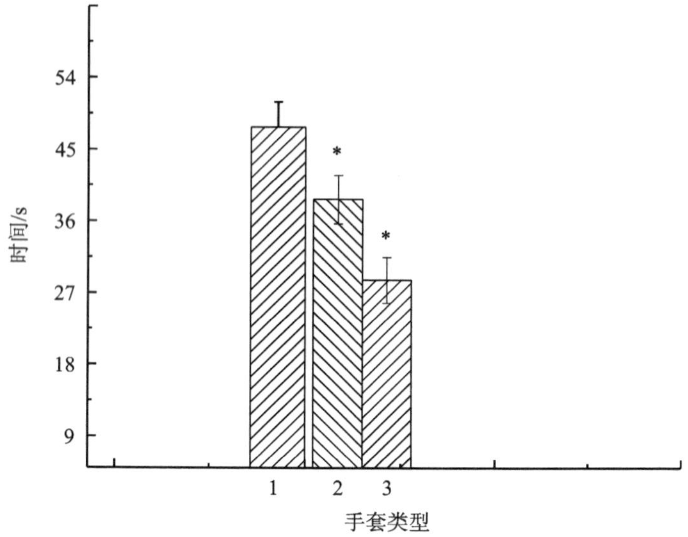

1—气体充压手套；2—气体-机械反压1号手套；3—气体-机械反压2号手套
*表示同一类手套之间比较存在差异。

图 6.3.15　3 种手套在内外压差为 5 kPa 时的灵活性分析图

3 种手套在内外压差为 10 kPa 时的灵活性分析图如图 6.3.16 所示。

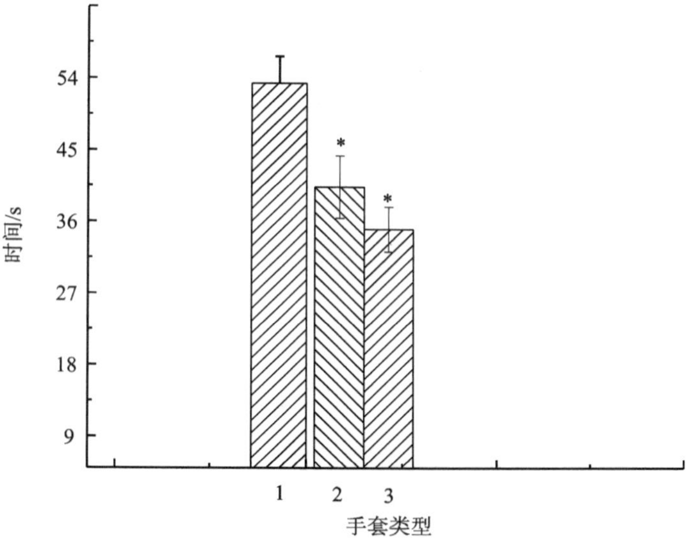

1—气体充压手套；2—气体-机械反压1号手套；3—气体-机械反压2号手套
*表示同一类手套之间比较存在差异。

图 6.3.16　3 种手套在内外压差为 10 kPa 时的灵活性分析图

3 种手套在内外压差为 15 kPa 时的灵活性分析图如图 6.3.17 所示。

① 由图 6.3.14～图 6.3.17 可以看出，在内外压差为 0 时，气体-机械反压 1 号手套与气体充压手套的灵活性相差无几，但气体-机械反压 2 号手套的灵活性明显优于前两者，分别是前两者的 1.32 倍和 1.34 倍；在内外压差为 5 kPa 时，两种气体-机械反压手套的灵活性都明显优于气体充压手套，分别是其 1.23 倍和 1.67 倍，且气体-机械反压 2 号手套明显优于气体-机械反压 1 号手套，是其 1.35 倍。

② 在内外压差为 10 kPa 时，两种气体-机械反压手套的灵活性都明显优于气体充压手

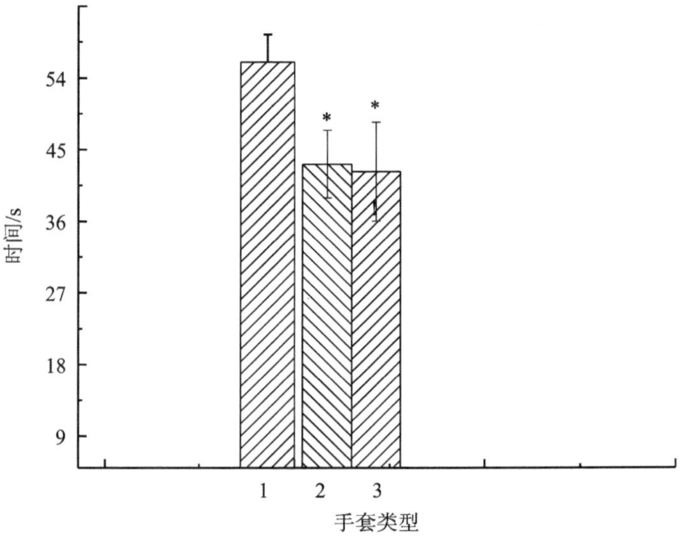

1—气体充压手套；2—气体-机械反压1号手套；3—气体-机械反压2号手套
*表示同一类手套之间比较存在差异。

图 6.3.17　3 种手套在内外压差为 15 kPa 时的灵活性分析图

套，分别是其 1.32 倍和 1.26 倍，两种气体-机械反压手套之间无明显差异。

③ 在内外压差为 15 kPa 时，两种气体-机械反压手套的灵活性明显优于气体充压手套，分别是其1.29 倍和 1.60 倍，两种气体-机械反压手套之间无明显差异。

(3) 最大握力

在最大握力的测试过程中，与灵活性测试时感到手部不舒服略有不同，受试者没有感受到明显的不适感。这是因为最大握力是瞬时行为，而执行拧螺母的任务是过程行为。但是，在穿戴气体-机械反压手套后，手套对手部的压迫感是显而易见的。以下是不同手套在不同压力下最大握力的横向分析和不同手套在相同压力下的纵向分析。

1）不同手套在不同压力下对最大握力的分析

气体充压手套在不同压力下对最大握力的分析如图 6.3.18 所示。

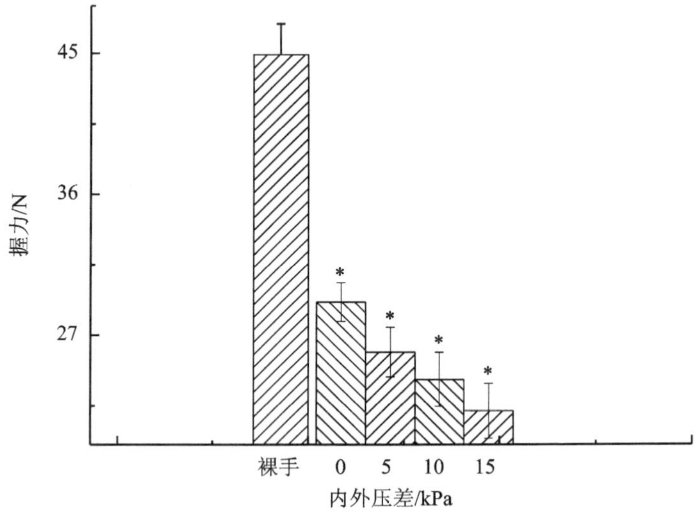

*表示同裸手之间比较存在差异。

图 6.3.18　气体充压手套在不同压力下对最大握力的分析

气体-机械反压 1 号手套在不同压力下对最大握力的分析如图 6.3.19 所示。

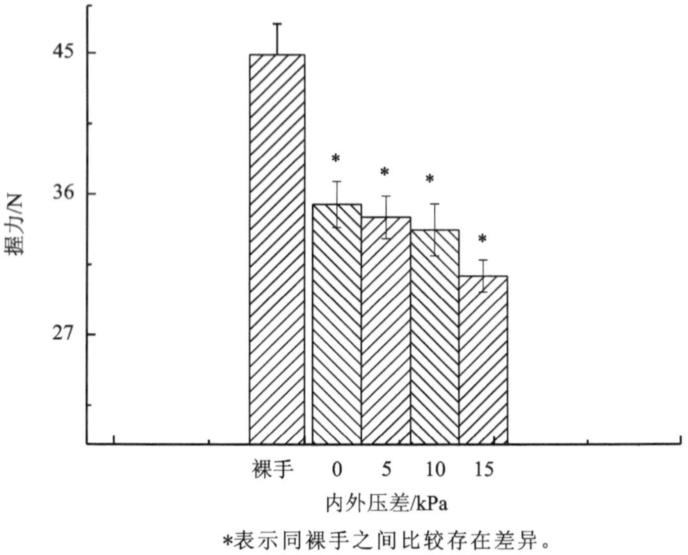

图 6.3.19　气体-机械反压 1 号手套在不同压力下对最大握力的分析

气体-机械反压 2 号手套在不同压力下对最大握力的分析如图 6.3.20 所示。

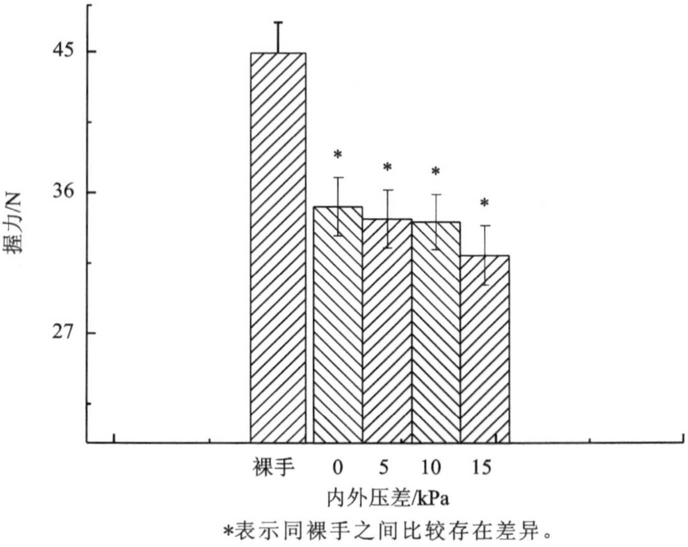

图 6.3.20　气体-机械反压 2 号手套在不同压力下对最大握力的分析

由图 6.3.18～图 6.3.20 可以看出，戴上手套后，最大握力均明显下降。在内外压差分别为 0 kPa、5 kPa、10 kPa、15 kPa 的工况下，与裸手相比气体充压手套的最大握力下降了 35.15％、42.26％、46.14％、50.64％；气体-机械反压 1 号手套下降了 21.82％、23.56％、24.91％、31.45％；气体-机械反压 2 号手套下降了 21.82％、23.56％、23.97％、28.73％。从整体上来看，气体-机械反压手套对最大握力的影响比气体充压手套小，尤其是在手套内外压差超过 10 kPa 时，气体充压手套的最大握力明显下降，而气体-机械反压手套的最大握力虽然有所下降，但无明显差异，说明充压对气体充压手套的最大握力影响更大一些。

2）不同手套在相同压力下对最大握力的分析

3 种手套在内外压差为 0 时对最大握力的分析如图 6.3.21 所示。

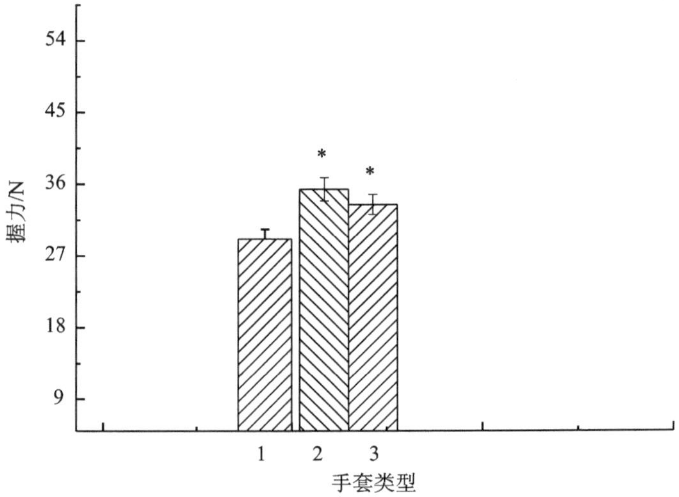

1—气体充压手套；2—气体–机械反压1号手套；3—气体–机械反压2号手套
*表示2与1之间有显著性差异，3与1之间有显著性差异。

图 6.3.21　3 种手套在内外压差为 0 kPa 时对最大握力的分析

3 种手套在内外压差为 5 kPa 时对最大握力的分析如图 6.3.22 所示。

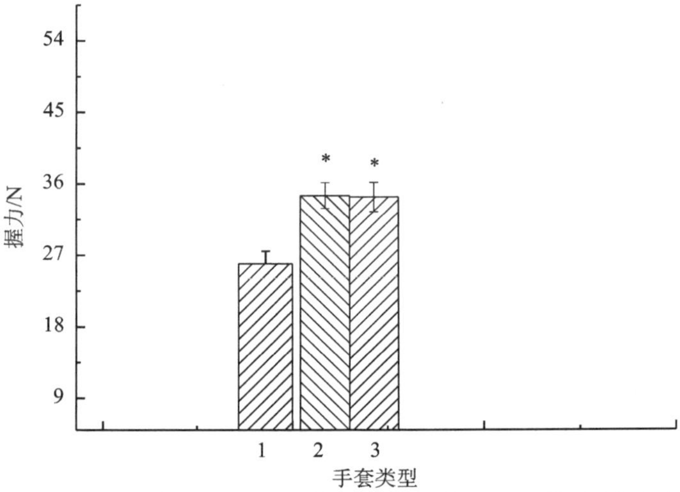

1—气体充压手套；2—气体–机械反压1号手套；3—气体–机械反压2号手套
*表示2与1之间有显著性差异，3与1之间有显著性差异。

图 6.3.22　3 种手套在内外压差为 5 kPa 时对最大握力的分析

3 种手套在内外压差为 10 kPa 时对最大握力的分析如图 6.3.23 所示。

3 种手套在内外压差为 15 kPa 时对最大握力的分析如图 6.3.24 所示。

由图 6.3.21～图 6.3.24 可以看出，在内外压差为 0 kPa 时，两种气体-机械反压手套的最大握力均明显大于气体充压手套，分别是气体充压手套的 1.21 倍和 1.20 倍，两种气体-机械

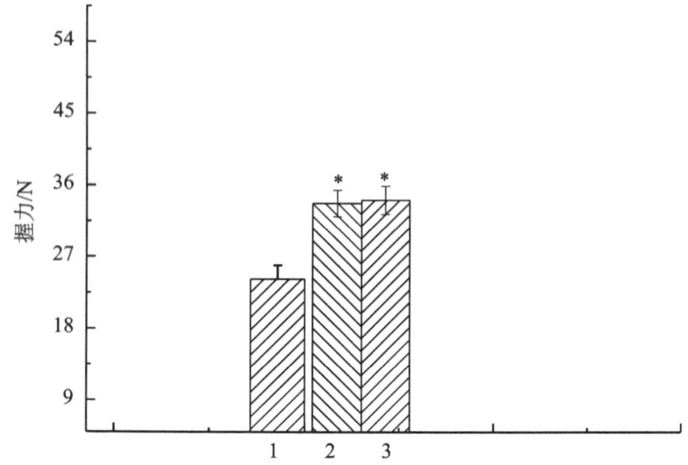

1—气体充压手套；2—气体–机械反压1号手套；3—气体–机械反压2号手套
*表示2与1之间有显著性差异，3与1之间有显著性差异。

图 6.3.23　3 种手套在内外压差为 10 kPa 时对最大握力的分析

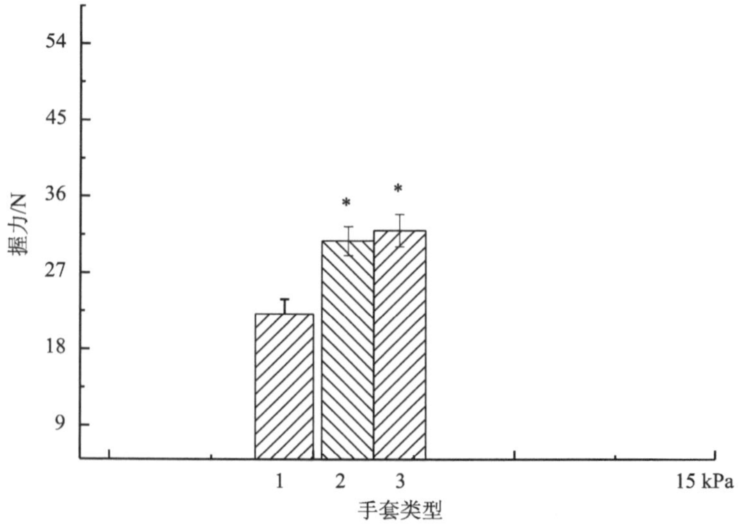

1—气体充压手套；2—气体-机械反压1号手套；3—气体-机械反压2号手套
*表示2与1之间有显著性差异，3与1之间有显著性差异。

图 6.3.24　3 种手套在内外压差为 15 kPa 时对最大握力的分析

反压手套之间无显著性差异；在内外压差为 5 kPa 时，两种气体-机械反压手套的最大握力均明显大于气体充压手套，分别是气体充压手套的 1.32 倍和 1.32 倍，两种气体-机械反压手套之间无显著性差异；在内外压差为 10 kPa 时，两种气体-机械反压手套的最大握力均明显大于气体充压手套，分别是气体充压手套的1.39 倍和 1.41 倍，两种气体-机械反压手套之间无显著性差异；在内外压差为 15 kPa 时，两种气体-机械反压手套的最大握力均明显大于气体充压手套，分别是气体充压手套的 1.38 倍和 1.44 倍，两种气体-机械反压手套之间无显著性差异。

6.3.4　实验结论

本实验分别从多因素任务拧螺母来测试不同手套对手部灵活性的影响，并从单因素最大握力来验证综合测试的结果，检验气体-机械反压手套对手部灵活性的影响，综合灵活性测试和最大握力测试的实验数据分析。在不充压的情况下，由于气体-机械反压手套能够提供反压，所以附加的压力会给受试者带来不适。然而手套内外一旦存在压差，气体-机械反压手套的优势即可显现出来，尤其当内外压差与手套预设压差相差不大时。通过实验证明了气体-机械反压手套的灵活性的确是由于气体充压手套。

这里的气体-机械反压手套还存在很多不足，在此对气体-机械反压手套和机械反压手套的制作提出以下展望：

① 由于之前的经验不足以及材料的限制，本实验中手套的预设压强为 5 kPa，也就是说，该手套并没有达到目前在太空中航天员需要的最小压强(以国内为标准 39.2 kPa)。所以希望以后的关于机械反压手套产生的压强能够达到 39.2 kPa，从而能够模拟真实的太空环境。

② 本实验的机械反压实为机械反压的一种过渡状态——气体-机械反压。这是因为目前个人的科研能力还没有达到直接研究纯机械反压的水平。非常期待国内的真正的纯机械反压手套的出现，也希望本节内容能给其他研究机械反压的人员和机构提供一些经验。

参考文献

[1] Fransson-Hall C, Åsa Kilbom. Sensitivity of the hand to surface pressure [J]. Applied Ergonomics, 1993, 24(3): 181-189.

[2] 姜力，刘宏，蔡鹤皋. 仿人灵巧手关节的位置/力矩控制[J]. 电机与控制学报，2003，7(2)：151-156.

[3] 丁立，杨锋，杨春信，等. 舱外航天服手套的工效问题[J]. 北京航空航天大学学报，2005，31(4)：416-420.

[4] 李倬有，丁立，岳国栋. 舱外航天服手套对手指力学影响的仿真研究[J]. 生物医学工程学杂志，2013，30(4)：767-771.

[5] 庞诚，陈景山. 舱外航天手套对手动作业的影响及解决办法[J]. 中国空间科学技术，1997，12(6)：34-39.

[6] Llc B . Human Spaceflight: A Record of Achievement [R]. NASA History Division Office of Policy and Plans NASA Headquarters Washington, DC 20546, 1961-2006.

[7] 丁立，杨锋，杨春信，等. 舱外航天服手套的工效问题[J]. 北京航空航天大学学报，2005，31(4)：5.

[8] O'Hara J M, Briganti M, Cleland J, et al. Extravehicular activities limitations study. Volume 2: Establishment of physiological and performance criteria for EVA gloves1 [R]. 1998, AS-EVALS-FR-8701. NASA: NAS-9-17702.

[9] Oberg T. Muscle fatigue and calibration of EMG measurements[J]. J. Electromyography Kinesiology, 1995, 5(4): 239-243.

[10] Hertzberg H T E. Some Contributions of applied physical anthropology to human engineering[J]. Annals of the New York Academy of Sciences, 1955, 63: 616-629.

[11] Webb P, Cole C, Hargens A . The Elastic Space Suit: Its Time Has Come[C]// International Conference on Environmental Systems, 2013.

[12] Harris G L, de Leon P G, Williamson M. Some Thoughts on the Architecture of a Planetary Extravehicular Space Suit[R]. John D. Odegard School of Aerospace Sci-

ences, 2006.

[13] Waldie J M A. Mechanical counter pressure space suits: advantages, limitations and concepts for martian exploration[J]. The Mars Society, 2005.

[14] Gorguinpour C, LeClair R, Carval D, et al. Advanced two-system space suit[J]. University of California, Berkeley, 2001.

[15] Sim Z L. Development of a mechanical counter pressure Bio-Suit System for planetary exploration [D]. Massachusetts: Massachusetts Institute of Technology, 2006.

[16] Scheuring R A, Jones J A, Novak J D, et al. The Apollo Medical Operations Project: Recommendations to improve crew health and performance for future exploration missions and lunar surface operations[J]. Acta Astronautica, 2008, 63(7): 980-987.

[17] Choi W, Powell N B. The development of specialized knitted structures in the creation of resist-dyed fabrics and garments[J]. Journal of the Textile Institute, 2008, 99(3): 253-264.

[18] Jordan N C,Saleh J H, Newman D J. The extravehicular mobility unit: A review of environment, requirements, and design changes in the US spacesuit[J]. Acta Astronautica, 2006, 59(12): 1135-1145.

[19] Holschuh B, Obropta E, Buechley L, et al. Materials and Textile Architecture Analyses for Mechanical Counter-Pressure Space Suits using Active Materials[C]//AIAA Space 2012 Conference and Exhibition, 2012.

[20] Schreiber F, Schuster P, Borinski M, et al. Improving the mechanical properties of braided shape memory polymer stents by heat setting[J]. Autex Res J, 2010,10(3): 73-76.

[21] Center J S, Simon C, Potter E, et al. Smart Fabrics Technology Development[R]. Johnson Space Center Engineering Directorate Avionics SystemsDivisio, 2010.

第三篇

飞行员个体防护装备工效学实验研究

第7章　飞行员作业环境和作业任务

7.1　作业环境

7.1.1　概　述

飞行员在高空中飞行时，所处的环境可分为外部环境（大气）和内部环境（机舱）。其中，外部环境是指高空缺氧、低气压、热湿等飞机外的大环境；内部环境是指振动、噪声、热湿等舱内环境。驾驶舱作为飞行员与飞机进行交互的首要场所，其环境的好坏会直接影响飞行员执行任务时的工作效率。飞行员的热平衡能力、体温调节系统、内分泌系统等生理功能都受到微环境要素和外部环境的影响，所以微环境控制是飞机驾驶舱设计的重要环节。对驾驶舱微环境的评价主要包括：温度、湿度、压力、通风、振动、照明等因素。飞行员对飞机进行操作的整个过程，都是在驾驶舱内完成的，因此，驾驶舱微环境对飞行员能否高效、准确地完成预期飞行任务，起着至关重要的作用。飞行时飞行员直接或间接受到外部环境与内部环境的双重影响，因此，为了确保飞行安全，保障飞行员的身心健康，必须掌握飞行员的作业环境及其对飞行员身体和飞机性能的影响。

7.1.2　外部环境

飞行员进行飞行作业时所处的外部环境是指大气飞行环境。大气层是因重力关系而围绕着地球的一层混合气体，是地球最外部的气体圈层，包围着海洋和陆地。大气层的厚度大约在1 000 km以上，但没有明显的界限，它的各种特性在铅垂方向上的差异非常明显，例如空气密度随高度的增加而很快趋于稀薄。以大气中温度随高度的分布为主要依据，可将大气层划分为对流层、平流层、中间层、热层和散逸层（外大气层）5个层次（见图7.1.1）[1]。大气层是航空器的唯一飞行活动环境，也是导弹和航天器的重要飞行环境。航空器的大气飞行环境主要是对流层和平流层。大气层对飞行有很大影响，恶劣的天气条件会危及飞行安全；大气属性（温度、压力、湿度、风向、风速等）对飞机飞行性能和飞行航迹也会产生不同程度的影响。

1. 对流层

对流层是地球大气中最低的一层。对流层中气温随高度的增加而降低，每升高100 m，平均气温下降0.65 ℃。在对流层的顶端，即高度为12 000 m处，气温为−56 ℃。人体若长时间暴露在该高度环境中，将无法正常活动，暴露的部位还会出现冻伤。在对流层中空气的对流运动极为明显，空气温度和湿度的水平分布很不均匀。对流层的厚度随纬度和季节变化，一般低纬度地区平均为16～18 km，中纬度地区平均为10～12 km，高纬度地区平均为8～9 km。

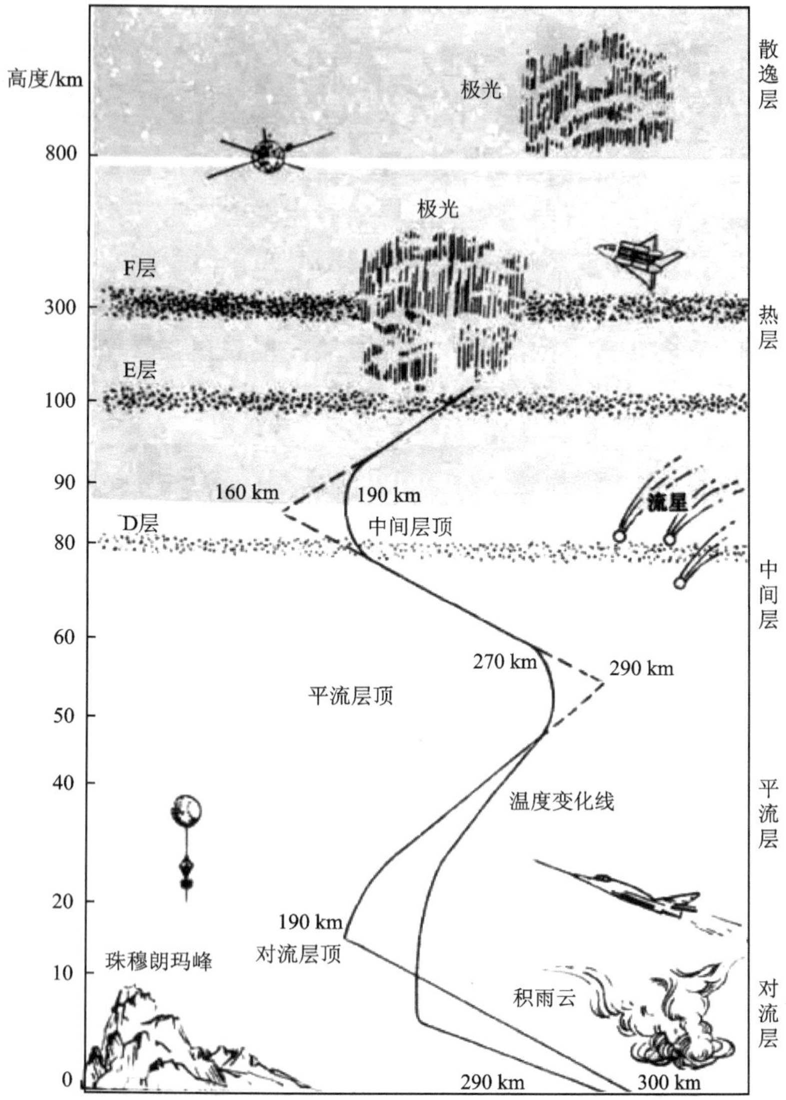

图 7.1.1　大气飞行环境

就季节而言，中国绝大部分地区一般都是夏季对流层厚，冬季对流层薄。对流层集中了全部大气约 3/4 的质量和几乎全部的水汽，是天气变化最复杂的层次，也是对飞行影响最重要的层次。飞行中所遇到的各种重要天气现象几乎都出现在这一层中，如雷暴、浓雾、低云幕、雨、雪、大气湍流、风切变等。在对流层内，按气流和天气现象分布的特点，又可分为下层、中层和上层 3 个层次。

(1) 对流层下层

对流层下层又称摩擦层。它的范围自地面到 1～2 km 高度。但在各地的实际高度又与地表性质、季节等因素有关。一般说来，其高度在粗糙地表上高于平整地表上，夏季高于冬季(北半球)，昼间高于夜间。在下层中，气流受地面摩擦作用很大，风速通常随高度的增加而增大。在复杂的地形和恶劣天气条件下，常存在剧烈的气流扰动，威胁着飞行安全。突发的下冲气流和强烈的低空风切变常会引起飞机失事。另外，充沛的水汽和尘埃往往导致浓雾和其他恶化能见度的现象，对飞机的起飞和着陆构成严重的障碍。为了确保飞行安全，每个机场都规定有各类飞机的起降气象条件。另外，对流层下层中气温的日变化极为明显，昼夜温差可达 10～40 ℃。

(2) 对流层中层

对流层中层的底界即摩擦层顶，上界高度约为 6 km，这一层受地表的影响远小于摩擦层。大气中云和降水现象大都发生在这一层内。这一层的上部，气压通常只及地面的一半，在这里飞行时需要使用氧气。一般轻型运输机、直升机等常在这一层中飞行。

(3) 对流层上层

对流层上层的范围从 6 km 高度伸展到对流层的顶部。这一层的气温常年都在 0 ℃以下，水汽含量很少。各种云都由冰晶或过冷却水滴组成。在中纬度和副热带地区，这一层中常有风速等于或大于 30 m/s 的强风带，即所谓的高空急流。飞机在急流附近飞行时往往会遇到强烈颠簸，使乘员不适，甚至破坏飞机结构和威胁飞行安全。

(4) 对流层顶

此外，在对流层和平流层之间，还有一个厚度为数百米到 1～2 km 的过渡层，称为对流层顶。对流层顶对垂直气流有很大的阻挡作用。上升的水汽、尘粒等多聚集其下，那里的能见度往往较差。

2. 平流层

平流层位于对流层顶之上，顶界伸展到 50～55 km。在平流层内，随着高度的增加气温最初保持不变或微有上升，到 25～30 km 以上气温升高较快，到了平流层顶气温为 −3～16.8 ℃。平流层的这种气温分布特征同它受地面影响小和存在大量臭氧（臭氧能直接吸收太阳辐射）有关。这一层过去常被称为同温层，实际上指的是平流层的下部。在平流层中，空气的垂直运动远比对流层弱，水汽和尘粒含量也较少，因而气流比较平缓，能见度较佳。对于飞行来说，平流层中气流平稳、空气阻力小是有利的一面，但因空气稀薄，飞行器的稳定性和操纵性恶化，这又是不利的一面。高性能的现代歼击机和侦察机都能在平流层中飞行。随着飞机飞行上限的日益增高和火箭、导弹的发展，对平流层的研究日趋重要。

3. 中间层

从平流层顶 50～55 km 伸展到 80～85 km 高度。这一层的特点是：气温随高度的增加而下降，空气有相当强烈的垂直运动。在这一层的顶部气温可低至 −113～−83 ℃。

4. 热　层

它的范围是从中间层顶伸展到约 800 km 高度。这一层的空气密度很小，声波也难以传播。热层的一个特征是气温随高度的增加而上升。另一个重要特征是空气处于高度电离状态。热层又在电离层范围内。在电离层中各高度上空气电离的程度是不均匀的，存在着电离强度相对较强的几个层次，如 D、E、F 层。有时，在极地区域常可见到光彩夺目的极光。电离层的变化会影响飞行器的无线电通信。

5. 散逸层

散逸层又称逃逸层、外大气层，是地球大气的最外层，位于热层之上。那里的空气极其稀薄，同时又远离地面，受地球的引力作用较小，因而大气分子不断地向星际空间逃逸。航天器脱离这一层后便进入太空飞行。

6. 高度对人的生理的影响

随着高度的变化，氧气含量、温度和气压也会发生变化，对人体的生理功能和适应性都会产生不同的影响。

(1) 高空缺氧

对流层是大气的底层。由于地球吸引力的作用，大气含量的 78%集中在此层。因此，越靠近地平面氧气含量越多，离地面越高氧气就越稀薄。众所周知，因为空气内含有人体需要的氧气，所以人在地球上生活一时一刻也离不开空气。一般情况下，一个人完全断绝空气5 min，就会导致死亡。一个健康的人在攀登高山时会感到空气不够用，会出现呼吸加快、加深，心跳加快等代偿症状，这是由于氧气稀少的原因。高空缺氧对人体的神经、心血管、呼吸等系统均有不同程度的影响。据资料记载，当上升到海拔 1 000 m 时，人就会有缺氧的感觉；当升至 2 500 m 高度时，人的夜视能力开始减退；当上升到 4 500 m 以上时，人的智力逐渐减退，不能进行复杂而精细的工作，此时，血压升高、胸闷、头昏眼花等症状相继出现；在 16 000 m 高度时，停留 10 min 左右就会导致意识丧失。

(2) 高空温度变化

在日常生活中，可以看到炎热的夏天高山上还有积雪，这是因为离地面越高，气温越低。但大气层各层的温度随高度的变化不同，对流层的温度随高度的增加而降低，平流层的温度随高度的增加而升高，中间层的温度随高度的增加而降低，热层的温度随高度的增加而升高，外层的温度随高度的增加而升高(见图 7.1.2)[1]。

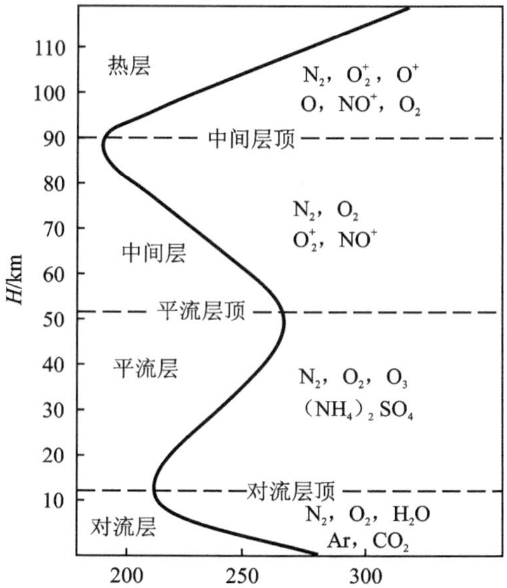

图 7.1.2　大气温度的垂直分布

(3) 高空气压变化影响

随着飞行高度的增加，大气压也会发生变化，离地面越高，气压越低（见表 7.1.1 和图 7.1.3）。在地面层中，高度每升高 100 m，气压平均降低 5 mmHg（0.67 kPa），在高层则小于此数值。低气压环境中，储存在胃肠道内的气体会膨胀起来，引起胃肠胀气。轻者引起腹胀和不适感；重者产生腹痛、呼吸困难，出现面色苍白和出冷汗等症状，还可能引起航空性鼻窦炎或航空性牙痛。若高度继续升高，机体组织内的气体释放出来，还会堵塞血管或压迫神经，形成高空气体栓塞症，对人体影响较大。

表 7.1.1　大气压力随海拔高度变化的规律

h/km	0	1	2	3	4	6	8	10	12	16	20	30
$P(\%P_0)$	100	88.2	77.9	68.7	60.6	47.2	36.7	28.6	22.3	13.5	8.19	2.34

注：h 为海拔高度；P 为大气压强；P_0 为标准大气压强，为 101 325 Pa。

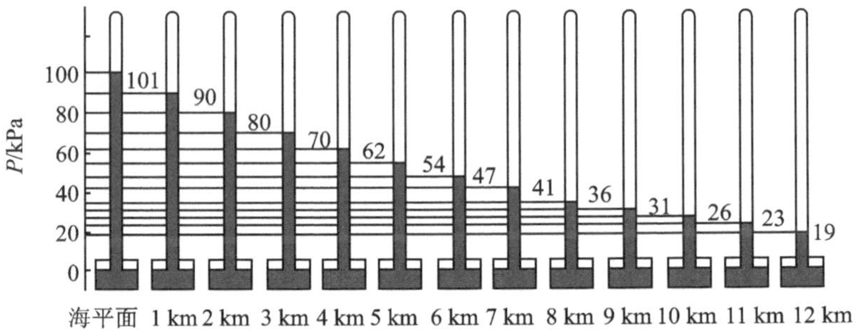

图 7.1.3　大气压力随海拔高度变化的规律

7.1.3　内部环境

飞机驾驶舱是一个相对密封的驾驶环境，当飞机在炎炎夏日执行飞行任务时，强烈的太阳辐射，加上飞机的气动散热、电子产品和人体本身的产热，使座舱热负荷处于过载状态，如果环控系统制冷能力不足，则更使座舱温度成为影响飞行员工作效率的一个重要因素。除温度因素之外，座舱内的压力也会对飞行员的工作效率和任务执行产生影响。高空飞行时的座舱压力通常只有地面压力的 1/3 左右，当座舱内气压下降时，空气中的氧分压、肺泡中的氧分压以及动脉血氧饱和度都会下降，这会使飞行员呼吸急促、心率加快，甚至导致头晕、恶心、无力等直接影响飞行任务的症状。在高空低氧环境下，缺氧会导致机组成员大脑皮层中的高级智力活动受到影响，无法正常理解、分析和判断，飞行员就会丧失对环境和自身状态的判断能力，甚至可能意识不到由于缺氧而导致的症状和对身体造成的损害。另外，驾驶舱的湿度、通风、振动、照明等因素也会影响飞行员的工作效率和身心健康。

1. 温　度

空气温度指的是驾驶舱内的干球温度，它直接影响飞行员皮肤表面与驾驶舱空气环境之间的对流和辐射，被认为是影响人体热舒适性的主要影响因素[1]。在不影响飞行员正常操纵的情况下，航空生理学对飞机驾驶舱内的温度控制提出了要求，如表 7.1.2 和表 7.1.3 所列。

表 7.1.2　夏季飞行着装条件下飞机驾驶舱温度控制要求

分　级	三球温度指数/℃	干球温度/℃	飞行时间极限/min
舒适级	<21	16～26	不限
安全级	22～27	27～32	30
排斥级	28～30	33～35	15

表 7.1.3　冬季飞行着装条件下飞机驾驶舱温度控制要求

分　级	干球温度/℃	飞行时间极限/min
舒适级	16～20	不限
安全级	5～15	30
排斥级	1～4	15

2. 湿　度

当空气温度较高时，相对湿度就成为人体热舒适性的主要影响因素。国外学者 Fanger 对空气相对湿度进行了进一步研究，在规定的舒适区范围内(空气温度为 24～26 ℃)，确定湿度的上限。在热湿环境下人体对空气湿度的感觉尤为敏感，人体会在高温高湿环境下产生热应激现象[2]。

3. 压　力

气压主要通过影响飞行员体内的氧气供应来影响飞行员的生理状态。正常人体每天需要提供 150 g 氧气作为大脑耗用。在处于高空低氧的驾驶舱内，如果氧气没有达到大脑所需要的，那么飞行员在执行任务中的意识判断和高级智力反应就会受到影响，严重时可能会造成飞行事故。当飞机驾驶舱的气压在短时间内发生较大变化时，飞行员的耳膜会承受巨大压力差，所引起的疼痛感会对飞行员造成极度不舒适感。同时，气压对飞行员的心理也有一定影响。在气压变化的环境中，飞行员极易产生压抑的情绪，这样的负面情绪会影响飞行员的中枢系统。因此，针对驾驶舱压力系统的舒适性评价内容主要有：压力的变化范围和变化率。

4. 通　风

驾驶舱内通风性能是环境控制的重要方面，也是影响体感舒适性的一个重要指标。在驾驶舱内，由于飞行员的皮肤温度和舱内空气温度存在温差，形成了自然对流。气流速度在 0.1～0.15 m/s 时，飞行员有较好的适应性。一般地，周围的风速低于 0.13 m/s 时，飞行员感觉是舒适的[2-4]。当然，驾驶舱的通风要求要视机种而定，战斗机驾驶舱内所需的气流速度完全不同于运输机驾驶舱的气流速度。对同一机型的不同时段通风要求也是有所差异的，主要表现在气流速度和气流温度两方面。气流可以通过影响对流交换热系数来改变飞行员与驾驶舱环境的对流换热量。因此，白天飞行时的空气流速稍大，舱内气流温度一般较低，这是为了补偿白天太阳辐射对飞行员的作用。同时，驾驶舱还配备了热空气喷射系统，能够及时加热舱盖内表面，防止低空时因湿度太大引起舱盖表面结雾，但这又增加了不舒适的温度梯度。

5. 振　动

机载设备的振动会造成飞行员视觉模糊，影响其对飞机仪表信息或精确刻度的读取。不规律的振动会对飞行员掌控操纵力度和方向带来很大困难，导致操纵误差。严重情况下，剧烈的振动还会影响飞行员的中枢系统，在人-机交互过程中分散注意力，增加脑力负荷，产生极强的不舒适感。

6. 照　明

合理的驾驶舱照明能帮助飞行员提高飞行效率[5]。因为在光照条件好的情况下，飞行员的瞳孔遇亮光会变小，在视网膜上的成像会更加清晰，目标物体会更容易辨认。当光照条件不好时，飞行员的眼睛会产生干涩、发胀等症状，长时间保持这样的状态还会引起身体其他部位的不适，比如头痛、头胀等，这对飞行员的操作是不利的，会极大程度地影响飞行员的工作效率，严重时可能会带来飞行事故。

1940 年以后，飞机驾驶舱的照明系统经历了由紫光到红光的历程。通过对人体生理学构造的研究发现，人眼对红光的适应度最好。目前，绝大部分驾驶舱主要采用白炽灯加红光滤片的方法制造红灯环境，采用眉灯装置消除眩光和重影。美国空军使用白光照明系统，海军使用红光照明系统。“三叉戟号”和“子爵号”则采用红光和白光两套照明制度，称为双照明系统。

7.2　作业任务

7.2.1　作战任务类型

1. 飞机的分类

飞机按用途可分为军用机和民用机两大类。其中，军用机是指用于各个军事领域的飞机，而民用机则是泛指一切非军事用途的飞机（如旅客机、货机、农业机、运动机、救护机以及实验研究机等）。军用机的传统分类大致如下：

歼击机：又称战斗机，第二次世界大战以前称为驱逐机。其主要用途是与敌方歼击机进行空战，夺取制空权，还可以拦截敌方的轰炸机、强击机和巡航导弹。现代歼击机根据作战任务可分为两种：一种主要在较远距离拦截敌机，通过雷达发现敌机后，用飞机上的中程空对空导弹进行攻击，这种飞机称为截击机；另一种是在近距离进行格斗，主要用机炮和近距离空对空导弹击落敌机，这种飞机称为格斗式歼击机。这就像陆军打仗一样，敌人远了用枪打、炮轰，近了就拼刺刀、格斗。现代歼击机除了空战之外，还可实施对地面和水上目标的攻击。

强击机：又称攻击机，其主要用途是从低空和超低空对地面（水面）目标（如防御工事、地面雷达、炮兵阵地、坦克舰船等）进行攻击，直接支援地面部队作战。

轰炸机：是指从空中对敌方前线阵地、海上目标以及敌后的战略目标进行轰炸的军用飞机。按其任务可分为战术轰炸机和战略轰炸机。

侦察机：是专门进行空中侦察，搜集敌方军事情报的军用飞机。按任务可分为战术侦察机和战略侦察机。

运输机：是指专门执行运输任务的军用飞机。

预警机：是指专门用于空中预警的飞机。

其他军用飞机：包括电子干扰机、反潜机、教练机、空中加油机、舰载飞机等。

2. 飞机的飞行阶段

飞机完成一次飞行任务要经过滑行、起飞、爬升、巡航、下降、进近和着陆几个阶段。

（1）滑行和起飞阶段

飞机起飞是一个直线加速运动，是飞机功率最大和驾驶员操作最繁忙的时候，它分两个阶段。飞机首先以最大功率在地面滑跑，在起始阶段由于速度不大，方向舵不起作用，驾驶员控制着前轮方向，以保持飞机直线前进，当速度达到 80 km/h 时驾驶员用驾驶杆操纵飞机，但在达到决断速度 V1 以前，驾驶员的手绝对不离油门杆，以便在发生突发情况时中止起飞。超过 V1 速度后驾驶员必须继续起飞，因为这时的速度太大，再中断起飞，飞机会冲出跑道造成事故。

V1 的数值根据飞机的大小、装置的不同、跑道情况、外界环境（温度、气压值、地面风速）而不同。当速度继续增加到一定数值时，机翼的升力和重量大致相等，驾驶员拉杆向后，飞机抬起机头，前轮离地，这个速度称为抬前轮速度。这时飞机开始升空，起飞的第一阶段滑跑完成，转入第二阶段，即加速爬升阶段。飞机飞到规定的高度，起飞阶段结束。

从飞机滑跑开始到飞越 35 m 高度的地面距离称为起飞距离，起飞距离越短越好。这个距离的长短取决于发动机推力的大小、增升装置（襟翼、缝翼）的性能，同时也与海拔高度及地面温度有关。

（2）爬升阶段

爬升有两种方式：一种是按固定的角度持续爬升达到预定高度。这样做的好处是节省时间，但发动机所需的功率大，燃料消耗大。另一种是阶梯式爬升，飞机升到一定高度后，水平飞行以增加速度，然后再爬升到第二个高度，经过几个阶段后爬升到预定高度。由于飞机的升力随速度的升高而增加，同时燃油的消耗使飞机的重量不断减轻，因而阶梯式爬升最节约燃料。

（3）巡航阶段

飞机达到预定高度后，保持水平等速飞行状态，这时如果没有天气变化的影响，驾驶员可以按照选定的航线以一定速度和姿态稳定飞行，飞机几乎不需要操纵，驾驶员一般只需进行必要的监控。该阶段的飞行事故率最低。

（4）下降阶段

在降落前半小时或更短的飞行距离时驾驶员开始逐渐降低高度，减慢飞行速度，到达机场的空域上空。

（5）进近和着陆阶段

进近也叫进场，是指飞机在机场上空由地面管制人员指挥对准跑道下降的阶段。这个阶段飞机需要按规则绕机场飞行后直接对准跑道，飞机减速，放下襟翼和起落架。当飞机下滑到离地面 7～8 m 的高度时，驾驶员要把机头拉起。到 1 m 左右高度时使飞机拉平，飞机以平行地面的姿态下降，一般称为平飘。飞机两个主轮平衡着地，飞机前轮仍然离地，以一定迎角滑跑一段距离以增加阻力。然后前推驾驶杆使前轮着地，这时使用刹车和反推装置（喷气飞机）或反桨装置（螺旋桨飞机）使飞机尽快把速度降低，滑出跑道，进入滑行道，驶向机坪。

由 15.2 m 高度到完全停止的距离称为着陆距离，这个距离也是越短越好，它的长短取决于飞机的增加阻力的装置（襟翼、扰流板），也取决于刹车和反推装置的使用。与起飞一样，外界的风向、温度、海拔也影响着着陆距离的长短。

整个飞行过程中，操作最复杂的阶段是起飞和降落阶段。据统计，航空事故的 68%都出现在这两个阶段，因而在飞机设计上和驾驶员的训练上这两个阶段都是重点，以确保飞行安全。

3. 战斗机典型飞行状态飞行任务分析

战斗机的典型飞行状态包括起飞、巡航、作战和着陆（见图 7.2.1）。

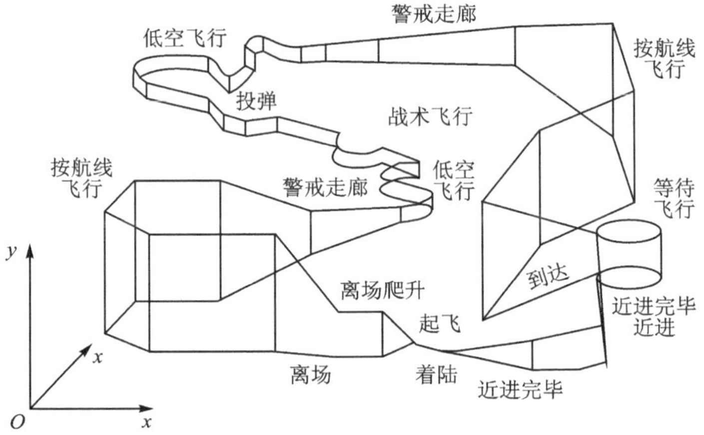

图 7.2.1　战术轰炸任务立体图

起飞状态：视觉显示器需要显示航向仪、液压系统和发动机状态等信息。飞行员需要在速度大于 200 km/h 时起飞，判断离地高度，修正俯仰角。在高度 10～15 m 处收起落架，在高度 100～150 m 处收襟翼。

巡航状态：除显示必要信息之外还需显示巡航指令、水平/垂直偏差、侧向偏差、航向信息、性能管理和导航信息等。指令信息给定飞行员巡航目的地位置、航向、速度、高度等信息。飞行员确定位置和速度信息可显示待飞时间和待飞距离等飞行信息。巡航界面依据指令不同需选用合适的导航方式及导航系统。界面中还需显示飞机的航向偏差信息，使得飞行员可以依据偏差值进行调整从而恢复到指令航向。

作战状态：要求飞行员能够快速准确地从复杂的空战背景中发现敌机，并且利用高效率的视觉搜索策略和早期的视觉线索，来准确地预判出对手的行动意图。战斗机主要的作战形式有空对空作战、空对地作战和防御作战。显示信息包括作战指令、目标信息（包括目标方位、距离、标记等）、告警信息、地图信息、飞行员信息、机身信息、动力系统信息、作战半径、位置信息、防御信息以及武器信息（包括武器状态、数量等）。

着陆状态：飞行员需在高度 400～500 m 时对正跑道，固定下滑点，调整下滑速度，逐渐减小速度，要求在通过近距导航台时速度为 350～360 km/h，高度为 100～120 m，下滑过程中，飞行员需查看飞行速度和飞行高度，然后调整油门杆和操纵杆，在高度为 8～10 m 时柔和拉杆,减少下滑角。同时需要关注着陆迎角,以使飞机两个主轮轻触地面。降落状态显示信息基本与起飞状态相同,区别在于,飞机着陆时需要对位置信息有精确显示,确认当前坐标与目的地坐标的偏差。

7.2.2 不同作战任务下飞行员的生理变化

飞行员的心理生理指标的变化受多项因素的影响,在不同的飞行阶段和不同的飞行科目中,飞行员面临的应激环境差异明显。测量飞行员空中的心理生理参数,评定其在不同飞行条件下的脑力负荷变化规律,是当前航空心理生理学领域的重大理论和现实问题。姚永杰[5]等人通过飞行记录参数系统和某型通用飞行训练质量评估专家系统,对飞行过程、飞行阶段、飞行动作和姿态进行动态识别,结合 KF2 型动态、多参数生理检测仪的记录和分析,获得每一个飞行瞬态的心率、呼吸率、体温、体动情况,以及每一阶段心率变异性的时域和频域等心理生理学指标。结论如下:

1. 心率变化

大强度飞行活动中,飞行员在各架次不同飞行阶段的心率有所不同。空域平飞阶段较其他飞行阶段心率较低,反映该阶段飞行负荷较低。起飞阶段和着陆阶段的心率明显高于其他飞行阶段,尤以第 2、3 架次突出,说明飞行活动中起飞和着陆是飞行员劳动负荷相对较高的两个阶段。对于特技飞行,特技动作阶段由于加速度的作用,飞行员的心率呈明显增高趋势,但增加的程度小于起飞和着陆阶段。飞行员的心率随着飞行架次的推移,也呈现出一定的规律性变化,就滑行、起飞、空域平飞阶段而言,基本上在第 2 架次心率达到顶峰,之后逐渐下降,但在第 5 架次略有回升。特技动作阶段心率呈现随飞行架次增加而降低的趋势可能主要与特技动作 G 值逐渐减小有关[5]。

2. 呼吸率变化

飞行员的呼吸率在等待起飞和起飞爬升阶段显著高于飞行前,三边飞行时呼吸回落,结束飞行后恢复至飞行前水平[6]。

3. 脑力负荷的变化

飞行员在起飞爬升阶段的心理应激和脑力负荷是很大的。在这一阶段,飞行员表现为呼吸的加快以及 SDNN、TINN 和 HRV 低频功率 LF 的减小[7-8]。该阶段生理参数的变化反映了脑力负荷的增加。在下滑着陆前,飞行动作的复杂性、时间的紧迫性和危险潜在性都增加了飞行员的脑力负荷程度。在该阶段,飞行员的心率和呼吸均显著升高,飞行员的脑力负荷和紧张应激状态达到最大水平。在平飞阶段,飞行员的脑力负荷程度与起飞和下降着陆阶段相比有所降低,但仍高于飞行前休息时的水平。在巡航阶段,飞行员的工作任务较少,面临的脑力负荷小,故心率维持在较低的水平。

参考文献

[1] 余志斌. 航空航天生理学[M]. 西安:第四军医大出版社,2008.

[2] Toftum J, Jorgensen A S, Fanger P O. Upper limits for indoor air humidity to avoid uncomfortably humid skin[J]. Energy and Buildings, 1998, 28(1): 1-13.
[3] Fanger P O. Thermal comfort. Analysis and applications in environmental engineering [J]. Thermal comfort. Analysis and applications in environmental engineering, 1970,92 (3):164.
[4] 孔云志.飞机驾驶舱舒适性评价方法研究[D]. 南京：南京航空航天大学,2017.
[5] 王镭. 视觉工效在飞机驾驶舱设计中的应用[J]. 科技信息，2012 (18)：110.
[6] 姚永杰,等. 歼击机飞行员起落航线飞行时脑力负荷的生理评定[C]//中国科学技术协会年会，武汉，2007:625-631.
[7] 郭华,等. 高性能战斗机大强度飞行对飞行员生理指标及飞行劳动负荷主观评价的影响[J]. 中华航空航天医学杂志，2011，22(3)：168-171.
[8] 张利民,等. 模拟飞行条件下双重任务时飞行员心理生理参数的变化特点[J]. 中华航空医学杂志，1995,6(2)：84-87.

第 8 章 飞行员作业环境热学特性实验研究

8.1 不同热环境实验下个体防护装备工效研究

8.1.1 实验背景

由于气动力加热、太阳辐射、座舱电子设备产热、人体代谢产热、座舱环控系统制冷量不足等诸多因素的作用，航空器座舱环境往往会给飞行员带来不同的热应激[1]。一般来说，人体的热负荷可分为主动热负荷(人操纵航空器等作业时产生的热)和被动热负荷(服装对人体产生的热)两种，主动热负荷相对稳定，被动热负荷则受服装类型和数量多少的影响。近年来，随着科技的进步，服装本身防护性能在不断提高，给人体带来的热负荷也随之变得更加严重。

8.1.2 实验目的

开展人体热生理实验，主要是研究人体穿着两套不同覆盖面积囊式抗荷服套装在 20 ℃、30 ℃、40 ℃(见表 8.1.1)环境下的生理情况。实验中高温舱内温度调节精度为 0.5 ℃，相对湿度(RH)控制精度为±5%。每次实验均为 90 min。实验测量生理指标包括：核心温度、皮肤温度、心率、血氧饱和度和出汗量。此外，对人体热舒适性进行主观热感觉评分，对实验结果进行研究分析。

表 8.1.1 实验工况

序　号	环境温度/℃	环境湿/%	风速/(m·s^{-1})
1	20	30	0.1
2	30	30	0.1
3	40	30	0.1

8.1.3 实验方法

1. 受试者招募及特征

选择 12 名身体健康的男性大学生作为本次人体热生理实验的受试者。由于热生理实验服装囊式抗荷服有标准尺寸，因此参考该尺寸，选取受试者要求身高为 167～175 cm，体重为 55～70 kg。受试者具体人体参数信息如表 8.1.2 所列。

表 8.1.2　受试者基本信息

标　号	年龄/岁	身高/cm	体重/kg
1	22	175	63.186
2	23	170	65.727
3	22	175	66.062
4	22	174	68.843
5	24	175	68.276
6	23	169	63.358
7	24	170	64.582
8	24	173	67.459
9	23	172	65.138
10	24	169	63.735
11	22	170	66.583
12	22	173	67.702

2. 实验所用设备

(1) 实验服装

实验受试者着装情况主要分为两组：防护服套装 A：普通 T 恤、短裤、连体服、40％代偿背心、囊覆盖面积 60％抗荷裤、短袜、飞行靴和绒手套；防护服套装 B：普通 T 恤、短裤、连体服、40％代偿背心、囊覆盖面积 80％抗荷裤、短袜、飞行靴和绒手套。

可以看出，防护服套装组合仅囊式抗荷裤的囊覆盖面积不同，其中囊样式结构、囊材料等完全相同，且通过暖体假人服装热阻测量实验可得防护服套装的基本热阻，如表 8.1.3 所列。

表 8.1.3　服装基本参数

服　装	服装热阻/clo
防护服套装 A	1.78
防护服套装 B	1.84

(2) 实验平台

人体热生理实验在热生理舱开展，热生理舱可以实现自主控制室内温度的功能，其长、宽、高依次是 3 m、3 m、2.3 m。热生理舱通过空调系统保证室内温度，风速稳定。室内温度控制范围为－10～50 ℃，精度为 0.2 ℃，风速约为 0.1 m/s。热生理舱内一共布置 36 个温度传感器(已校准)，该温度传感器采用 PT100 铂电阻温度传感器。温度传感器自上而下垂直布置于热生理舱内，每三个为一组，共 12 组，分布于距地面 1.2 m、1.5 m 和 1.8 m 处，用于实时监测室内环境温度。严格意义上，热生理舱内环境温度不能保证时刻恒定，故采用所有铂电阻温度传感器测得的环境温度的均值作为热生理舱内环境温度。温度传感器分布如图 8.1.1 所示。

对热生理舱内环境温度的监测利用环境温度测试系统实现，该系统可以实时显示热生理舱温度传感器的温度数值及均值，并且可以输出环境温度数据。具体环境温度监测系统界面如图 8.1.2 所示，选择通信串口，执行程序，界面显示 36 个温度传感器采集的温度数据，其中

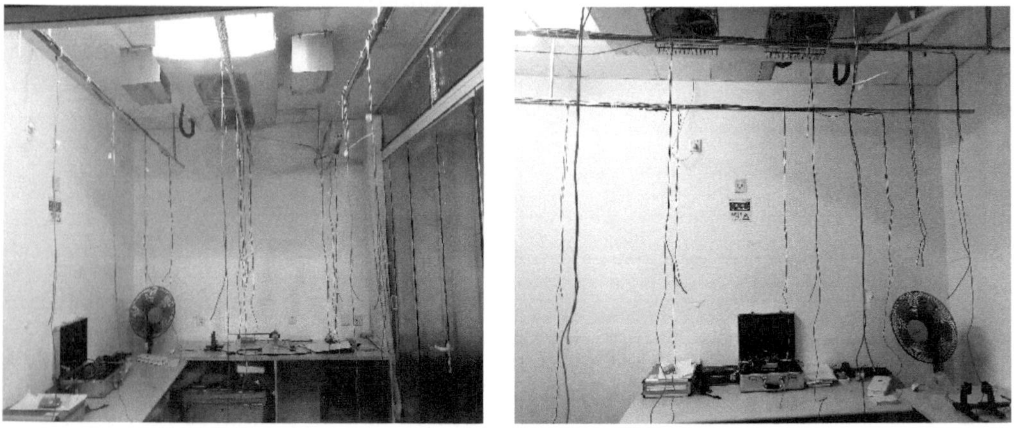

图 8.1.1　热生理舱内温度传感器分布图

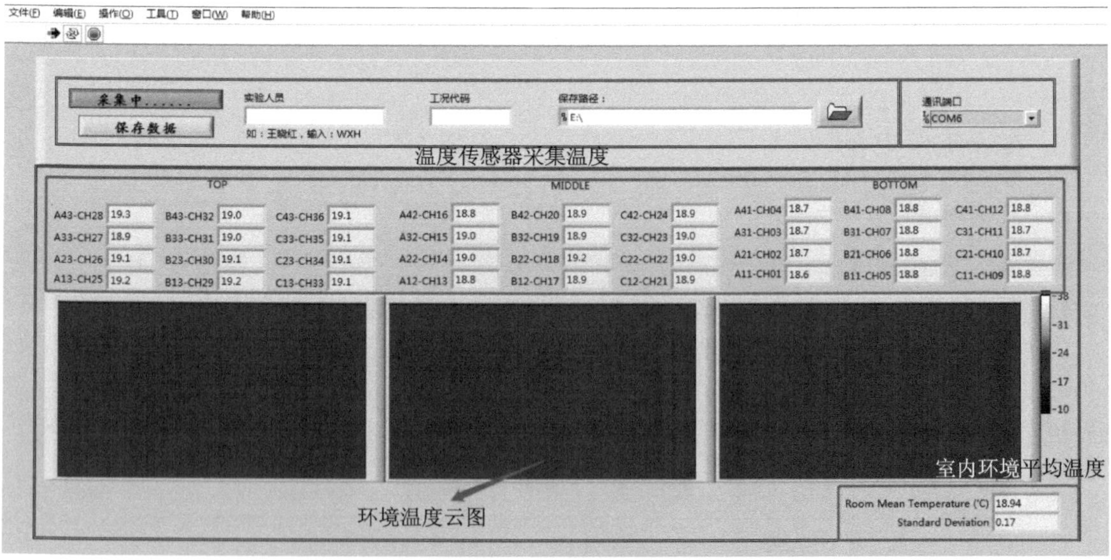

图 8.1.2　热生理舱环境温度实时监测系统界面

温度云图与环境温度数据对应，可以更加清楚地查看异常传感器位置。

(3) 心率和血氧测试仪

实验过程中，利用夹指式血氧饱和度脉搏测试器测量受试者心率(精度±1 bpm)及血氧饱和度(精度±2%)，其中，%SpO_2 代表血氧饱和度，PRbpm 代表心率值(见图 8.1.3)。

(4) 温度传感器

实验过程中温度测量采用 Ibutton 传感器(精度±0.1 ℃，已校准)测量皮肤温度和口腔温度，如图 8.1.4 所示，其中小断面为测温面，与待测位置接触。Ibutton 传感器为无线传感器，通过 Ibutton 传感器数据线与 Ibutton 电子记录仪软件连接。

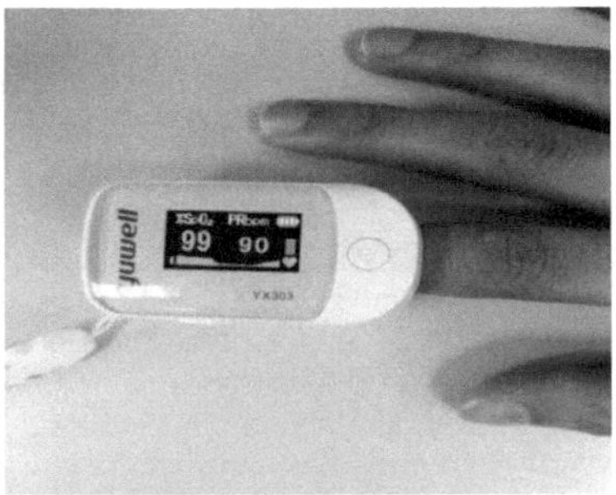

图 8.1.3　夹指式血氧饱和度脉搏测试器

图 8.1.4　Ibutton 传感器

图 8.1.5 所示为 Ibutton 电子记录仪软件界面，通过 Ibutton 传感器数据线将 Ibutton 传感器连接到计算机，该记录仪软件可以下载 Ibutton 传感器数据，筛选出一定时间范围测量的温度数据，也可以进行数据对比，并且导出温度数据。

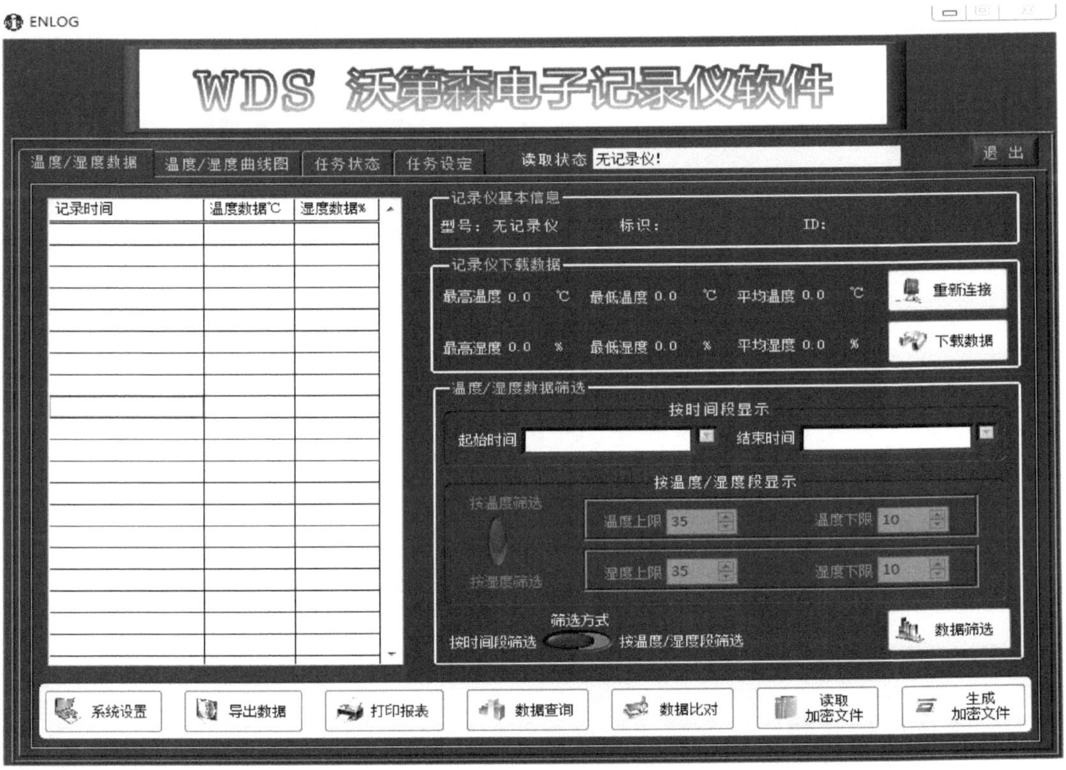

图 8.1.5　Ibutton 电子记录仪软件界面

Ibutton 传感器使用前后都需要将其连接到 Ibutton 电子记录仪软件，进行任务设定，如图 8.1.6 所示。开始测试前，设定 Ibutton 测量数据开始时间、采样频率和温湿度预警参数。其中，采样频率设定为高精度 30 s。测试完成后，需要先对 Ibutton 停止任务，再进行数据读取导出操作。

(5) 电子秤

受试者出汗量通过实验前后对受试者进行称重计算，由于实验条件的局限性，实验前后测量

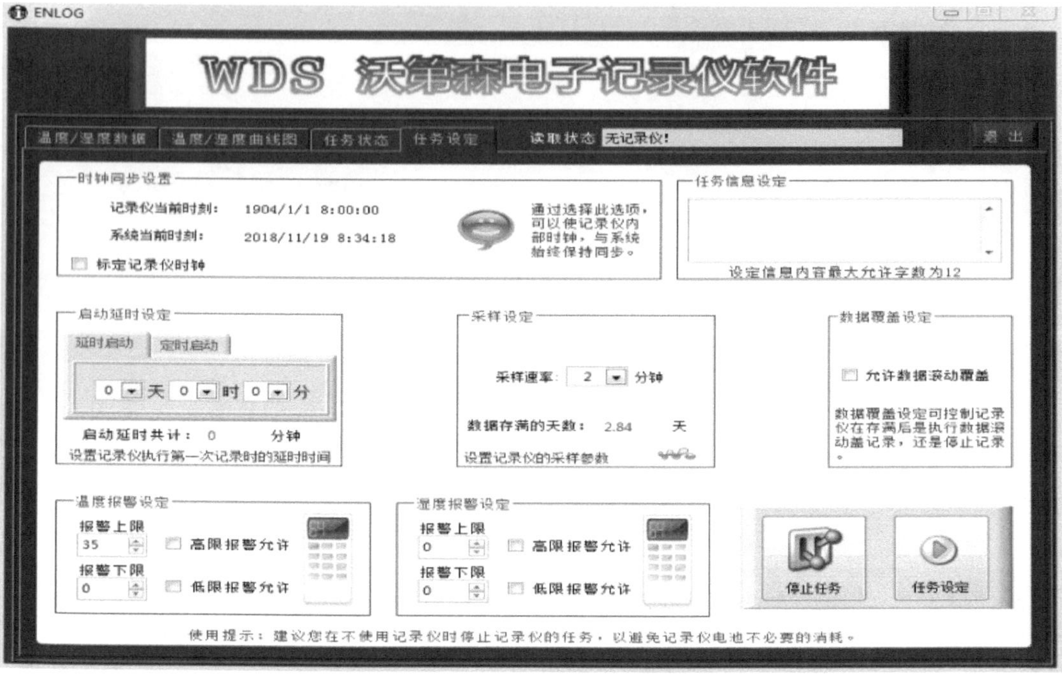

图 8.1.6 任务设定界面

防护服套装重量、人体着装后重量采用如图 8.1.7 所示的高精度称台进行称重,精度为±1 g。

图 8.1.7 高精度称台

3. 测量及评价指标

受试者温度测量主要包括核心温度和皮肤温度。人体核心温度即人体直肠温度,由于实验条件的局限性,无法直接测量直肠温度。本实验通过测量口腔温度代替,人体核心温度的具体表达式如下:

$$T_c = T_{口腔} + 0.3 \tag{8.1.1}$$

实验通过温度传感器一共测量人体 10 个部位的皮肤温度,故平均皮肤温度通过 10 个部位的皮肤温度及其加权因子计算获得[2-3]。其中,10 个部位的加权因子如表 8.1.4 所列。

表 8.1.4　10 个部位的加权因子

人体部位编号	皮肤温度测量部位	加权系数
1	额	0.06
2	背部	0.12
3	胸部	0.12
4	上臂	0.08
5	腹部	0.12
6	下臂	0.06
7	手部	0.05
8	大腿	0.19
9	小腿	0.13
10	足部	0.07

人体平均皮肤温度计算公式如下：

$$T_{sk}=0.06T_{额}+0.12T_{胸部}+0.12T_{腹部}+0.08T_{上臂}+0.12T_{背部}+0.06T_{下臂}+0.05T_{手部}+0.19T_{大腿}+0.13T_{小腿}+0.07T_{足部} \tag{8.1.2}$$

具体人体总出汗量计算公式如下（如果受试者在实验过程中补充生理盐水，则需要考虑生理盐水重量对出汗量的影响）：

$$m_{出汗量}=\begin{cases}(m_{实验前人+服装}-m_{实验前服装})-(m_{实验后人+服装}-m_{实验后服装})\\(m_{实验前人+服装}-m_{实验前服装})-(m_{实验后人+服装}-m_{实验后服装})+m_{饮用水}\end{cases} \tag{8.1.3}$$

人体的热感觉无法直接定量地测量和分析，需要通过调查问卷的方式让受试者对其所处环境下的热感觉进行主观描述，然后采用特定的等级标度来量化热感觉。ASHRAE 七点热感觉标度（见表 8.1.5）是世界范围内常用的描述热感觉状态的标度，因此本实验采用 ASHRAE 七点热感觉标度对受试者主观热感觉调查，受试者通过调查问卷进行主观热感觉评分。

表 8.1.5　ASHRAE 七点热感觉标度

评　分	ASHRAE 热感觉标度
+3	热
+2	暖
+1	微暖
0	中性
−1	微凉
−2	凉
−3	冷

4. 实验流程

① 设定热生理舱环境温度、湿度。

② 设定 Ibutton 传感器任务：设定采样时间、采样频率为每 30 s 采集一个温度数据。

③ 利用高精度称台测量受试者体重、服装重量，记录人体基本参数。

④ 布置测点：利用医用胶带将 Ibutton 传感器按照标记顺序粘贴在受试者皮肤表面，测点位置数量如图 8.1.8 所示。其中，口腔部位的 Ibutton 传感器利用保鲜膜包裹后放入舌底。

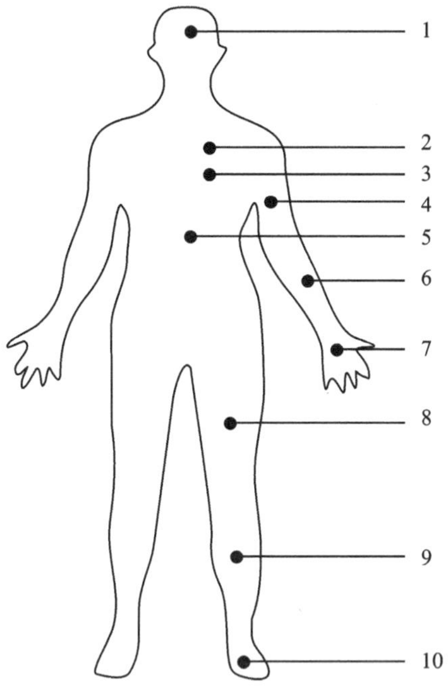

图 8.1.8　人体皮肤温度测量点

⑤ 记录初始心率、血氧饱和度，并填写人体热感觉调查问卷。

⑥ Ibutton 传感器自动记录各测点温度。

⑦ 10 min 后，测量受试者心率、血氧饱和度，并由受试者完成人体热感觉调查问卷，记录数据。

⑧ 每隔 10 min，重复上述步骤。

⑨ 90 min 后结束实验，受试者离开热生理舱。

⑩ 受试者应立即脱掉全身服装，去除 Ibutton 传感器测点。

⑪ 利用精密体重秤测量受试者体重、服装重量。

实验终止条件：实验过程中应随时注意受试者的状态，若受试者的核心温度超过 40 ℃或心率大于 140 bpm，或受试者主观感觉头晕、恶心、胸闷，以至于无法完成实验，应停止实验，保护受试者安全。若生理指标没有超过警戒线，但受试者自我感觉不适，应向受试者提供生理盐水。如饮用后，不适感减轻或消除，可继续实验，否则应立即终止。

5. 数据处理

实验结果以均数±标准差（$\bar{x}\pm s$）表示，各组均数之间的差异采用自身对照 t 检验。采用 SPSS 13.0 统计软件，以 $p<0.05$ 为差异显著性界限。

8.1.4　实验结果

对人体热生理实验结果，本节从心率、血氧饱和度、皮肤温度和主观感觉评分变化情况进行分析。

1. 心　率

如图 8.1.9 所示，在相同温度条件下，受试者穿戴防护服套装 A 和 B 的心率没有显著性差异（$p>0.05$）。同一防护服套装，不同环境温度下，人体心率存在显著性差异（$p<0.05$）。在 20 ℃实验条件下，受试者心率基本保持稳定，在 70～80 bpm 范围内上下波动，没有大幅度升高或降低；在 30 ℃实验条件下，受试者心率随着时间的增加而逐渐增加，受试者穿戴防护服套装 A 和 B 下的心率分别增加 11 bpm 和 8 bpm，上升较为平缓，可以看出，相对于 20 ℃的实

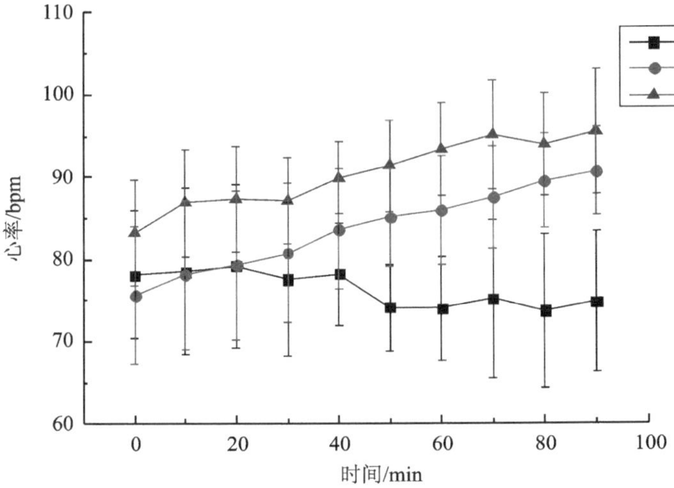

(a) 受试者穿戴防护服套装A的心率变化图

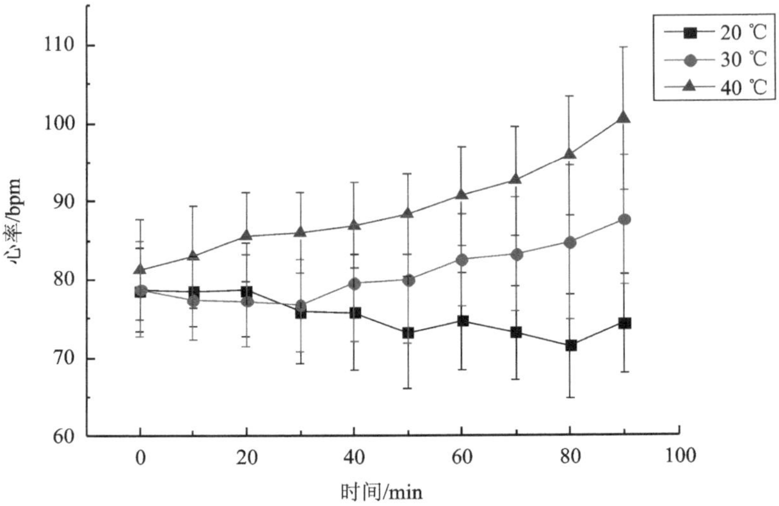

(b) 受试者穿戴防护服套装B的心率变化图

图 8.1.9　受试者穿戴防护服套装 A 和 B 的心率变化图

验条件，心率数值明显增大；在 40 ℃环境温度下，受试者穿戴防护服套装 A 和 B 下的心率分别增加 15 次/分和 20 次/分，相对于 30 ℃的实验条件有较明显的增加，且心率随着时间的增加而显著增加。

综上分析，人体在 20 ℃环境中，人体心率指标保持在稳定状态，当环境温度增加时，人的血管会扩张，这时机体要将血压维持在一定范围内，就会引起心跳加快、心率上升、人体热感觉增加、身体无力或伴有发虚等状况。

2. 血氧饱和度

如图 8.1.10 所示，同一环境温度下，受试者穿戴防护服套装 A 和 B 的血氧饱和度没有显著性差异($p>0.05$)；且同一环境温度下，随着时间的增加，血氧饱和度在一定范围内上下波动，没有大幅度升高或者降低。同一防护服套装，不同环境温度下，血氧饱和度存在显著性差异($p<0.05$)，可以看出，随着环境温度的增加，血氧饱和度整体处于降低状态，20 ℃时，血氧饱和度曲线整体处于上方；30 ℃时，血氧饱和度曲线处于中间；40 ℃时，血氧饱和度曲线处于下方。

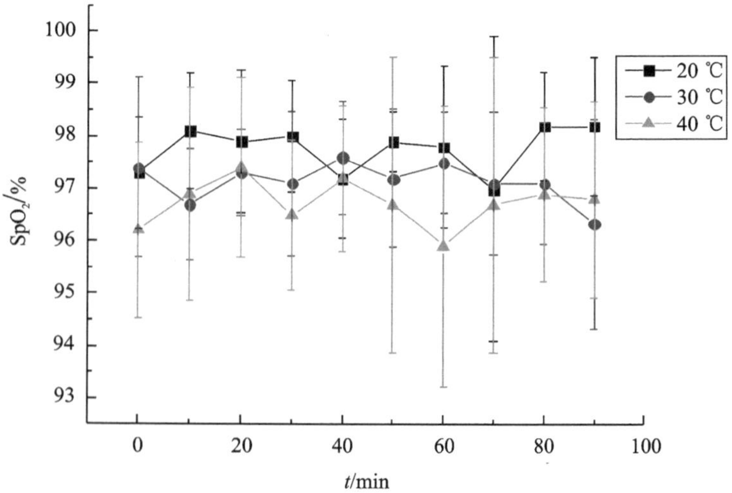

(a) 受试者穿戴防护服套装A下的血氧饱和度变化图

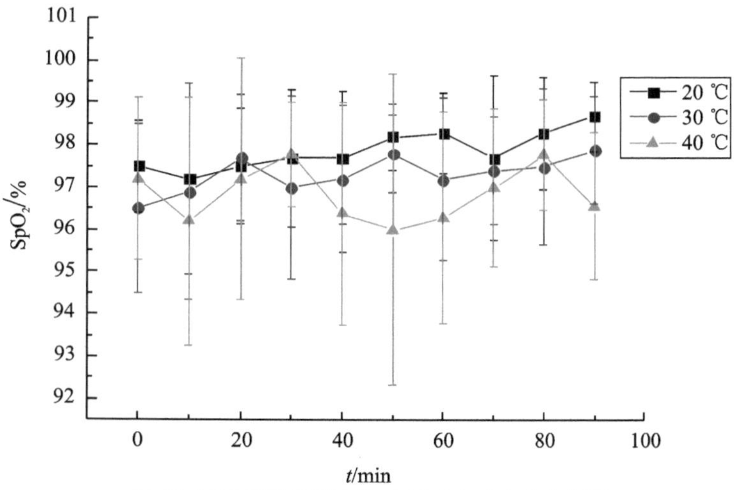

(b) 受试者穿戴防护服套装B下的血氧饱和度变化图

图 8.1.10 被试穿戴防护服套装 A 和 B 的血氧饱和度变化图

这是由于环境温度升高时，人体汗腺活动增强，并且通过皮肤出汗的方式进行散热。此时，人体皮肤组织层血流量增加，从而使得人体其他组织层血流量降低，即动脉血氧分压降低，动脉血携带的血红蛋白降低，故人体血氧饱和度下降。

3. 皮肤温度分布

3 种环境工况下，10 点加权平均皮肤温度及标准方差见表 8.1.6，通过比较可得，20 ℃下平均皮肤温度最低，30 ℃下皮肤平均温度较高，40 ℃下平均皮肤温度最高。其中，20 ℃下平均皮肤温度标准方差最大，30 ℃下次之，40 ℃下最小。实验结果表明，中低温环境下不同节段皮肤温度差异性大于中高温环境和高温环境下不同节段皮肤温度差异性。

表 8.1.6　不同环境温度下 10 点加权平均皮肤温度及标准方差

服　装	环境温度/℃	平均皮肤温度/℃	标准方差
防护服套装 A	20	34.12	2.005
	30	35.60	1.138
	40	37.07	0.568
防护服套装 B	20	34.23	2.052
	30	35.80	1.346
	40	37.09	0.612

图 8.1.11 所示为 3 种环境工况下，受试者穿着两套防护服局部皮肤温度分布。可以看出，随着环境温度的变化，不同节段皮肤温度变化量也不同。根据各节段皮肤温度变化量的大小，将人体节段分为 3 组，分别为皮肤温度变化量较小组：额、胸部、背部和腹部；皮肤温度变化量较大组：手部和足部；皮肤温度变化量居中组：上臂、下臂、大腿和小腿。由数据结果分析可知，在 20 ℃环境温度下，皮肤温度最大值在腹部，最小值在手部，两者相差 2.86 ℃；在 30 ℃环

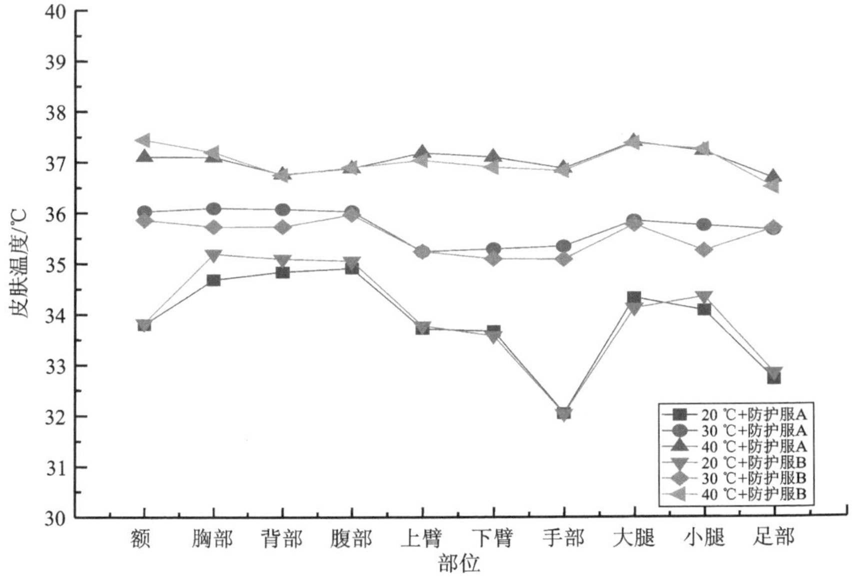

图 8.1.11　不同环境下局部皮肤温度分布

境温度下，皮肤温度最大值在胸部，最小值在手部，两者相差 0.75 ℃；在 40 ℃环境温度下，皮肤温度最大值在腹部，最小值在手部，两者相差 0.52 ℃。

4. 不同工况下热感觉分布

如图 8.1.12 所示，穿戴一套防护服在不同环境温度下，整体热感觉评分具有显著性差异（$p<0.05$），在 20 ℃时，整体热感觉评分在 0 附近上下波动，没有明显的上升或者下降，说明受试者达到热舒适状态，不冷也不热；在 30 ℃时，整体热感觉评分随着时间的增加而逐渐增加，范围在 1～2 之间，整体热舒适性随着热感觉的增加而降低；在 40 ℃时，整体热感觉持续增

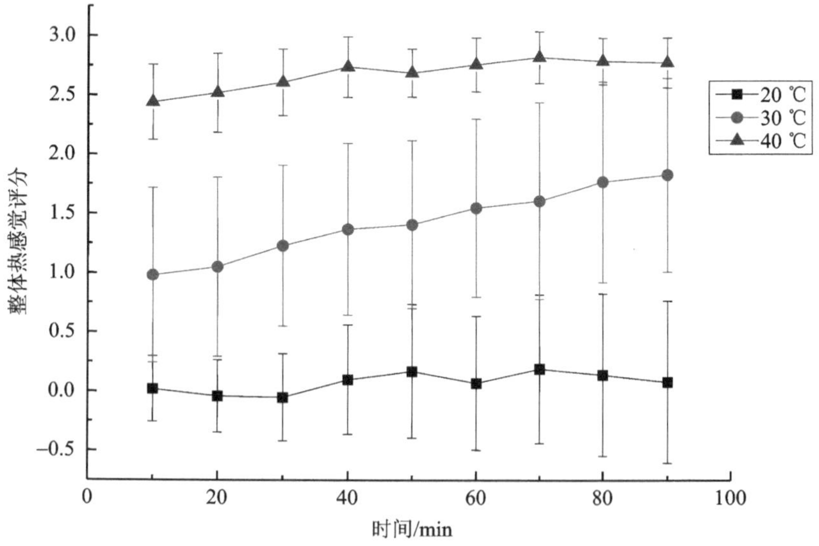

(a) 受试者穿戴防护服套装A时的整体热感觉评分

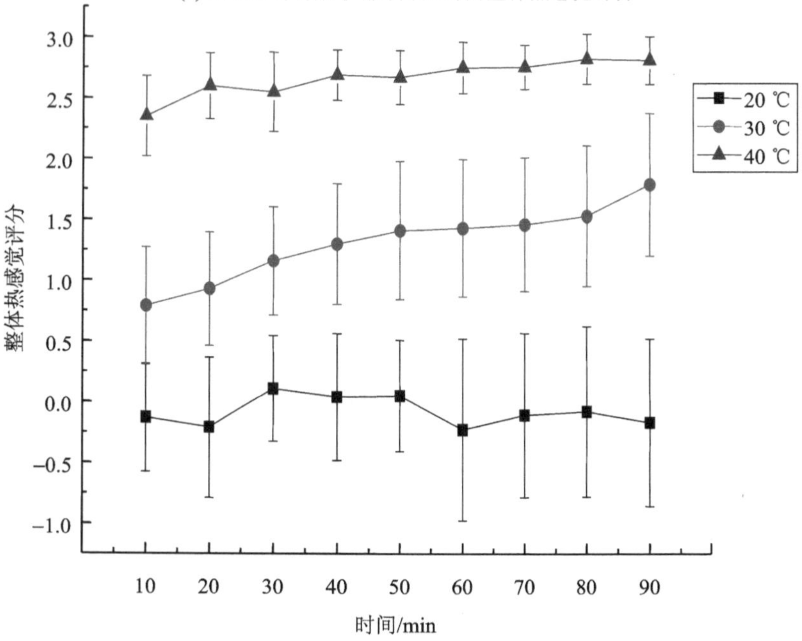

(b) 受试者穿戴防护服套装B时的整体热感觉评分

图 8.1.12 受试者穿戴防护服套装 A 和 B 时的整体热感觉评分

加，范围增加到 2～3 之间，同样，随着时间的增加，整体热感觉逐渐增加。同一环境工况下，受试者穿戴防护服套装 A 和 B 的整体热感觉没有显著性差异($p>0.05$)。

如图 8.1.13 所示，将不同工况下受试者整体热感觉评分和局部热感觉评分进行对比，其中，根据热感觉评分大小分为两组：第一组为局部热感觉评分较高部位，包括头部、胸部、背部、腹部、大腿和小腿；第二组为局部热感觉评分较低部位，包括上臂、下臂、手部和足部。同一环境温度下，受试者穿戴防护服套装 A 和 B 的热感觉没有显著性差异($p>0.05$)；同一套服装下，随着环境温度的增加，整体热感觉和局部热感觉均增加，热舒适性降低。此外，可以看出，20 ℃环境下，不同部位热感觉之间的波动较大，30 ℃环境下次之，40 ℃环境下波动较小，说明温度越高，人体局部热感觉之间的差异性越小。

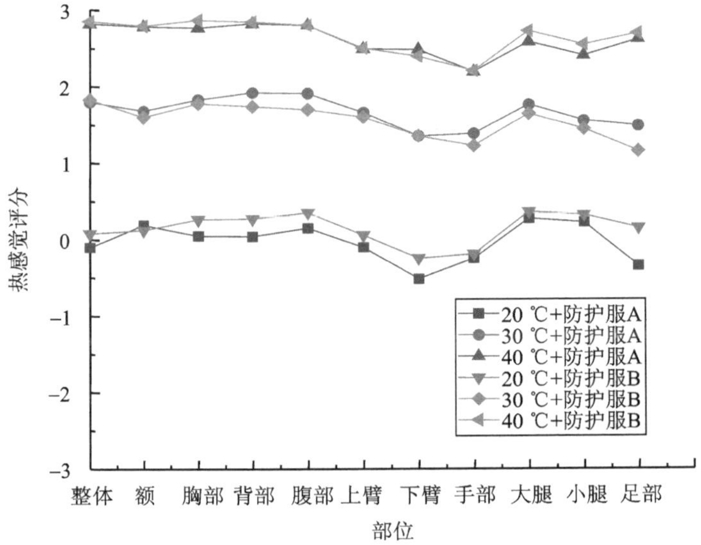

图 8.1.13　不同环境下人体热感觉分布

8.1.5　实验结论

通过实验数据分析，采用串联法求出防护服套装 A 和 B 的热阻值。结果表明，囊式抗荷服囊覆盖面积越大，服装热阻越大。同时进行了人体热生理实验，测量受试者各项生理指标，包括心率、血氧饱和度、核心温度、皮肤温度和出汗量以及受试者主观热感觉评分。人体热生理实验结果如下：随着环境温度的增加，心率增加，血氧饱和度略微减小，人体不同节段皮肤温度和平均皮肤温度增加。人体热感觉随着环境温度的增加而增加。

8.2　高温条件下飞行员生理变化研究

8.2.1　实验背景

随着现代航空科学技术的迅速发展，空中作战模式和理念发生了改变。具有超高空和跨大气层飞行、超声速远航程、灵活起降、超视距作战、隐身、机动敏捷性好等高性能特点的飞机的出现，促使飞行员的生命保障要求变得更高[4]。飞行员个体防护装备为飞行员提供了生理代偿防护的安全保证，而在定制防护装备设计的生理学要求时，主要考虑航空供氧防护和航空环境的热负荷防护这两个问题。

在航空供氧防护中，有一种特殊的情况，当飞行高度在 12 km 以上，座舱失去气密性或弹射救生时，飞行员必须依靠加压供氧来应急救生。但人体对加压供氧的耐受能力是有限的，通常当加压供氧余压超过 4.0 kPa 时，必须配备代偿装备，利用代偿服同时加压以维持肺内外压的平衡。代偿服性能的优劣直接影响到飞行员高空供氧防护的应急救生。正压呼吸时，主要影响的是血液循环系统的功能，由于肺泡充气，导致肺部压力升高，胸部压力也随之升高，最终静脉血流回流受到影响。正压呼吸后胸腔内血流量减少，外周血液增多，同时，外周静脉压升高导致组织液与毛细血管血液交换受阻，组织液增多，导致机体有效循环血量减少，心输出量降低[4]。代偿服通过对人体下肢和腹部提高体表对抗压力，避免了血液在下肢的淤积，保证了重要生命器官的供血充足，增加了人体加压供氧的耐受力。为了减少下肢血液淤积，代偿服设计时通常会有压力梯度要求，即人体不同部位的对抗压力与呼吸面罩内余压之间存在一定的比例关系。代偿服的设计是否合理以及是否能够发挥出最佳的防护效果，不仅取决于服装本身的各种性能参数是否满足压力标准，而且要考虑在一定的加压条件下，循环系统等生理指标能否正常地维持在合理的范围内。

航空环境热负荷是由飞机座舱环境热负荷、飞行员防护装备热负荷、气候和飞行员自身等因素构成的。在炎热季节里，由于高性能战斗机的气动力加热、座舱空调制冷不足、太阳照射、飞机蒙皮与空气摩擦产热、电子设备产热和飞行员代谢热等因素的影响，飞行员会产生不同程度的热负荷[4]。同时飞行员在飞行时需要穿着个体防护装备，由于防护装备不仅种类繁多，而且其制作材质通常为皮革或橡胶类，严重影响飞行员的汗液蒸发，阻止机体散热，引起飞行员的热负荷加重以及一系列生理和心理变化。2001 年有研究发现，某型号战斗机在 200 m 高度高速飞行时，仅用时 29 min 舱内最高温度就达到 42 ℃[5]。如此高的座舱温度，对飞行员的生理将造成严重影响，甚至影响身心健康。未来的高性能战斗机必然会采用大覆盖面积抗荷服进行个体防护，这就进一步加重了飞行员的热负荷，因此飞行员的热防护也显得尤为重要。由于高性能战斗机作战性能的需要和科学技术手段的限制，以及飞行员需要配备各种防护服，单纯地利用座舱环控系统性往往很难实现飞行员所需的舒适温度，因此在环控降温的基础上，采用飞行员个体调温的方式来维持人体热舒适。近几十年来，各种机载个体调温服装也在不断发展，目前主要有通风服和液冷服两种调温服装。

个体防护装备为飞行员提供了安全保证和生理代偿防护效果，保证了飞行员在这两种特殊环境中仍能正常完成飞行任务以及保障自身生命安全。个体防护装备的设计、研制、测试和使用离不开生理鉴定实验，通过模拟飞机高空飞行时座舱的环境条件，验证个体防护装备正常飞行条件下的代偿防护性能，主要考虑以下指标：人体生理参数、服装舒适性和工效水平。而地面模拟实验，流程复杂，周期长，结果易受受试者因素主观影响，并且难以达到个别特殊条件，很难更快更准确地反映出个体防护装备的代偿性能。

在航空航天领域中，由于大多数条件无法达到而难以开展实验研究来观察人体的生理反应。此时，计算机技术的高速发展，为各学科的研究提供了新的方法：数字仿真。对生理系统的研究而言，数字仿真弥补了实验测量手段的不足，已经发展成为生理系统研究的基本方法。为了研究两种航空特殊环境中出现的人体生理变化，通过建立仿真模型分析飞行员加压和高温条件下的血液动力学特点，可为人体实验提供理论依据，保障其安全性。同时，生理参数也可作为反映个体防护装备防护性能优劣的重要指标，结合主观、工效和生理数据以及装备的防护性能进行定量分析，为飞行员的个体防护装备的改进和选用提供指导意见。

8.2.2　实验目的

本实验的主要目的是通过模拟战斗机座舱的高温环境，观察和记录受试者完成作业的质量，得到详细的工效学特征和生理参数的变化数据，并分析它们的变化原因，从而确定飞行员高温工效评价的方法和最优评价指标体系。

8.2.3　实验方法

1. 受试者招募及特征

受试者为 10 名男性青年，要求身体健康且皮肤无大面积创伤，未经过热习服。（注：热习服是指生物体在热的反复作用下，产生一系列有利于适应热环境和提高耐热能力变化的现象。）

由于受试者还要参加后续的实验，所以在选取受试者的过程中，参考了某型号代偿服的设计尺寸，受试者要求身长为 167～175 cm，躯干垂直围为 160～175 cm，大腿上围为 51～61 cm，腋下胸围为 85～100 cm。受试者的身体特征参数如表 8.2.1 所列。

表 8.2.1　受试者身体特征参数

序　号	年龄/岁	身高/cm	躯干垂直围/cm	大腿上围/cm	腋下胸围/cm
1	25	173	170	57	90
2	23	169	168	58	93
3	23	172	170	56	92
4	22	173	170	59	96
5	22	175	171	58	95
6	22	175	172	58	93
7	23	175	169	57	92
8	37	175	174	55	91
9	23	174	170	60	99
10	22	169	167	52	86

2. 实验设备及测试参数

（1）出汗量测试

受试者的出汗量是由受试者实验前后裸体重量的差值得到的。裸体体重由精确度为 ±5 g 的精密秤称量得到，但在精密秤测量过程中需要先知道受试者的大概重量，因此还需要一个普通体重秤。

（2）热应激指数

Nunneley 等制定出的用于预测夏季昼间战斗机低空飞行时座舱内热负荷强度的战斗机热应激指数（Fighter Index of Thermal Stress，FITS），一直被美国空军指挥部门采用，它对保障飞行安全、维护飞行员身心健康起到了极为重要的作用。至今，美国和英国空军仍将其作为预测机场高温环境的重要指标。目前，我国空军初步开展了 FITS 的应用性验证实验，在此基础上对照综合热应激指数(Combined Index of Heat Stress，CIHS)，为我国空军应用 FITS 预测战斗机座舱热负荷提供了参考。

综合热应激指数是一种用来判断环境热负荷的综合指标，计算公式如下：

$$\mathrm{CIHS}=0.01\Delta \mathrm{HB}+\Delta \overline{T}_{\mathrm{b}}+0.1\mathrm{Sweat}+S \tag{8.2.1}$$

$$S=3.49\times \Delta \overline{T}_{\mathrm{b}} \tag{8.2.2}$$

式中：S 为人体热积，kJ/min；ΔHB 为心率增值，b/min；$\Delta \overline{T}_{\mathrm{b}}$ 为平均体温增值，℃；Sweat 为出汗量，g/min。

(3) 心率和血压

世界卫生组织(WHO)唯一认可的测量血压的方法是柯式音测量法，目前医院使用的台式水银血压计就采用该种测量法。台式水银血压计测量准确，但需掌握一定的使用知识，需配合助听器，使用不方便；而且实验过程中，受试者和实验人员是完全隔离的，因此使用台式水银血压计是非常费时费力的，所以改为使用电子血压计(见图 8.2.1)。

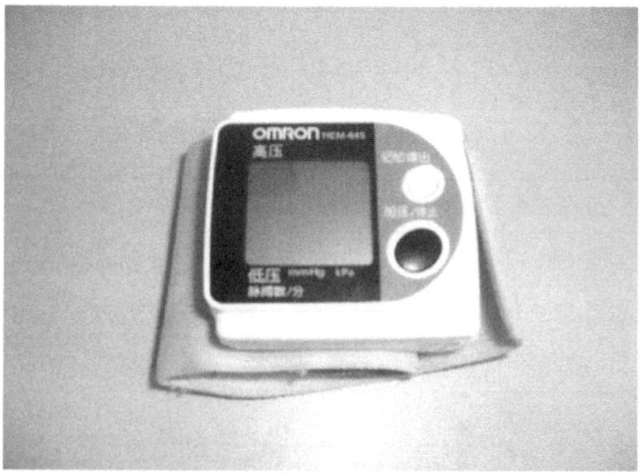

图 8.2.1　电子血压计

电子血压计属于医疗器械，是血压计的一种，是医疗器械和家用医疗器械智能化的体现。大多数电子血压计都是普通血压计与电子分析控制终端相连，计算机会自动加压并根据情况控制加减幅度。

台式水银血压计采用的是柯氏音测量法，医生在给袖带放气过程中通过听诊器来听血管内血液流动的声音，判断何时是收缩压，何时是舒张压。而电子血压计采用的是示波法，示波法是通过测量血液流动时对血管壁产生的振动，在袖带放气过程中，只要袖带内压强与血管压强相同，则振动最强。上述两种测量原理本质上是一样的，但是，台式水银血压计通过水银柱的高度测量压强，其本身准确度较高(影响水银柱高度的因素虽然很多，但在测量血压时那些影响可以忽略不计)；而利用电子血压计测量压强是通过压敏器件实现的，这类器件本身就难以保证其长期稳定性。另外，使用方法不当也会造成较大的误差，正确的使用方法是，测试过程中袖带(或腕带、指环)保持与心脏同一水平位置，还要静坐、情绪稳定。但在高温工效实验中，受试者常常处于作业状态，情绪很难保持稳定，从而会造成测量不准。但是，由于其操作简易、快捷、无需专业知识，并且可同时测量心率，节省空间和时间，因此牺牲一定的测量精度还是可取的。

(4) 平均体温

平均体温可通过以下公式计算：

$$T_b = 0.8t_c + 0.2t_s \tag{8.2.3}$$

其中，t_c＝口腔温度＋0.3 ℃；t_s 是通过 17 点加权平均得到的加权平均皮肤温度，17 点加权系数如表 8.2.2 所列。

表 8.2.2　17 点加权系数

测量部位	加权系数	测量部位	加权系数
额	0.037 0	左前臂	0.075 0
颈	0.037 0	手(左右)	0.050 0
背	0.063 0	右大腿前	0.087 5
腰	0.063 0	左大腿后	0.087 5
胸	0.063 0	右小腿前	0.087 5
腹	0.063 0	左小腿后	0.087 5
臀	0.063 0	足(左右)	0.060 0
右上臂	0.075 0		

实验中用 Pt100 铠装铂电阻测量人体表面 17 点温度以及口腔温度。与环境温度测温点不同的是，为了固定方便，铠装外壳全部被加工成扁平状。铂电阻与 16 路数据巡检仪的每个通道通过航空插头相连接，航空插头可以拆分开，方便贴点和数据线的连接。采集到的数据由巡检仪输出端经 RS232 传输给计算机，由组态王记录和分析。需要注意的是，无论哪种用途的铂电阻，都需要在标定之后才能使用。方法是通过建立一个换算关系式，找出测量值与实际值之间的关系。这里近似地认为铂电阻在 100 ℃以下的换算公式是线性的，因此可通过两点法求得换算曲线。选取 0 ℃冰混合物以及 25 ℃常温环境，读取铂电阻测量值，就可以画出修正曲线。

软件使用组态王编写的监控程序，除了可实时测量皮肤表温度之外，还可通过一段程序实现加权平均温度和平均体温的输出。组态王还可制作历史报表，方便处理数据。在编写软件的过程中，我们已将加权系数代入式子中，所有的温度输出结果都是高温舱内的真实值(见图 8.2.2)。

本实验中的人体重量和服装重量在实验前后各测量一次，血压、心率、皮肤表面温度和口腔温度均在实验中每 10 min 记录一次。皮肤表面温度用组态王监控，血压、心率和口腔温度采用人工记录。

(5) 工效学参数和测量仪器

工效学实验主要分为 5 方面：握力、感知觉、智力、手指灵活性和反应，每 20 min 进行一轮实验，每一轮都要测试全部内容，每轮大约耗时 5 min。

握力：由电子握力计(见图 8.2.3)测出，单位为千克。测量中应将传感器对准掌心，四指握杆。每一轮实验握力只测一次。

感知觉：用精密度为 0.1 g 的电子精密秤(见图 8.2.4)测量得到，单位为克。测量中应保持右手悬空，用食指触碰精密秤中心位置，得到的数据为能够感受到触感的最小数值。实验过程中，受试者应闭紧双眼，每一轮实验感知测 3 次。

智力：智力作业采用做算术题的方法，记录完成时间和错误率。为了测试高温对不同难度

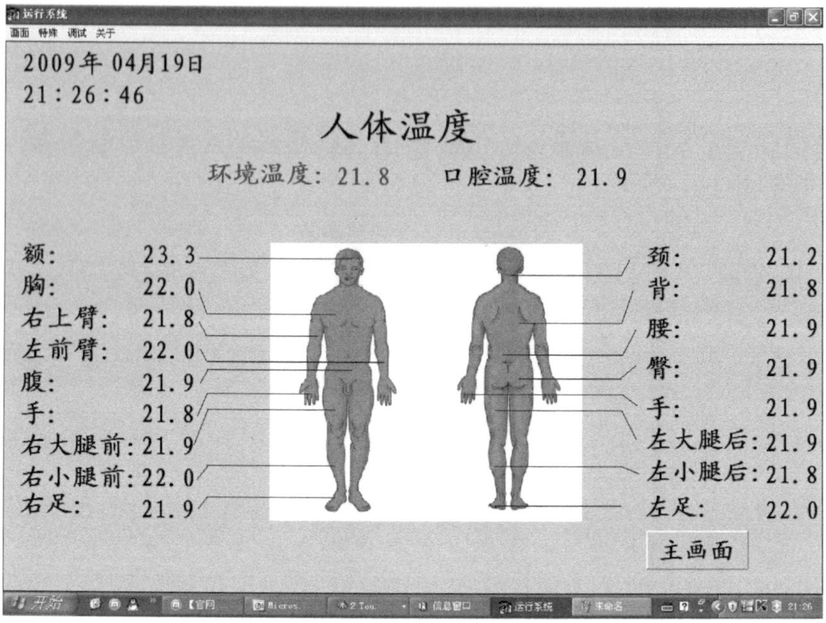

图 8.2.2　组态王监控软件

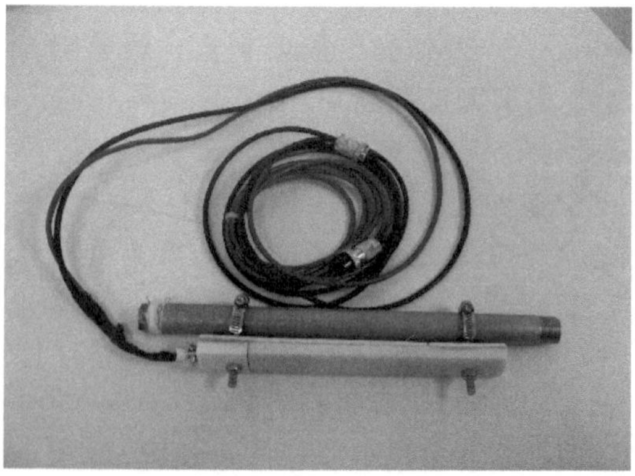

图 8.2.3　电子握力计

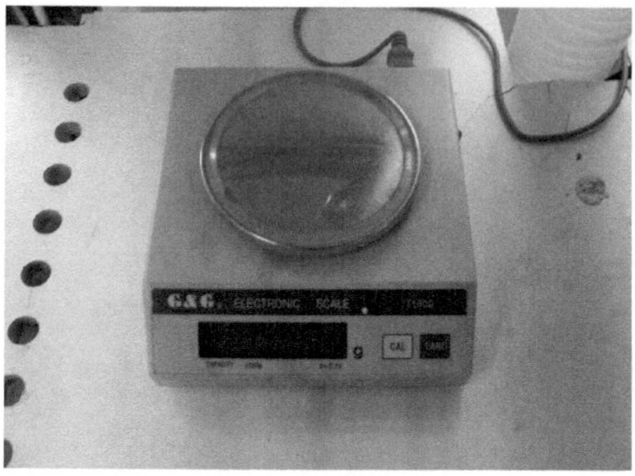

图 8.2.4　电子精密秤

的智力作业的影响，将 40 ℃实验中的受试者分成了两组：第一组做 0～10 以内的混合运算；第二组做 10～100 的加减法；45 ℃实验时全部进行 10～100 的加减法。实验中将为受试者提供一台计算机，其中包含测试软件。每一轮智力实验测一次。智力测试软件如图 8.2.5 所示。

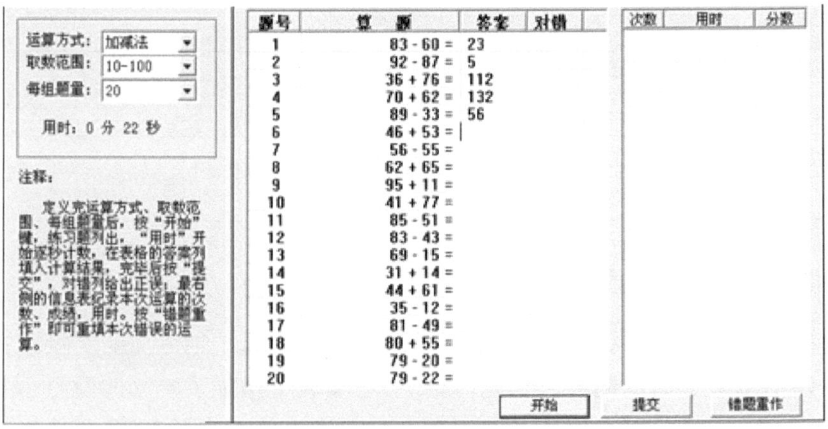

图 8.2.5　智力测试软件

手指灵活性：采用北大青鸟的 BD－Ⅱ－601 型手指灵活性测试仪（见图 8.2.6）来测量。实验方法为，将 10 根金属插棒放在左手手心里，用右手每次取一根小棍，从左到右依次插满第一行的 10 个小孔，记录所需要的时间，每轮实验只进行一次。

反应：采用北大青鸟 BD－Ⅱ－513 型反应时运动时测试仪（见图 8.2.7）来测量。本仪器是根据心理教学和科研要求设计的，用来测定人对目标刺激的反应时间和运动时间，检验优势手的反应时间和运动时间是否相关，并可测试和记录受试者手臂等有节奏的敲击动作，从而了解受试者在声音或灯光刺激下的反应时间和运动完成时间，辨别受试者的敏捷性、坚持性和准确性。

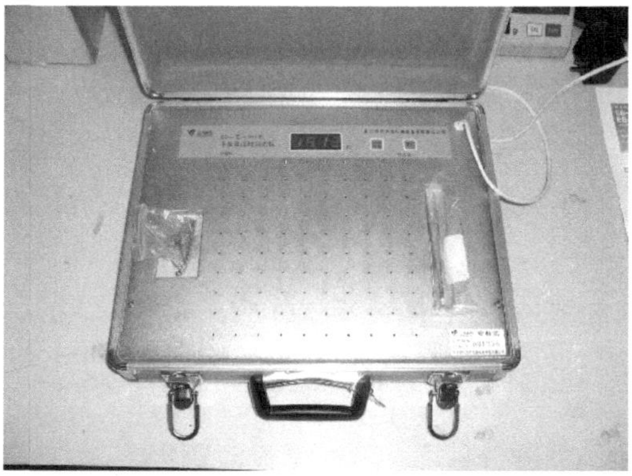

图 8.2.6　手指灵活性测试仪

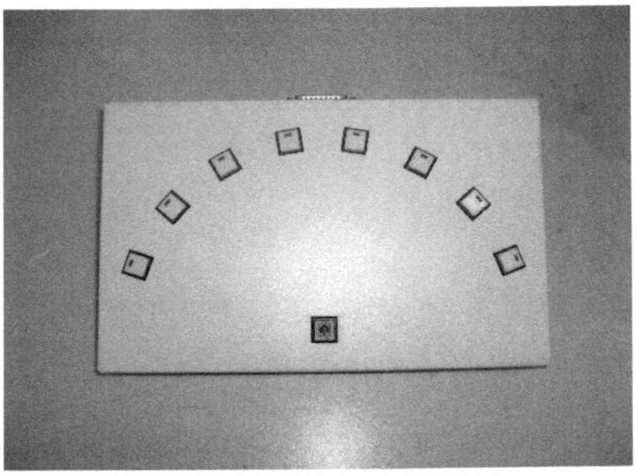

图 8.2.7　反应时运动时测试仪

该仪器共设有 4 种实验，这里只进行实验Ⅰ：测试反应时及 8 个方位键的运动时。实验采用受试者专用键盘箱，包括 1 个反应键和 8 个方向的运动键，其中，反应键与运动键之间的距离为 140 mm，面板 16°倾斜。

3. 实验工况

实验工况如表 8.2.3 所列。

表 8.2.3　实验工况

工　况	环境温度/℃	相对湿度/%	风速/($m \cdot s^{-1}$)
1	常温(25)	50	<0.1
2	40	50	<0.1
3	45	50	<0.1

4. 实验流程及注意事项

在设计实验流程的过程中,参照了空军某研究所关于高温生理方面的文献和实验流程,并向相关人员咨询了细节方面的问题。在此基础上,在实验中增加了自己的设想,并在实验进行中不断发现问题,并予以完善,该研究所的负责人也曾多次前来指导本实验,并从他们的角度,提出了很多宝贵的意见。经过对最初 5 次实验中发现的问题进行改进,最终的方案如下:

正式实验前:

① 向受试者讲解实验流程,使其熟悉整个实验过程。

② 向受试者介绍血压计的使用方法及口腔测温点的放置位置。注意:测量血压时应将血压计放在与心脏同样的高度,测量过程中不能说话;口腔测温点应放在舌下,用舌头顶住,并紧闭双唇。

③ 向受试者介绍全部工效设备的使用方法,并使其熟悉操作要领;受试者操作工效设备,记录工效测试数据,记录次数与正式实验相同,但实际可以根据受试者的熟悉程度,适当地增加两到三次,取其中的最优者为准。

a. 感知觉:受试者在闭眼的情况下,用右手食指触摸精密秤表面,一旦感觉到触感,立即抬起手指,实验人员记录显示屏上出现的最大值。本节共进行 3 次。注意:实验过程中闭眼并用手指触摸秤盘的中心部位。

b. 反应时、运动时测试:实验人员开启设备,受试者按规范动作进行实验。测试结束后,记录反应时和运动时。本节仅进行一次。注意:在测量过程中,受试者只能使用右手食指操作仪器。

c. 手指灵活性测试:受试者将手指灵活性测试仪搬到实验台上,接电,按照规范动作进行实验。测试结束后记录完成时间。本节仅进行一次。注意:在将测试仪插头插入插线板中时,不能插得太紧,否则不易将插头取下。

d. 智力测试:受试者用笔记本电脑中的软件计算 20 道计算题,记录完成时间及正确率。本节仅进行一次。注意:若发现计算错误,不必理会,向下做即可。

e. 握力测试:实验人员对握力计清零,受试者用右手以规范动作抓握握力计,记录最大握力。本节进行一次。注意:握力计白色部分应正对虎口,且每次都应握在握力计中点部分,以防止数据波动。

正式实验:

① 视加热温度而定,提前 30 min～1 h 来到实验室,对实验舱进行加温加湿。注意排气扇是否打开、加湿器是否缺水、三球温度仪的湿球上纱布是否有水以及各工效测量设备是否放置

在正确位置(手指灵活性测试仪应放在受试者左手侧,使用时再放到实验台上,以节约操作台空间)。

② 提前准备测温点、胶布、夹线的夹子;准备服装、拖鞋和毛巾;体重精密秤调零,打开称量服装重量的电子秤,准备血压计。

③ 监控组态王中实验舱环境温度,使之达到合适的工况条件。组态王正常工作时间是 2 h,应随时注意,防止组态王自己关闭,丢失数据。

④ 在实验舱温度稳定在工况温度时,通知受试者开始实验。受试者首先在普通体重秤上测出大概的重量,然后脱去全部衣物(包括内衣),在精密秤上测量出准确体重。实验人员将其内裤、袜子与准备好的服装和毛巾放在袋子里,然后放在电子秤上测量准确重量。

⑤ 称重完成之后,受试者将指定的衣物穿上,包括袜子。实验人员将测温点粘贴全身各指定部位上,线全部从腰部导出并用夹子固定。受试者在常温环境下用血压计测量心率和血压,口腔温度测点用保鲜膜包起来后放在舌下。

⑥ 受试者进入实验舱,实验人员陪同进入并关闭舱门,防止大量漏热导致舱内温度骤降。以受试者进舱的时刻为 0 时刻,实验人员应立刻将数据线接通,读取口腔温度和此时的三球温度。进入时,将毛巾、笔记本电脑、血压计、主观调查表和笔带入实验舱。完成准备工作后实验人员再出来。

⑦ 受试者根据已熟悉的动作规范,操作工效设备,作一组工效测试,记录各项工效数据。

⑧ 当实验进行到 10 min 时,受试者将口腔测温点放入口腔内,测量口腔温度;用血压计测量血压及心率;记录 10 min 的口腔温度、血压和心率,记录三球温度仪的各数据,并填写 10 min 的主观感觉调查表。(以后每隔 10 min,重复上述步骤。)

⑨ 在第 20 min、40 min、60 min、80 min 时,重复步骤⑦,记录各时刻温度、工效、生理数据。

⑩ 90 min 实验完成时,保存组态王中的数据,关闭实验舱全部的电源。受试者在实验人员的帮助下,走出实验舱,立即脱掉全部衣物,去掉测温点,测量裸体体重。所有衣物,包括擦汗的毛巾、袜子、内裤,全部放入袋子中称重。记录实验后的体重及服装重量。注意:在受试者出舱前,给实验室加温,以防受试者出舱时受凉,并准备好温水让受试者做完实验后补水。受试者补充水分,感觉正常后,填写工效实验的主观调查表。

⑪ 实验人员整理实验台,包括所有实验设备、测温点的线;打扫实验台卫生,清洗实验服装,进行实验记录;分析实验数据,准备下一次实验。

注: 实验过程中应随时注意受试者的状态,若受试者的口腔温度超过 40 ℃或心率大于 140 bpm,应停止实验,保护受试者安全。若生理指标没有超过警戒线,但受试者自我感觉不适,应向受试者提供生理盐水。如饮用后,不适感减轻或消除,则可继续实验,否则应立即终止。

8.2.4　实验结果

1. 生理数据分析

(1) 出汗量与 CIHS

如表 8.2.4 所列,45 ℃比 40 ℃单位时间出汗量要大。根据美国空军的标准,CIHS 为

6.60 是飞行员热应激的安全限，此限值的 60%以下(3.96)为轻度热应激，达到此限值的 60%～100%(3.96～6.60)为中度热应激，超过此值时为重度热应激。由于受试者身着内衣，无法实时测量受试者的出汗量，因此受试者的 CIHS 值只能在实验后计算，CIHS 的计算结果为：40 ℃，9.83；45 ℃，17.28。对应于热应激安全线(6.60)的比值分别在 149%和 261%，都属于重度热应激，如表 8.2.5 所列。

表 8.2.4 单位时间出汗量

实验工况/℃	单位时间出汗量/($g \cdot min^{-1}$)
40	7.831
45	9.389

表 8.2.5 CIHS

实验工况/℃	CIHS	与热应激安全线的比值/%	热应激水平
40	9.83	149	重度热应激
45	17.28	261	重度热应激

(2) 加权平均皮肤温度和平均体温分析

从图 8.2.8 中可以看出，加权平均皮肤温度一直在上升，40 ℃和 45 ℃下分别上升了 2.8 ℃和 4 ℃，最终为 37.7 ℃和 39.6 ℃。从图 8.2.8 中可以看出，人体可以通过热调节减轻高温环境对身体的影响，但是这种调节存在上限。在高温下进行作业，不能完全依靠人体自身来调节，在很高的温度下，还需要其他的降温措施。

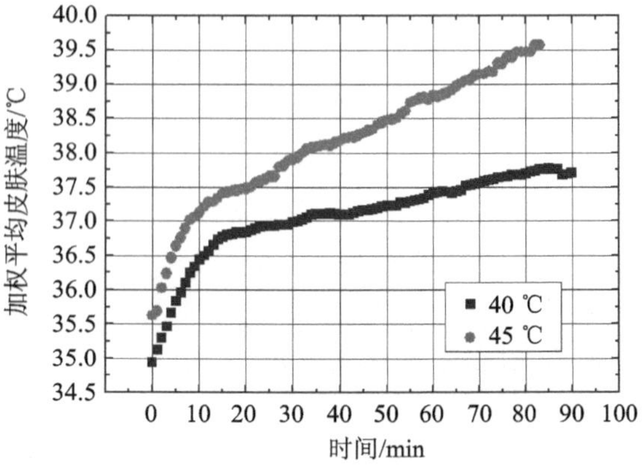

图 8.2.8 加权平均皮肤温度变化趋势图

如图 8.2.9 所示，皮肤表面平均温度有明显的上升($p<0.05$)，平均体温分别上升了 1.88 ℃和 3.52 ℃，终止时刻为 40.45 ℃和 39.01 ℃。但 45 ℃的平均体温在 60 min 处有下降。这可能是受试者在 40～60 min 这个时间段内频繁补充水分造成的。饮水虽然没有降低体温，但却使口腔温度降低了，导致实际测量到的口腔温度与身体核心温度的差值远远大于 0.3 ℃，计算得到的平均体温下降。40 ℃实验中，受试者都没有饮水，因此数据稳定上升。因此可以判定，这种下降是测量的误差造成的，实际上平均体温是在上升的。

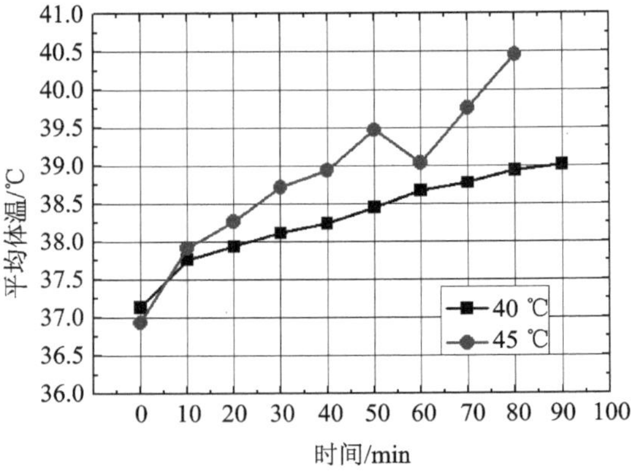

图 8.2.9　平均体温变化趋势图

(3) 血压和心率

从图 8.2.10 中可以看出，40 ℃和 45 ℃的高压没有呈现出明显的趋势，但是低压有下降，而且变化趋势很明显（$p<0.05$）。这可能是由植物神经中副交感神经的兴奋造成的，但高压为何没有随之变化，原因还不得而知。通过计算，压差分别增大了 6.9 mmHg 和 13.8 mmHg（注：1 mmHg=0.133 kPa）。

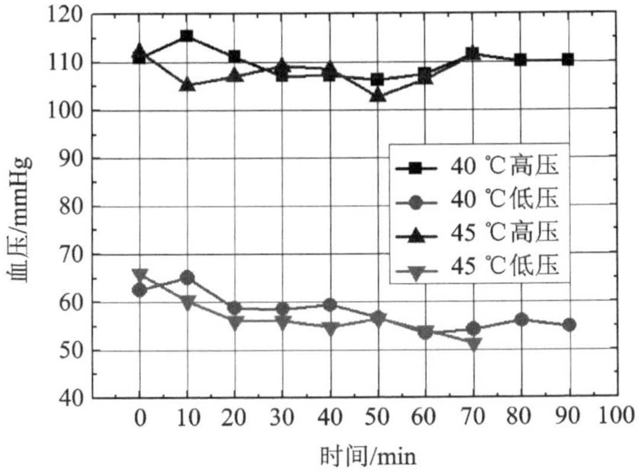

图 8.2.10　血压变化趋势图

从图 8.2.11 可以看出，在高温环境下，随着时间的延长，心率呈明显的增大趋势（$p<0.01$）。心率的增加与人体体温的升高有明显的关系。人体热调节机制促进单位面积上的血流量增加，以增大排汗量，增加蒸发量，降低体温。心脏的搏动是血液流动的动力来源，要想增加总的心血输出量，只有增加每搏输出量和搏动次数，两者的变化可以通过压差和心率来反映。45 ℃高温实验中，受试者都会在 40 min 时补充水分，通过这种方法来降低体温，降低血流量。从图 8.2.11 中可以看到，心率也随之稳定和降低，但血压变化不明显。因此，心率可以作为一个高温生理状况的评价标志。

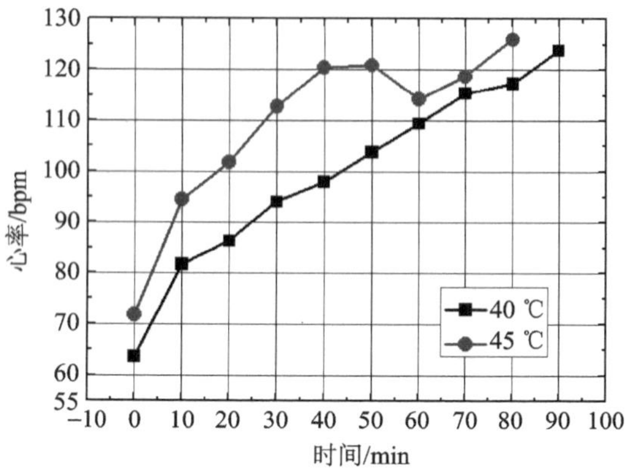

图 8.2.11 心率变化趋势图

2. 工效学数据分析

(1) 握 力

从图 8.2.12 可以看出，与常温下的握力值相比，不论是 40 ℃还是 45 ℃的数据都呈下降趋势，但下降不明显($p>0.05$)，最终握力比常温下下降了 8.35%(40 ℃)和 12.8%(45 ℃)；并且在结果中，60 min 的数据略有波动。从理论上讲，握力值的减小可能由以下两方面的因素造成：握力疲劳和高温影响。由于每一组握力实验间隔时间为 20 min，肌肉的疲劳已经足够恢复，因此认为握力疲劳对结果的影响较小，应该是由高温因素造成的。

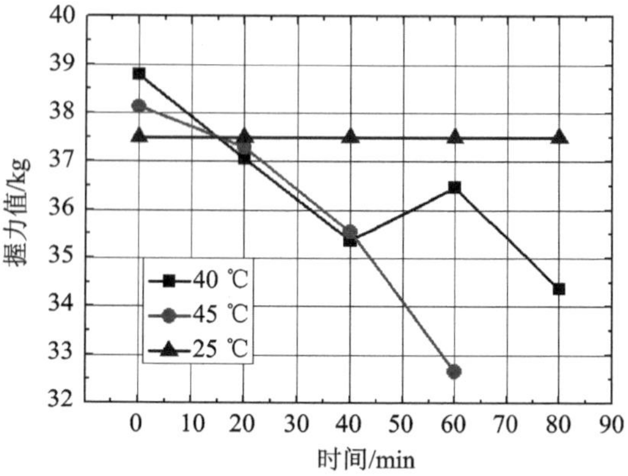

图 8.2.12 握力变化曲线

高温对握力的影响机理主要分为以下两点：

① 高温会造成人体酶活性的下降，肌肉组织的运动需要线粒体产生 ATP，提供能量，线粒体酶活性的下降会造成能量供应下降，进而引起肌肉功能的障碍。

② 人体内环境的稳定对组织的功能起着重要作用，高温环境造成人体水分和电解质(主要是氯化钠和碳酸钙)的大量流失，进而引起体力的下降，表现为四肢酸软无力、抽筋。电解质中的一种重要成分是钙离子，它是肌肉运动中不可或缺的成分。

Huxley(1969)提出了一套微丝滑行学说(sliding filament theory)，作为肌肉收缩原理的解释。根据这套学说，肌肉收缩是由于肌动蛋白微丝(细丝)在肌球蛋白微丝(粗丝)之上滑行所致。在整个收缩的过程中，肌球蛋白微丝和肌动蛋白微丝本身的长度则没有改变。

在肌肉收缩系统中相关的蛋白包括：肌球蛋白(myosin)、原肌球蛋白(Tropomyosin, Tm)、肌钙蛋白(Troponin, Tn)。肌细胞上的动作电位引起肌浆网钙离子电位门通道开启，肌浆中的钙离子浓度升高。肌钙蛋白与钙离子结合，引发原肌球蛋白构象改变和位移，暴露出肌动蛋白与肌球蛋白的结合位点。肌球蛋白通过结合与水解 ATP，不断发生周期性的构象改变，引起粗肌丝和细肌丝的相对滑动。原理如下：①肌球蛋白结合 ATP 引起头部和肌动蛋白纤维分离；②ATP 水解，引起头部与肌动蛋白弱结合；③Pi 释放，头部与肌动蛋白强结合，头部向 M 线方向弯曲(微丝的负极)，引起细肌丝向 M 线方向移动；④二磷酸腺苷(ADP)释放，头部与肌动蛋白纤维分离，如此循环；⑤运动完成，钙离子被重新吸收回肌浆网储存。

滑动学说演示图如图 8.2.13 所示。

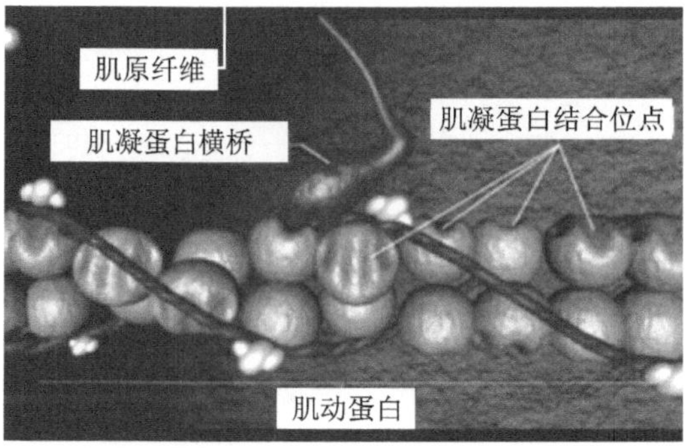

(a) 肌肉收缩系统中相关的蛋白

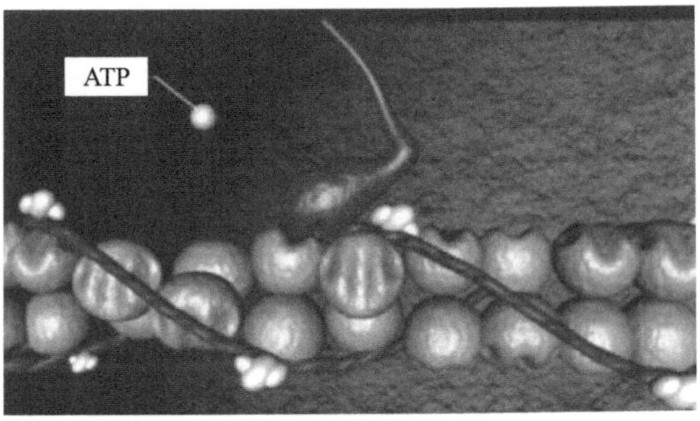

(b) 肌球蛋白结合ATP，引起头部和肌动蛋白纤维分离

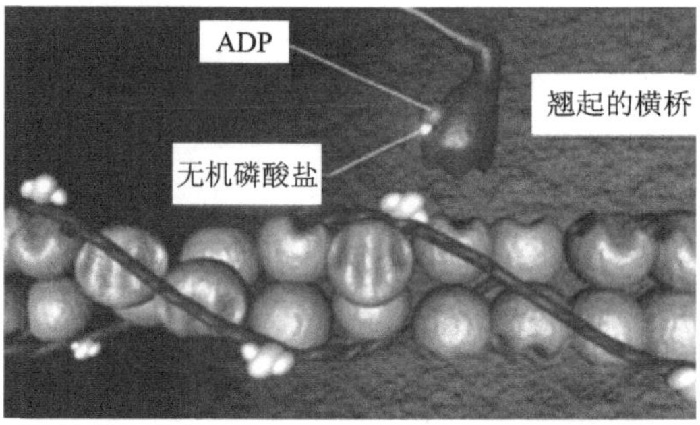

(c) ATP水解，引起头部与肌动蛋白弱结合(1)

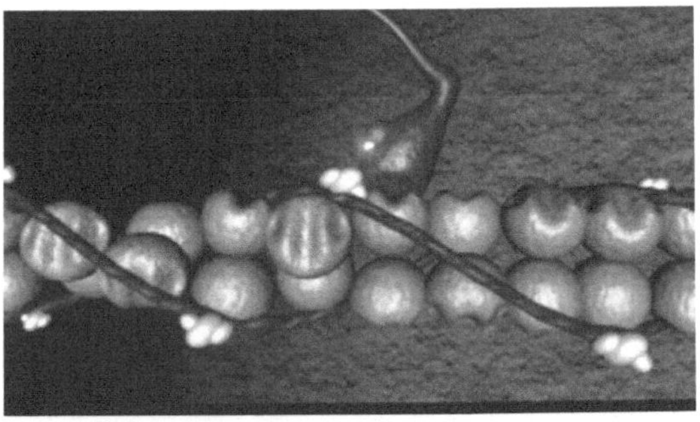

(d) ATP水解，引起头部与肌动蛋白弱结合(2)

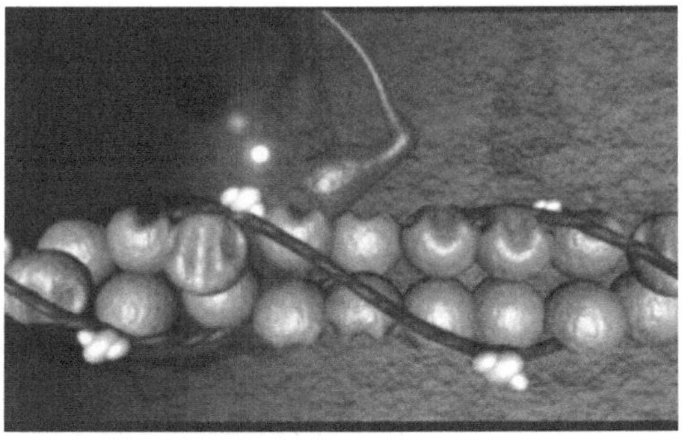

(e) ADP释放，头部与肌动蛋白纤维分离

图 8.2.13　滑动学说演示图

从上述可以看出，钙离子流失会造成肌肉运动的障碍，严重者会造成肌肉痉挛。实验中发现少数受试者的手指在做动作时有颤抖现象；实验结束时，站立困难，怀疑与肌肉功能的障碍有关。

（2）感知觉

由图 8.2.14(a)中的曲线可以明显看出，受高温的影响，受试者能够感觉到的最小感知觉在不断增大。与常温相比，40 ℃时和 45 ℃时分别增大了 2.89 倍和 4.36 倍。SPSS 分析的结果表明，实验结果与常温相比，有明显差异($p<0.05$)，尤其是 45 ℃时的数据差异极其显著($p<0.01$)。可以认为高温对感知觉造成了严重影响。

将感知觉与 CIHS 的变化趋势相比较(见图 8.2.14(b)和图 8.2.14(c))，可以发现，CIHS 的值达到热应激安全线的时刻与感知觉显著降低的时刻(40 ℃：40 min；45 ℃：20 min)几乎是一致的，即高温引起的生理和工效变化是同时发生的。

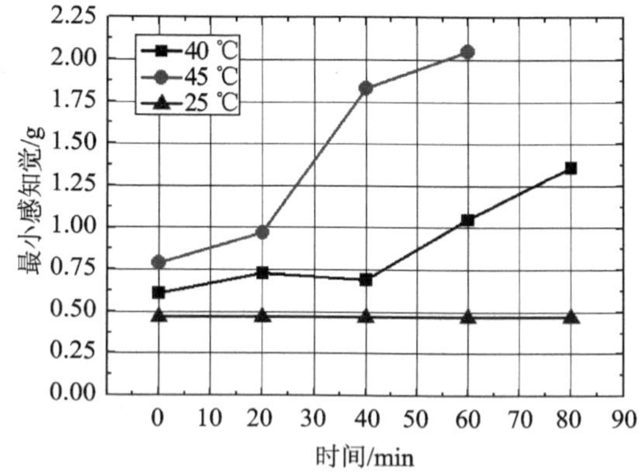

(a) 40 ℃和45 ℃感知觉比较

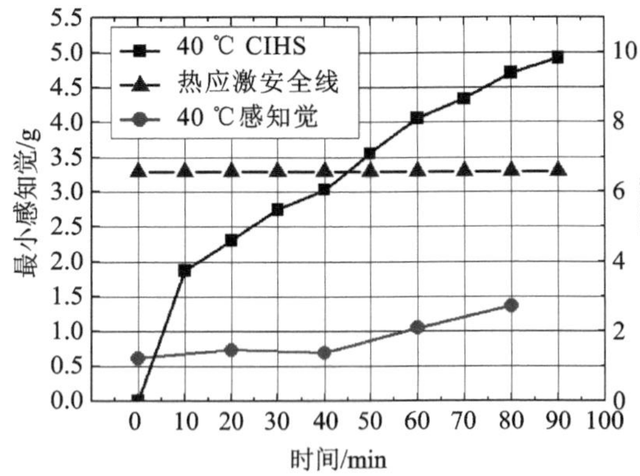

(b) 40 ℃感知觉和40 ℃ CIHS的比较

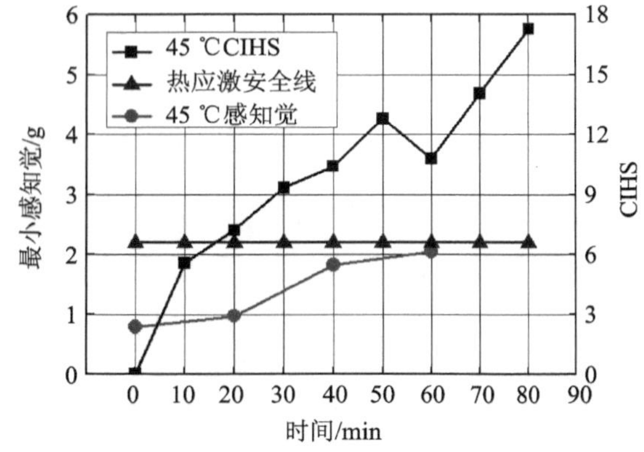

(c) 45 ℃感知觉和45 ℃ CIHS的比较

图 8.2.14 感知觉变化曲线

除了上述分析的手指颤抖可能对感知觉造成影响之外，受试者在 45 ℃实验后普遍表示上肢或者全身有麻木感，但最先开始麻木的部位并不一致，少数受试者伴有头痛、胸闷等并发症状。这可能是造成显著性差异的主要原因。手指麻木会导致手指的触觉灵敏度降低，从而导致最小感知觉的上升。

肢体麻木的原因有很多,但就本实验而言,由于肢体麻木是从局部开始的,经过适当休息后,麻木感消失,因此有可能是植物神经功能紊乱性麻木。这种麻木部位多不固定,时轻时重,病人常伴有焦虑、烦躁、失眠、多梦、记忆力减退、心慌气短和周身乏力等症状,一般多能自愈。这与受试者的叙述有很多相似性。

脊神经由脊髓发出,主要分布于躯干、四肢,司理运动与感觉。由脑和脊髓发出的内脏神经,主要分布在内脏,控制与调协内脏、血管、腺体等功能。因不受人意志支配,故称自主神经,也称植物神经。植物神经分为交感神经和副交感神经。交感神经是植物神经系统的重要组成部分,由脊髓发出的神经纤维到交感神经节,再由此发出纤维分布到内脏、心血管和腺体。交感神经的主要功能是使瞳孔散大,心跳加快,皮肤及内脏血管收缩,冠状动脉扩张,血压上升,小支气管舒张,胃肠蠕动减弱,膀胱壁肌肉松弛,唾液分泌减少,汗腺分泌汗液,立毛肌收缩,等等。当机体处于紧张活动状态时,交感神经活动起主要作用。

副交感神经系统的作用与交感神经作用相反,它虽不如交感神经系统具有明显的一致性,但也有相当关系。它的纤维分布于四肢,汗腺竖直肌、肾上腺、甲状腺、子宫等也有副交感神经分布。副交感神经系统可保持身体在安静状态下的生理平衡,其作用有 3 方面:增进胃肠的活动、消化腺的分泌,促进大小便的排出,保持身体的能量。瞳孔缩小以减少刺激,促进肝糖元的生成,以储蓄能源。心跳减慢,血压降低,支气管缩小,以节省不必要的消耗。人体在正常情况下,功能相反的交感和副交感神经处于相互平衡制约中。在这两个神经系统中,当一方起正作用时,另一方则起负作用,很好地平衡协调和控制身体的生理活动,便是植物神经的功能。

如果植物神经系统的平衡被打破,便会出现各种各样的功能障碍。这被称为植物神经紊乱症或植物神经失调症。因为植物神经是贯通全身的,因此植物紊乱神经症也是遍及全身的,除去像前述的那些症状之外,还会出现头痛、头晕、低烧、畏寒、高血压、低血压、呕吐、便秘、腹泻、失眠、耳鸣、腰痛、肥胖、消瘦、肩周炎、目眩、手脚发痛、肌肉跳动、胸部有压迫感等症状。这些症状不是单独出现的,而是若干症状汇合后出现的,这便是植物神经紊乱症的特征之一。

植物神经紊乱症,除去有先天性的体质因素之外,尚有心理、环境因素等。

(3) 手指灵活性

按照预期,手指灵活性应随着时间的推移而降低,表现为完成时间的延长。但实际情况与预期有很大出入,如图 8.2.15 所示。完成时间从开始到结束,基本上是稳定的($p>0.05$),在很多时间点上还略有加快,但是并不能说高温对手指灵活性没有影响,或者提高了手指灵活

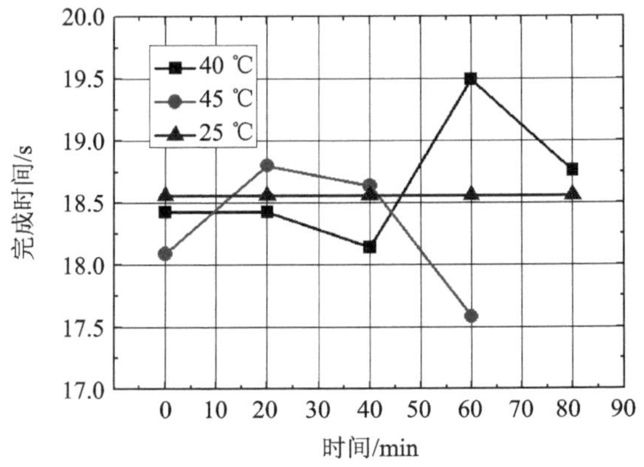

图 8.2.15　手指灵活性变化曲线

性，这里还有其他因素影响了实验结果，将在后续章节中详细阐述。

(4) 反　应

40 ℃下的反应时间(见图 8.2.16)没有反映出明显的变化趋势，相对而言，45 ℃下的数据更加明显。初始阶段，反应时间缩短了，说明受试者的反应能力有所提高，而且变化显著($p<0.05$)。但是，随着时间的延长，反应开始变慢。从 45 ℃下的反应时和运动时(见图 8.2.17)的比较中可以看出，高温主要对反应阶段影响较大，对运动阶段影响较小。高温会造成听觉警惕性的下降，造成反应能力的下降，同时也会造成大脑判断能力的下降。

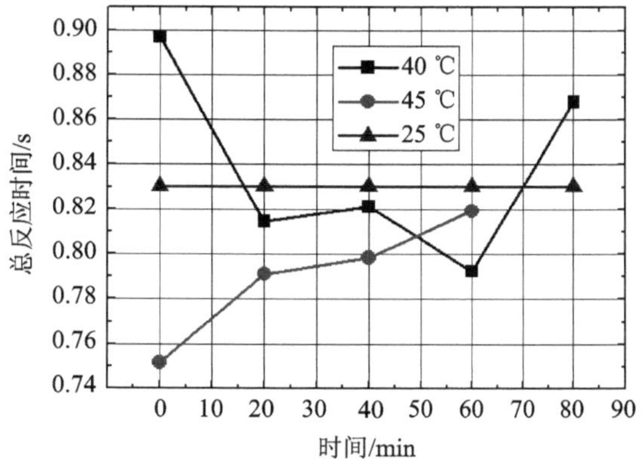

图 8.2.16　反应变化趋势图

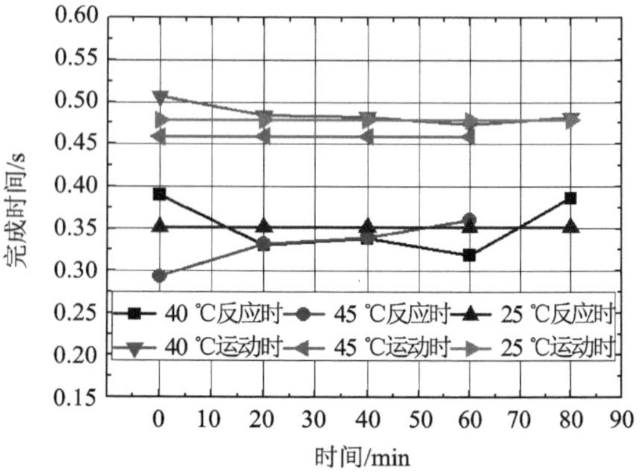

图 8.2.17　反应时和运动时的变化曲线图

(5) 智　力

如图 8.2.18 所示，从 40 ℃时的简单运算和复杂运算的比较中可以发现，随着时间的延长，智力运算的完成时间不但没有延长反而缩短了。由于题目是随机生成的，故不存在熟练度的问题，因此认为高温加快了思维逻辑运算的速度，经过 SPSS 处理显示，简单运算组具有明显差异性($p<0.05$)，而复杂运算组差异性不明显($p>0.05$)。简单运算的正确率没有明显降低，但复杂运算的正确率下降了，只是这种降低并不明显($p>0.05$)。此外，对 40 ℃和 45 ℃环境下的复杂运算组进行了分析，发现完成时间都呈下降趋势，但变化都不显著($p>0.05$)。正确率有所下降，45 ℃时的下降非常显著($p<0.01$)，可能是由于受试者长时间处于高温环境

中，对大脑功能造成了轻微的损坏。受试者普遍反映在 45 ℃时有头晕的现象产生，耐热时间普遍降低。高温使人烦躁、注意力不集中，还可能造成判断失误，导致正确率下降。

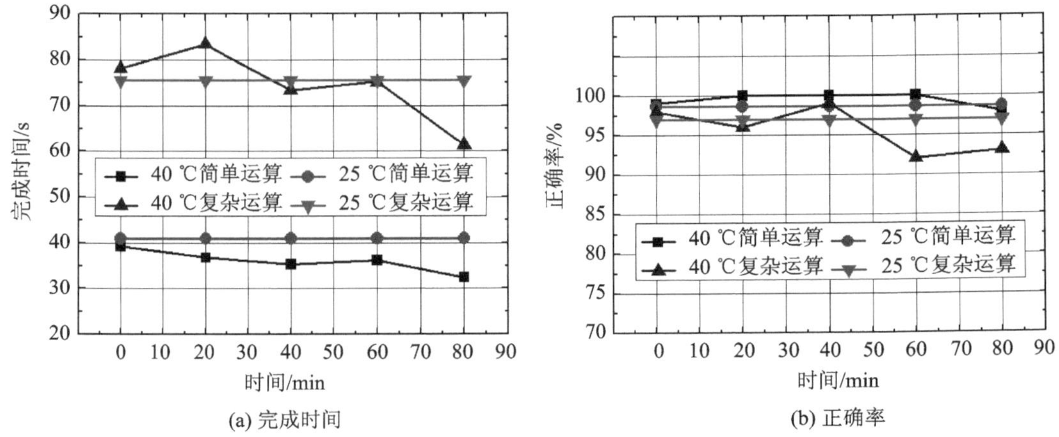

图 8.2.18　40 ℃时的简单运算与复杂运算

3. 主观调查

每次实验进行中，受试者都需填写生理和努力程度主观调查表，实验后要填写作业工效调查表，主观调查表将每种情况的影响程度分为 4～6 个等级，分别赋予分值。受试者根据自己的主观判断填写。根据所有实验者在每个等级选择的人数占总人数的比例进行加权，与等级分值相乘，最终得到每个动作的综合评价分值。分析结果如下：

温度舒适性：随着时间的延长，受试者对温度的感觉越来越强烈。相同时间段内，45 ℃时的感觉都要比 40 ℃时的强，受试者在 45 ℃时的耐热能力比 40 ℃时的低，这与 CIHS 的分析结果是一致的。

全身皮肤潮湿感觉：随着时间的延长，出汗量在增大，但是到 60 min 时趋于稳定。相同时间段内，45 ℃时的出汗速率都要比 40 ℃时的大，与出汗量的分析一致。

高温作业工效：主观调查中，受试者认为温度越高，对智力作业的影响就越大。力量和手指灵活性也受到很大影响，感知和反应影响较小。这与分析结果有很大差异，感知和反应是分析后认为变化比较大的参数，但受试者普遍感觉影响较小，作者认为受试者的主观感觉是有误差的。由于实验中大部分的工效学数据，受试者是无法看到的，因此并不清楚自己的实际情况；而且感知和反应的测量数据都比较小，人体本身可能感觉不出来，所以实验分析无误。

操作努力程度：为了对某些变化趋势不明显的数据进行补充说明，实验中特别增加了操作努力程度的主观调查。从中不难发现，随着时间的延长，操作努力程度也随之加强了，虽然从测量结果本身来看没有太明显的变化，但实际上为了维持作业的稳定性，受试者需要付出更多的努力。因此可以说明，高温对某些智力作业和技巧作业是有影响的，并不能仅仅从实验数据得出结论。

8.2.5　实验结论

高温座舱环境对飞行员存在着影响，本实验的研究结论如下：

① 生理参数方面：舒张压略有减少，压差有增加。加权平均皮肤温度、平均体温和心率都

有明显的上升。

② 工效参数方面：高温对感知觉的影响比较严重；反应在初始时段是加快的，但随着时间的延长而降低；握力略有下降；温度越高对智力作业的影响越严重，对手指灵活性的影响较小。

③ 操作努力程度会随着时间的延长而上升。

④ 在飞行员实际飞行中，可以把体温、心率和感知作为判定飞行员身体状况的标准。

⑤ 在 40 ℃下飞行时间建议不超过 40 min，在 45 ℃下不超过 20 min，否则飞行绩效会降低。

参考文献

[1] 庞诚．高温环境与工作效率[J]．自然杂志，1991，14(2)：129-133.

[2] 欧阳骅．服装卫生学[M]．北京：人民军医出版社，1985.

[3] 余志斌．航空航天生理学[M]．西安：第四军医大学出版社，2008.

[4] Janský L，et al. Skin temperature changes in humans induced by local peripheral cooling [J]. Journal of Thermal Biolog，2003,28：429-437.

[5] Shizer A，et al. Application of A Lumped-parameter Heat Exchange Model to Cold-induced Temperature and Blood Flow Measurements in the Finger-tip[J]. Therm. Biol，1996，21(4)：213-222.

第9章　飞行员个体防护装备力学实验研究

9.1　高空代偿服工效学问题验证及方法探讨

高空代偿服(Partial Pressure Suit,PPS)又称分压服,主要用于飞行员高空飞行时的低压代偿,是飞行员个体防护装备的主要防护部件之一,穿着后存在着人体力学方面的工效学问题,如活动性和力量的影响(服装对人体活动的限制也会影响肢体末端的施力,削弱力量能力)。另外,从人-机-环境系统看,穿上高空代偿服后,飞行员处于防护状态,人的工效水平取决于人-代偿服系统的工效水平[1-2]。高空代偿服对人体活动性的约束会影响飞行员的任务操纵能力,因此,着装人体的操作绩效问题也是高空代偿服的另一个工效学问题。对航空装备专家和飞行员的调查结果也印证了这方面的工效学问题。因此,本节主要对高空代偿服的人体力学和操作绩效问题进行实验研究。

9.1.1　实验背景

随着我国航空事业的迅速发展,我们必须实现个体防护装备的现代化和高效化;随着高性能飞机的发展及个体防护装备技术的不断更新,高空代偿服的生命保障及防护功能已日趋完善,对高空代偿服研究的工作重点已由功能研究转向工效研究。但是,对于高空代偿服的人体力学和操作绩效的工效研究内容很少,国内外尚无系统、规范的研究方法和工效指标可借鉴,还有很多工作有待于进一步研究。本节首先简单介绍高空代偿服的使用环境及功能特点,并根据国内外防护服工效研究成果,提出高空代偿服可能存在的工效学问题;然后对本节拟采用的人体三维运动捕捉系统的原理和方法进行分析,说明将其应用于高空代偿服工效研究的可能性和优越性;最后根据提出的工效问题和研究方法进行实验研究,并对结果进行分析,定量地验证工效研究的必要性和研究方法的可行性。

高空代偿服有两种使用环境:第一种是在高空飞机正常飞行(此时增压舱密封性能完好)时使用,这时代偿服拉力管内不充压,高空代偿服对人体的影响类似于普通的非压力防护服;第二种使用环境是座舱密封性遭到破坏或弹射离机,这时代偿服拉力管内充压,高空代偿服对人体的影响在某些方面上与航天服等压力防护服相像。由目前的研究现状可知,无论是航空个体防护装备,还是航天服、军用防护服、工农业防护服以及医用防护服等,均对人体的活动性及操作绩效存在一定的影响,由此推断,高空代偿服也必然对人体的活动性和操作绩效等有一定的影响。

高空代偿服的功能原理是利用服装衣面为人体体表提供对抗压力,减少因加压供氧给人体带来的不良影响,提高人体耐受加压供氧的能力。我军原来大量应用于各机种的代偿服多为侧管式分压服(capstan partial pressure suit),或叫侧管式代偿服(见图 9.1.1)。侧管式代偿服利用绞盘原理(见图 9.1.2),从上肢起,沿躯干至下肢服装的两侧各有一纵向走向的橡胶拉力管,橡胶管与服装布面经“8”字绞索调节带连接构成拉力管。当氧气系统按加压结构调节的要求(其压力值为供氧面罩呼吸压力的 5 倍或 10 倍)给拉力管充气时,管腔膨胀(见图 9.1.3),调节系带被绷紧,收紧服装的布面,包紧躯干和肢体对体表施加对抗压力。服装绷紧后,高空代偿服产生的机械式对抗压力对人体表面产生压痛与不舒适感,服装膨胀后增大了体积阻碍和限制人体活动,这些因素必然影响着装人体的活动性、灵活性及操作绩效等。代偿服必须进行正确的调整,每个飞行员应在机务人员或航医配合下认真进行选择和调整,代偿服穿在贴身的针织内衣外面,在坐式状态下调整调节绳,使其均匀贴紧身体,但不感到呼吸困难和妨碍操作动作。而且,为了防止应急情况下代偿服起不到应有的保护作用而发生危险,不能调得过于松弛,因此,在服装不充压情况下,由于连身的代偿服紧贴身体,也会对身体活动产生一定的影响。

图 9.1.1　侧管式代偿服

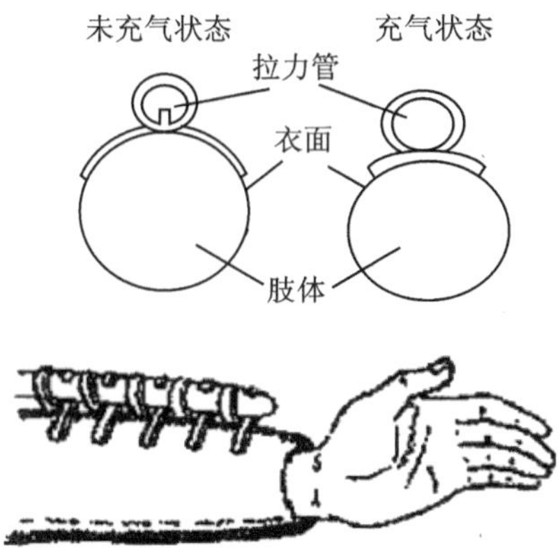

图 9.1.2　侧管式代偿服加压原理图

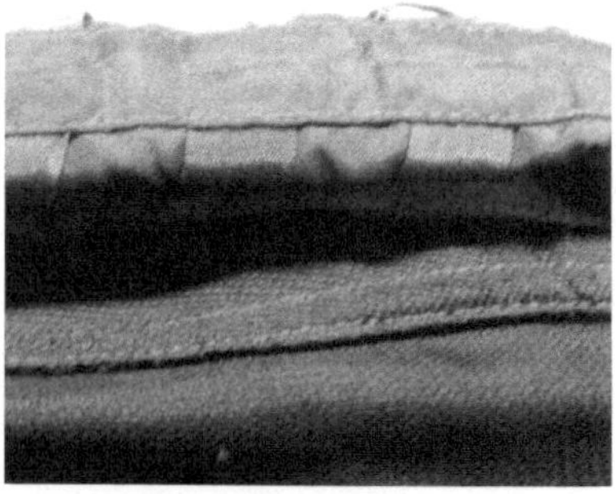

(a) 未充气的拉力管

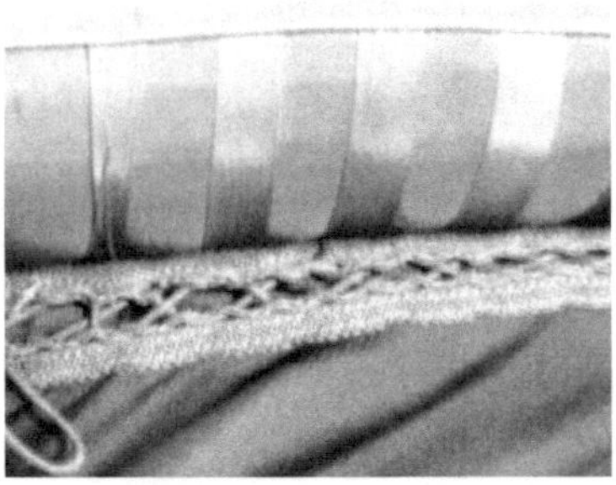

(b) 充气膨胀后的拉力管

图 9.1.3　代偿服拉力管充气前后

9.1.2　实验目的

本实验提出的高空代偿服工效研究旨在提高我国高空代偿服工效水平，为高空代偿服工效学设计、鉴定及改进提供依据，进一步改善飞行员的任务操作能力，同时也为座舱人-机界面设计和任务规划等提供一定的参考。目前，高空代偿服工效研究中亟须解决的两个问题是工效研究方法及指标体系，这两个问题的解决对于航空工效的发展具有一定的现实意义。本节主要是开展了高空代偿服工效问题验证和方法探讨，主要研究目的有两个：验证高空代偿服工效研究的重要性和探讨高空代偿服工效研究方法。

9.1.3　实验方法

1. 受试者招募及特征

9 名在读男性大学生，身体健康，年龄 25～28 岁，身高 165～176 cm，体重 55～67 kg，均为右利手，自愿参加实验，明确实验目的。所有受试者在实验前均接受培训，已熟练掌握实验项目。

2. 实验所用设备

(1) 三维运动捕捉系统

三维运动捕捉系统是一种用于准确测量运动物体在三维运动捕捉空间内运动状况的技术设备。它基于计算机图形学原理，通过排布在空间中的数个视频捕捉设备将运动物体(跟踪器)的运动状况以图像的形式记录下来，然后使用计算机对该图像数据进行处理，得到不同时间计量单位上不同物体(跟踪器)的空间坐标(X,Y,Z)。最后利用系统分析软件在数字环境中对运动过程进行三维重构，重构后的数据有以下应用：

① 运动疾病的医学评估；

② 运动竞技的理解和改进；

③ 电影、游戏等的动画制作；

④ 工程设计中虚拟现实环境中的运动数据。

本实验采用的 VICON 460 三维运动捕捉系统是由英国 VICON MOTION SYSTEM LIMITED 公司生产的一套设备(见图 9.1.4)，它主要由硬件系统数据中心(Datastation)、摄像头和网络等)和软件系统(Workstation、Polygon 和 Bodybuilder 等)两大系统组成。VICON 460 三维运动捕捉系统的工作原理是利用一组红外摄像头同时记录三维捕捉空间的运动，并在数字环境中对运动过程进行三维重构。一个典型的运动捕捉空间(见图 9.1.5)由许多高分辨率的摄像头围成，每个摄像头的一周均安装有 LED 闪光灯。本系统有 6 个摄像头同时进行采样，采样频率为 120 Hz。6 个摄像头围成一个圆形的捕捉空间，数据采集区在这个捕捉空间的中心。实验时，受试者身上粘贴有反光的 Marker 点，Marker 点的粘贴位置按照解剖学和生理学严格定义，必须按照要求正确粘贴。进行人体全身运动捕捉时 Marker 点粘贴位置如图 9.1.6 所示。

当受试者在捕捉空间运动时，Marker 点会将来自闪光灯的红外线返回到摄像头，然后摄像头的光敏感板将根据这种反馈创建视频信号。这种视频信号在数据中心进行处理和存储

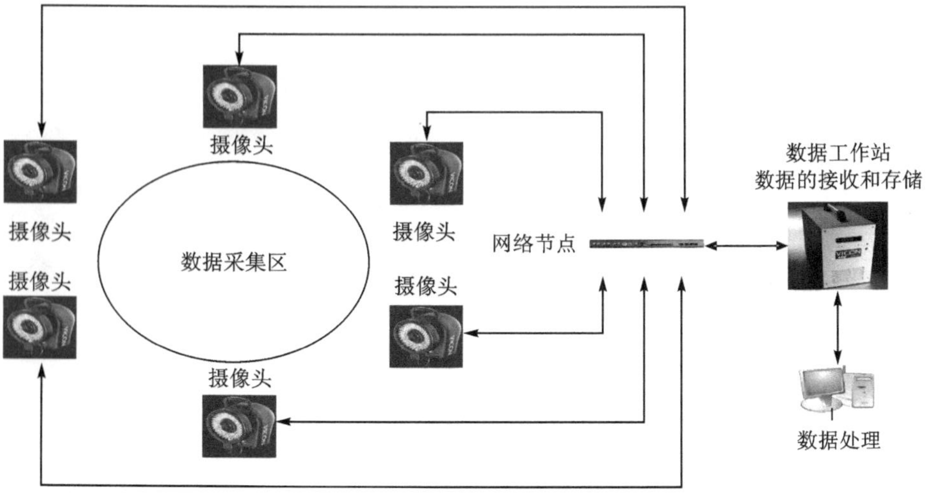

图 9.1.4　VICON 460 三维运动捕捉系统

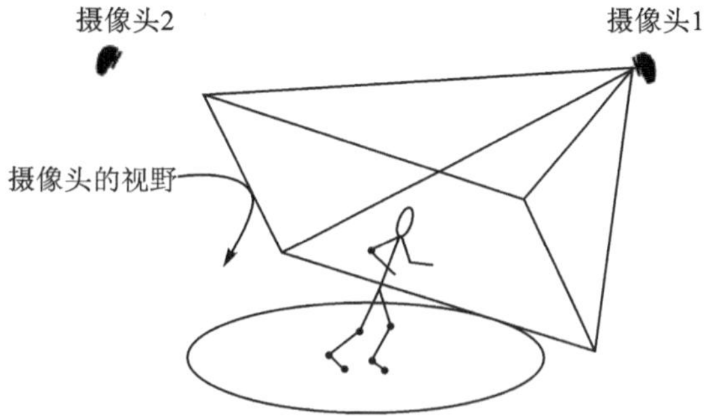

图 9.1.5　典型的运动捕捉空间

后，再传送到工作站(Workstation)。Workstation 是 VICON 460 三维运动捕捉系统配套软件中最主要的应用软件，主要用来收集和处理原始的视频数据。它把从每个摄像头获得的二维数据根据标定的原点数据进行三维重构，在三维环境中再现数字运动。三维重构后的数据可以导入 VICON 460 三维运动捕捉系统的其他应用软件进行分析和处理。

三维运动捕捉系统有三大特点：采用非接触方式进行人体运动参数的测量，不阻碍和影响受试者的运动动作；测试过程与人体运动同步进行，能够获得人体运动特性的实时数据；测试速度快，效率高，节省实验时间。这三大特点非常适合高空代偿服人体力学特性问题的研究。

(2) 握力计

握力计(见图 9.1.7(a))，分体式握力传感器，可以显示力量瞬时值，量程为 100 kg，精度为 0.1 kg。

(3) 扭矩测试仪

扭矩测试仪(见图 9.1.7(b))，分体式扭矩传感器，显示扭矩瞬时值，量程为 50 N · m，精度为 0.01 N · m。

(4) 目标拾取控制面板

目标拾取控制面板(见图 9.1.7(c))，固定于架子上倾斜度可调的长方形面板，其左上角

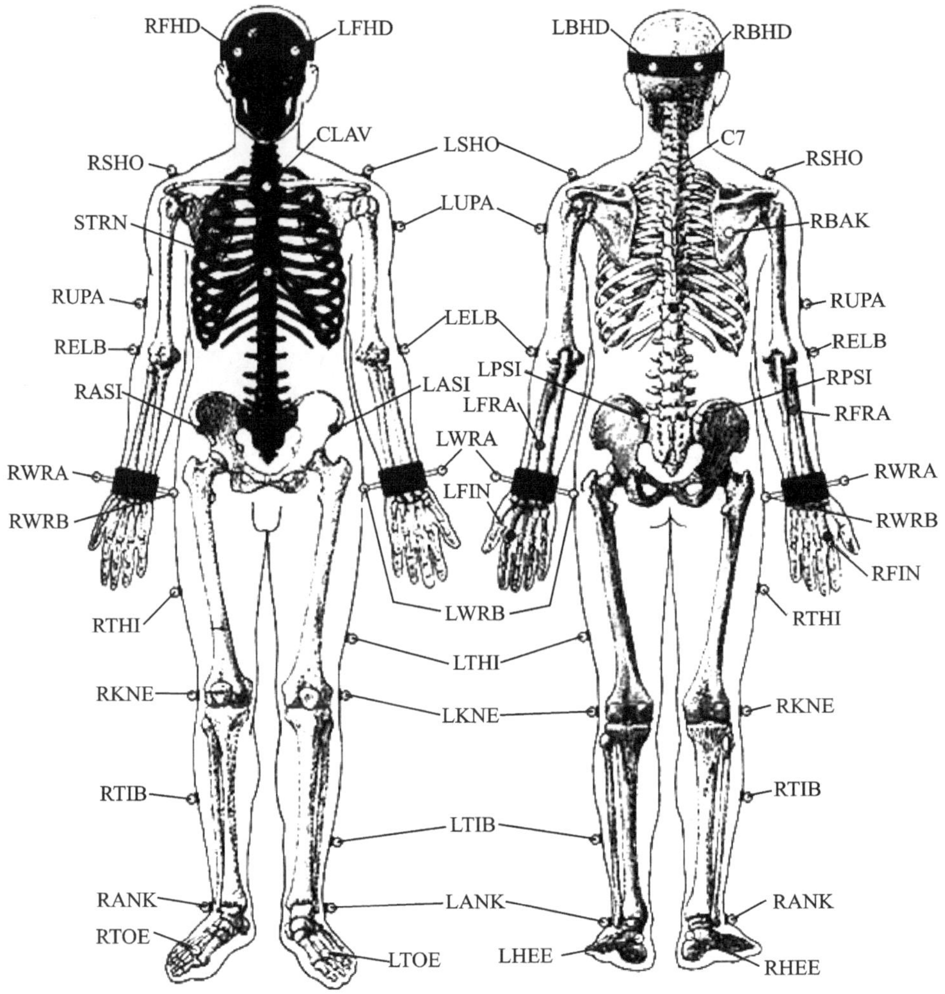

图 9.1.6 Marker 点粘贴位置图

装有 5 个等距按钮。

(5) 螺母装配板

螺母装配板(见图 9.1.7(d)),有 3 种型号的螺栓及其配套的大、中、小号 3 种螺母,螺栓固定于长方形铁板上,螺母直径分别为 16 mm、12 mm 和 8 mm。

3. 实验条件控制

本实验有两个测试条件:受试者穿着普通服装(Common Clothing,CC)和受试者穿着高空代偿服(Partial Pressure Suit,PPS)。两个测试条件下受试者的工效测试项目完全相同。

4. 测量及评价指标

(1) 测量过程

1) 活动范围

在进行活动范围测试前,首先测量受试者人体基本参数,然后根据要求将 39 个 Marker

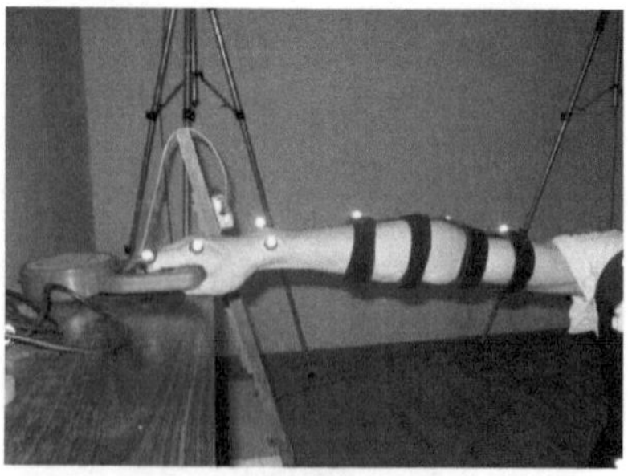

(a) 握力计

(b) 扭矩测试仪

(c) 目标拾取控制面板

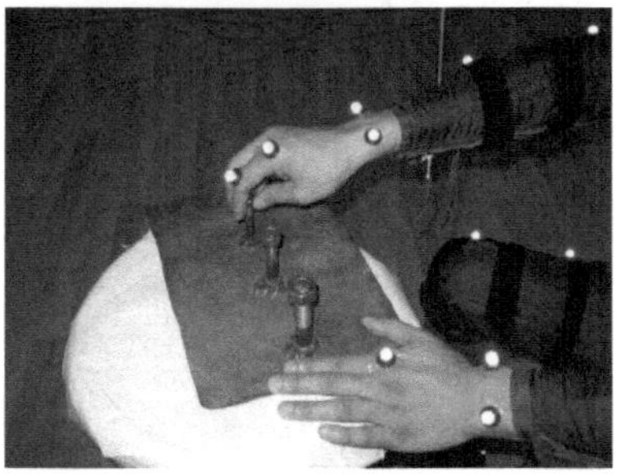

(d) 螺母装配板

图 9.1.7　实验设备

点与受试者进行连接。准备工作完成后，受试者进入 VICON 捕捉空间，然后根据录音提示完成所有活动范围的测试。动作完成过程中，受试者必须遵循动作准确度和精度两个原则。

2）握　力

如图 9.1.7(a)所示，受试者坐在测试台正前方，保持上身直立，伸直右臂以最大力量握紧握力计，记录最大握力值。

3）扭　矩

受试者保持与握力测试相同的姿势以最大力量顺时针操作扭矩测试仪(见图 9.1.7(b))，记录最大值。

4）目标拾取

目标拾取控制面板置见于人体上肢可达域之内，受试者坐在目标拾取控制面板的正前方，右手置于身体右后方的扶手上(见图 9.1.7(c))。听到实验主持的开始信号后，受试者在保证动作精确度的情况下以最快的速度完成目标拾取任务。完成此任务不仅需要受试者正确地拾取目标点，而且还需要一定力量将按钮按下。

5）螺母装配

受试者以最快的速度拿起身体右侧的螺母装配板，将其放在身体正前方的操作台上(见图 9.1.7(d))，然后按顺序迅速拧下大、中、小 3 个螺母，最后再将这 3 个螺母分别安装在 3 个对应的螺栓上。记录整个螺母装配的任务完成时间。

(2) 评价指标

本节主要分析高空代偿服可能存在的两类工效学问题，即人体力学和操作绩效。依据飞行员典型的操作任务特点，本实验将这两类工效指标细分为 5 个测试指标(见表 9.1.1)。其中，人体力学分为 3 个次级指标，操作绩效分为 2 个次级指标。

表 9.1.1　工效指标及实验测试项目

工效指标类型	工效测试指标	测试项目	实验设备
人体力学	活动范围	肩关节最大活动范围、肘关节最大活动范围、膝关节最大活动范围	VICON 460
	握力	最大握力	握力计
	扭矩	最大扭矩	扭矩测试仪
操作绩效	目标拾取	任务完成时间	目标拾取控制面板
	螺母装配	任务完成时间	螺母装配板

① 人体力学指标：考察高空代偿服对飞行员人体力学特性的影响。

- 活动范围：用来考察高空代偿服对飞行员活动性的影响。
- 握力和扭矩：反映着装代偿服飞行员的施力特性。

② 操作绩效指标：用来测试高空代偿服对飞行员灵活性和任务完成能力的影响。

- 目标拾取：一种典型的人-机界面控制任务，用于反映飞行员的飞行控制能力。
- 螺母装配：考察飞行员的手动作业能力。

表 9.1.2 所列为活动范围的测试关节、动作及测试变量。

表 9.1.2　活动范围的测试关节、动作及测试变量

测试关节	测试动作	测试变量
肩关节	右臂上摆、下摆	最大活动角
	右臂前摆、后摆	最大活动角
	右臂内收、外展	最大活动角
肘关节	下臂弯曲、伸展	最大活动角
膝关节	小腿弯曲、伸展	最大活动角

5. 数据处理方法

本实验中所有工效项目的测试次数均为 3 次，最后用于统计分析的数据为 3 次测试数据的均值，结果均以 $\bar{x} \pm s$ 的形式表示。应用 SPSS 12.0 对两种着装条件下的工效测试结果进行方差分析和配对 t 检验，差异显著性水平设为 $p<0.05$。

9.1.4　实验结果

这里分别对两种实验条件下的工效测试结果进行对比分析。对实验数据进行统计分析前，首先采用格鲁布斯法(Grubbs)对原始数据进行离群值检验，剔除粗大误差。

1. 活动范围

表 9.1.3 所列为两种实验条件下活动范围的对比分析结果。由结果可以看出，与着装普通服装相比，受试者穿上高空代偿服后，3 个关节的活动范围均显著降低。其中，肩关节活动范围变化最大($p<0.005$)，其次是肘关节($p<0.01$)，受影响最小的是膝关节($p<0.05$)。下面分别对着装代偿服前后 3 个关节的活动范围变化结果进行分析。

表 9.1.3　两种实验条件下活动范围对比分析结果

实验条件	测试动作	测试关节	最大活动范围/(°)
CC◆	右臂上摆、下摆	肩关节	125.0±22.4
PPS			95.8±13.0***
CC◆	右臂前摆、后摆		121.3±8.7
PPS			107.6±8.7***
CC◆	右臂内收、外展		136.4±17.7
PPS			114.9±17.5***
CC◆	前臂弯曲、伸展	肘关节	129.9±6.4
PPS			113.7±8.7**
CC◆	小腿弯曲、伸展	膝关节	122.2±14.1
PPS			111.8±12.6*

注：与对照组◆相比，* 表示 $p<0.05$，** 表示 $p<0.01$，*** 表示 $p<0.005$。

(1) 肩关节活动范围

由图 9.1.8～图 9.1.10 可以看出，穿上高空代偿服后，所有受试者的肩关节最大活动范围（图中圆点所示）均小于穿普通服装时的最大活动范围（图中方点所示），存在显著性差异（$p<0.01$）。但每个受试者的肩关节最大活动范围在着装高空代偿服前后的变化不同，如图 9.1.8 中的受试者 9 的肩关节活动范围在着装高空代偿服前后的减小量明显小于其他受试者，这说明个体存在差异性。

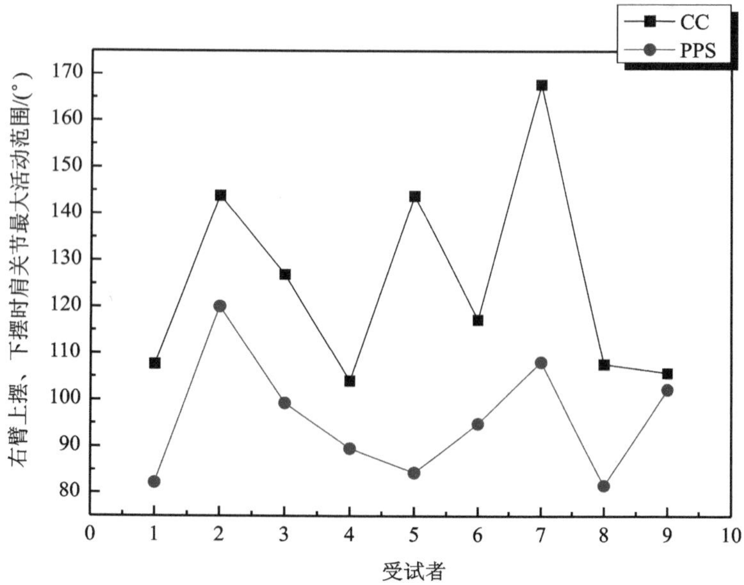

图 9.1.8　两种实验条件下右臂上摆、下摆时肩关节最大活动范围

由以上分析可知，高空代偿服的肩关节存在一定的活动性工效问题。穿上高空代偿服后，着装人体的肩关节最大活动范围显著降低，这说明高空代偿服限制了肩关节在三维空间内的活动性，3 个肩关节最大活动范围测试指标对高空代偿服均非常敏感。因此，有必要对高空代偿服的肩关节活动性问题进行深入研究。

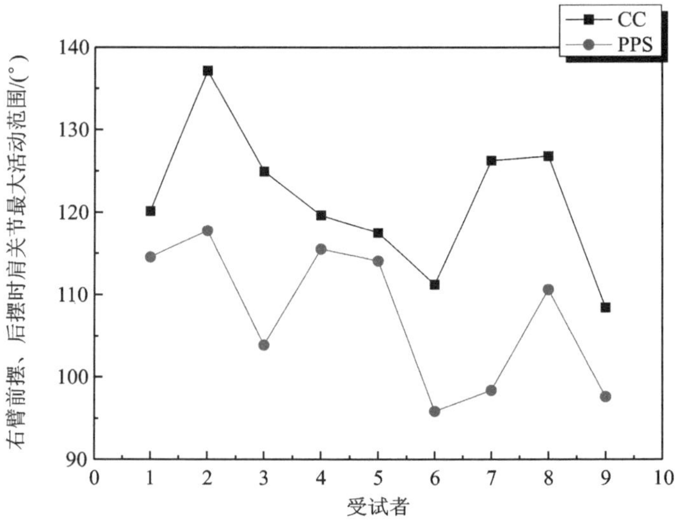

图 9.1.9　两种实验条件下右臂前摆、后摆时肩关节最大活动范围

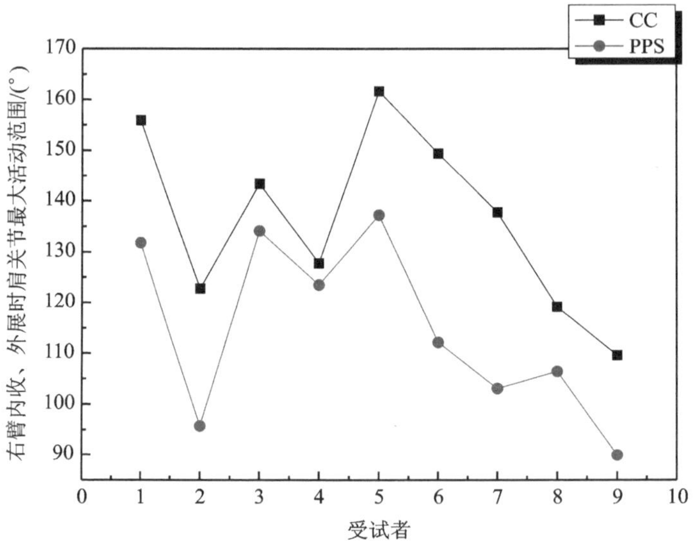

图 9.1.10　两种实验条件下右臂内收、外展时肩关节最大活动范围

(2) 肘关节活动范围

如图 9.1.11 所示，在 PPS 实验条件下，9 名受试者的肘关节最大活动范围均显著小于 CC 实验条件下的肘关节最大活动范围，肘关节弯曲伸展角显著降低($p<0.01$)。此结果表明，高空代偿服显著削弱了肘关节的活动性，肘关节最大活动范围这个工效指标对高空代偿服的影响比较敏感，可作为高空代偿服工效问题的研究指标。

(3) 膝关节活动范围

由表 9.1.3 可知，与 CC 实验条件相比，PPS 实验条件下着装人体的膝关节最大活动范围显著降低($p<0.05$)。这说明高空代偿服的膝关节活动性存在一定问题，膝关节活动范围可作为高空代偿服工效学问题的研究指标。

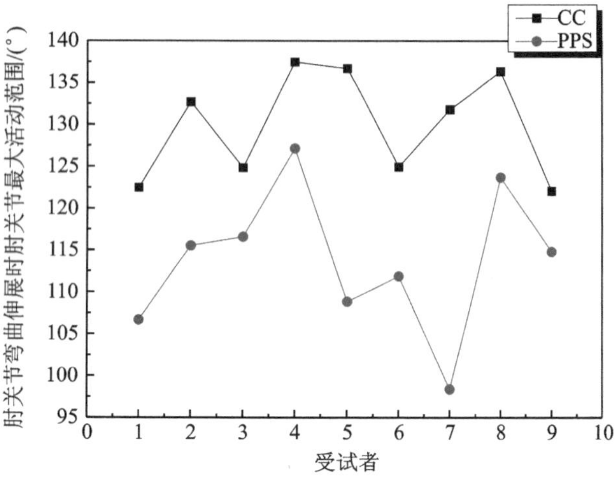

图 9.1.11　两种实验条件下肘关节弯曲伸展时肘关节最大活动范围

2. 握力和扭矩

两种实验条件下的结果对比表明，高空代偿服显著降低了着装者的最大握力($p<0.05$)，而对扭矩无显著影响(见表 9.1.4)。这说明高空代偿服对着装人体上肢的施力特性有一定的影响，高空代偿服力量方面的工效学问题有待进一步研究。

表 9.1.4　两种实验条件下握力、扭矩、目标拾取完成时间和螺母装配完成时间结果统计

实验条件	握力/kg	扭矩/(N·m)	目标拾取完成时间/s	螺母装配完成时间/s
CC◆	45.50±6.87	2.37±0.78	7.31±0.91	20.58±2.72
PPS	41.79±8.36*	2.46±0.72	8.15±0.75**	21.22±2.71

注：与对照组◆相比，* 表示 $p<0.05$，** 表示 $p<0.01$。

3. 操作绩效

(1) 目标拾取

由表 9.1.4 可知，与 CC 实验条件相比，PPS 实验条件下着装人体的目标拾取完成时间显著延长($p<0.01$)，这说明高空代偿服降低了着装人体的目标拾取任务完成能力，此结果与高空代偿服严重削弱着装人体的肩关节活动性、肘关节活动性和最大握力的结果一致。因为上肢的操作绩效取决于着装人体的上肢活动性和施力特性，当代偿服对着装人体的关节活动限制较小时，肢体的灵活性和施力能力相对较好，操作绩效也就相应提高。人体力学特性和操作绩效之间的这种关联性有待进一步研究。

(2) 螺母装配

本实验结果表明，两种实验条件下的螺母装配完成时间无显著变化($p>0.05$，见表 9.1.4)，这说明高空代偿服基本不影响着装人体的螺母装配能力。这可能是因为本实验设计的螺母装配任务对人体的活动性和力量要求不高，仅需要肢体关节在较小范围内、利用较小的活动力即可完成。因此，我们可以认为那些对活动性和力量要求较低的操作绩效项目受高空代偿服的影响不大。

4. 工效指标间的相关性

人体各种运动动作都是在神经-肌肉-骨骼系统的协同作用下完成的，各运动动作之间应存在某些直接或间接的联系。高空代偿服工效指标是由不同类型的运动动作组成的（如目标拾取任务通过关节活动和肢体施力这两类动作的组合才能完成），这些指标间也应存在某些关联性。下面分别对可能存在相关性的工效指标进行分析和探讨。

(1) 目标拾取和肩关节活动范围

这里规定肩部上下摆、前后摆和内收外展时的最大活动范围分别用 ROM1、ROM2 和 ROM3 来表示，ATTP 代表目标拾取完成时间。因为目标拾取任务完成能力与完成时间成反比（完成时越长，任务完成能力越差），而与肩关节活动范围应该成正比关系（肩关节活动性越好，任务完成能力就越好），所以目标拾取完成时的倒数（$1/AT_{TP}$）应该与肩关节活动范围成一定的正比关系。因此，这里假设 ROM1、ROM2 和 ROM3 分别为自变量 x_1、x_2 和 x_3，为统一数量级，定义 $1\,000(1/AT_{TP})$ 为因变量 y。由因变量 y 和自变量 x_1、x_2 和 x_3 的散点图可以看出它们之间存在一定的线性关系，线性回归分析及方差检验结果表明，仅 y 和 x_2 之间存在有效的线性函数关系，其中，线性拟合的相关系数为 $R=0.76$，$p=0.03<0.05$，关系式如下：

$$y=-4.64+1.14x_2 \tag{9.1.1}$$

此结果表明，目标拾取完成时与 ROM2 线性相关，即目标拾取任务操作绩效受肩关节活动性的影响，肩关节活动性越好，目标拾取任务操作绩效水平就越高。

(2) 目标拾取和肘关节活动范围

这里假设肘关节活动范围为自变量 x_4，因变量（目标拾取任务完成时）y 的定义同上，经回归分析发现两个变量之间不存在有效的函数关系。这说明目标拾取任务操作绩效与肘关节最大活动范围之间没有必然的联系，这可能与本实验设计的目标拾取任务要求较小的肘关节活动范围有关。

(3) 目标拾取和握力

假设最大握力为自变量 x_5，因变量 y 仍为目标拾取完成时。实验数据散点图显示目标拾取和握力具有一定的相关性，经线性拟合和回归分析发现它们之间存在有效的线性函数关系，其中，线性拟合的相关系数为 $R=0.70$，$p<0.05$，方程如下：

$$y=3.79+3.19x_5 \tag{9.1.2}$$

此结果表明，目标拾取完成时与握力线性相关。

9.1.5 实验结论

本节首先阐述了高空代偿服可能存在两方面的工效学问题：人体力学和操作绩效；然后分析了三维运动捕捉系统的工作原理和功能特点，指出将其应用于高空代偿服工效研究的优点，并根据飞行员操作任务的特点提出了高空代偿服工效测试项目；最后根据提出的工效指标和实验测试项目对高空代偿服进行了实验研究，结果验证了高空代偿服确实存在着突出的工效学问题，即显著降低了着装人体的活动性、力量和操作绩效。本节研究定量地说明了高考代偿服工效研究的必要性，同时也证明了将 VICON 460 三维运动捕捉系统应用于高空代偿服工效研究中的可行性。

9.2 充压条件下代偿服工效性能研究

9.2.1 实验背景

当飞机座舱高度超过12 000 m，或高空飞行座舱发生减压或弹射离机时，机上氧源或跳伞供氧器在给飞行员加压供氧的同时，也给服装拉力管快速充压。充压膨胀的拉力管作用于代偿服衣面，产生与呼吸余压值相当的对抗压力（也叫代偿压力），保证人体内外压力平衡，维持人的正常呼吸，以确保飞机降到安全高度或飞行员安全跳伞；当飞机产生正过载时，有发动机送来的压缩空气经抗荷调压器自动调节后，进入代偿服抗荷装置胶囊内，对飞行员腹部及下肢造成机械压力，以阻滞血液向腹腔及下肢转移，防止重要生命器官缺氧；同时限制人体内部器官下坠移位，从而提高人体对正向过载的耐力极限。服装充压后，穿着者活动困难。代偿服充压后的工效学性能直接影响飞行员紧急状况下的任务完成能力和逃逸救生水平。充压后工效性能较好的代偿服能较好地帮助飞行员完成弹射救生等动作，达到安全救生的目的；反之，工效性能较差的代偿服会降低飞行员的紧急操作及逃生救生能力。因此，对充压后高空代偿服的工效研究尤为重要。

9.2.2 实验目的

本节结合航空加压供氧的实际情况，应用高空代偿服最优工效指标体系，研究加压状态下高空代偿服的工效性能。本节的主要研究内容如下：

① 对0 mmHg、200 mmHg和400 mmHg三种压力下的高空代偿服工效进行实验研究；

② 分析3种压力下着装人体工效变化及最优工效指标对不同压力的敏感度；

③ 探讨随着高空代偿服拉力管压内力的增加，工效指标间函数关系的变化。

9.2.3 实验方法

1. 受试者招募及特征

12名男性参加了此次实验，受试者的人体基本测量参数被严格控制，必须满足高空代偿服选配要求。按要求选出的12名受试者的平均年龄为(23±1.13)岁，年龄范围为22～25岁；平均身高为(170.33±2.31)cm，范围为165～173 cm；平均体重为(62.25±2.70) kg，体重范围为58～67 kg。12名受试者的人体基本测量参数详见表9.2.1。所有受试者均为右利手，身体健康，肢体功能正常，无既往病史，心肺功能正常，自愿参加有偿实验。所选受试者均要求有航空航天背景知识，了解高空飞行基本要求及加压供氧时会对人体产生的一些影响及应对措施。实验前所有受试者均接受了航空供氧专家的培训，均已熟悉本实验的实验内容和实验要求。

表 9.2.1　受试者的人体基本测量参数

编号	年龄	身高/cm	体重/kg	腿长/cm	小腿长/cm	肩宽/cm	膝宽/cm	踝宽/cm	腋下胸围/cm	大腿上围/cm	躯干垂直围/cm	上臂长/cm	前臂长/cm
1	22	170	62	96	41	38	9.5	6.1	91	53	168	32	24
2	23	170	58	90	43	38	10	6.5	91	53	167	34	25
3	25	173	62	91	41	40	10	6.2	88	56	167	31	25
4	23	173	62	93	44	39	9.4	6.1	94	50	174	34	25
5	22	171	63	90	40	42	10	6.5	94	56	161	32	26
6	23	172	67	93	41	40	10	6.2	93	59	170	30	26
7	24	167	62	88	40	40	10.5	5	95	59	166	30	26
8	23	171	63	91	40	44	9.5	6.5	93	56	165	33	26
9	25	165	60	87	39	41	9	6.6	87	56	161	34	26
10	22	171	67	89	40	41	10	6.8	98	54	171	32	26
11	22	170	59	92	42	40	9	6.3	87	55	163	30	25
12	22	171	62	88	41	38	9.4	6.1	89	53	172	32	26

2. 实验所用设备

(1) YHX－1 型氧气呼吸训练器

YHX－1 型氧气呼吸训练器由高压系统、低压系统、呼吸系统、余压控制系统和代偿服压力系统组成，如图 9.2.1 所示。

1）高压系统

150～30 kg/cm^2 压力的氧气，经氧源接嘴 16 进入训练器高压系统，该系统包括 0～6 kg/m^3 减压器 10 的高压腔、YQY150 压力表以及 0～6 kg/m^3 减压器 10 和 YQY150 压力表之间的导管。用 0～6 kg/m^3 减压器 10 可导出 0～6 kg/cm^3 氧气压力供低压系统使用。

2）低压系统

低压系统包括 0～6 kg/m^3 减压器 10 的低压腔、程序供氧开关 13、补加供氧开关 11、肺式调节器 12 的进氧气腔、程序供氧机构 8、供氧压力表 9、低压接嘴 14 以及上述部件之间的连接导管。氧气经肺式调节器 12、补加供氧开关 11、程序供氧机构 8、加压器 7 进入呼吸系统、余压调节系统和代偿服系统。

3）呼吸系统

肺式调节器 12 的呼吸腔、补加供氧开关 11 的输出腔、加压器 7 的呼吸腔、用于检测面具气密性的转换开关 6 和流量计 5、余压表 4 以及与面具腔联通的各导管组成呼吸系统。当打开 0～6 kg/m^3 减压器 10 时，肺式调节器 12 的进氧气腔充入 3～3.5 kg/cm^3 压力，摇杆活门呈关闭状态。吸气时，由肺式薄膜下腔形成真空度，薄膜向下弯曲，使摇杆活门打开；呼气时，肺式薄膜恢复原始位置，摇杆活门关闭，如此随着呼吸循环实施肺式供氧[3]。

打开补加供氧开关 11，通过开关输出接嘴处的定径孔可向面罩提供连续流量，当 0～

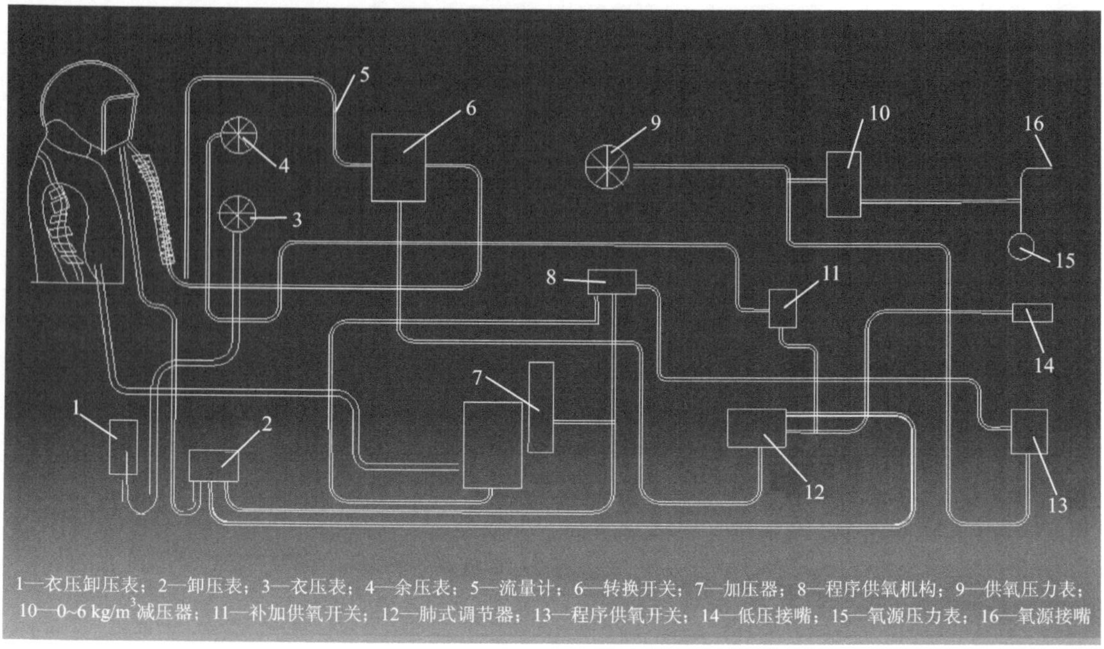

1—衣压卸压表；2—卸压表；3—衣压表；4—余压表；5—流量计；6—转换开关；7—加压器；8—程序供氧机构；9—供氧压力表；10—0~6 kg/m^3减压器；11—补加供氧开关；12—肺式调节器；13—程序供氧开关；14—低压接嘴；15—氧源压力表；16—氧源接嘴

图 9.2.1　YHX－1 型氧气呼吸训练器工作原理图

6 kg/m^3 减压器 10 的工作压力为 3.5 kg/cm^2 时，连续供氧量为 50～55 L/min。补加供氧的设置可保障在不影响代偿服压力与面罩余压比值的前提下减小加压呼吸波动，并在加压呼吸前提供 40～60mmH_2O(注：1 mmH_2O＝9.806 613 6 Pa)的小余压。

4）余压控制系统

该系统用于建立和调节面具内余压，包括肺式调节器 12 的膜上腔、加压器 7 中的手动余压控制部分、面具呼气活门下腔、卸压表 2、程序供氧机构 8 中的定径孔之后的管路部分。

5）代偿服压力系统

代偿服压力系统包括加压器 7 的衣压腔、衣压卸压表 1、衣压表 3、代偿服及有关导管。当接通程序供氧后的 3～5 s 内，大量供氧为代偿服建立初始压力，转为“连续供氧”后，28～34 L/min 的氧气流量用于代偿服压力的增加和供入呼吸系统。在加压器 7 的压力比组件中，作用于衣压活门的代偿服压力同作用于压差薄膜的面具余压相平衡，并由给定的衣压活门与压差膜有效面积之比保持代偿服压力与面具余压为 10∶1 的关系。

YHX－1 型氧气呼吸训练器的典型工作状态可分为以下几种：

① 接通性缓慢加压：当 0～6 kg/m^3 减压器 10 调定工作压力(规定为 3.5 kg/cm^2)后，打开程序供氧开关 13，面具内有峰值为 200～400 mmH_2O 的脉冲压，之后旋动加压器 7 的手轮，可在 0～2 000 mmH_2O 范围内进行加压呼吸训练。

② 迅速加压：用加压器 7 预调出 0～2 000 mmH_2O 范围内的面具压力值，关闭程序供氧开关 13，各系统泄压后，重新打开程序供氧开关 13，可等效模拟迅速加压时面具及代偿服的加压过程。

③ 无代偿性泄压：在规定余压值加压工作状态下，按动衣压卸压表 1，可形成 500 mmH_2O

以下的无代偿性面具余压。本实验采用的是第一种工作状态，即余压接通加压供氧。

(2) VICON 460 三维运动捕捉系统和握力计

详细内容请参见 9.1 节。

(3) 加压供氧代偿服系统

① 某型高空代偿服（详细结构组成见 9.1 节）。

② YM－6505 型航空供氧面罩。

3. 实验条件控制

本实验共包括 3 种工况：高空代偿服在 0 mmH_2O 压力下的测试（工况 1）、高空代偿服在 200 mmH_2O 压力下的测试（工况 2）和高空代偿服在 400 mmH_2O 压力下的测试（工况 3）。所有受试者均必须参加 3 个工况的测试，每个工况之间均有足够休息时间以使受试者能够恢复体力。

实验前受试者均应再次进行加压呼吸训练，医学监督指导其加压呼吸要领及正确的吸气、呼气方法。实验员指导受试者用正确的手势示意加压供氧过程出现的各种生理反应及解除加压供氧的信号。具体的实验流程如下：

① 测试受试者的人体基本测量参数；

② 根据人体尺寸选择代偿服及供氧面罩型号；

③ VICON 系统标定、氧气呼吸训练器准备及调试；

④ 受试者着装代偿服，实验员在受试者坐姿条件下为其调整调节绳；

⑤ 粘贴 Marker 点；

⑥ 受试者坐于 VICON 捕捉空间中心，身体保持直立；

⑦ 加压供氧呼吸练习；

⑧ 进行工况 1、2、3 的工效测试。

4. 测量及评价指标

本实验所采用的测试指标如表 9.2.2 所列，它是基于高空代偿服最优工效指标体系制定的。鉴于本实验实验条件的限制和实验目的的要求，它在最优工效指标的基础上进行了修改和补充。具体修改原则如下：

① 受加压供氧时间的限制，两个灵活性工效指标——目标拾取和操纵杆在本节中未被测试，因为这两个工效指标所要求的实验准备和调试时间比较长；

② 为了进一步研究和探讨高空代偿服充压后各工效指标间的函数关系是否发生变化，增加了部分三级工效指标的测试（如 DBL2、RS6 和 RH1）；

③ 加压供氧的同时需要配备供氧面罩及飞行皮帽，考虑这些因素会影响着装受试者的头部活动范围，增加了头部活动范围的测试。

表 9.2.2　测试指标

一级工效指标	二级工效指标	三级工效指标
灵活性	拉面帘	双臂上举至极限位置腕部最大垂直位移(PDV1)
	收腿	双腿前伸后收至极限膝关节最大活动角(DBL1)
		双腿前伸后收至极限踝关节点最大位移(DBL2)
活动范围	头部活动范围	头部左转时颈关节最大活动角(RN1)
		头部右转时颈关节最大活动角(RN2)
	肩关节活动范围	上臂上摆、下摆最大肘关节点最大垂直位移(RS1)
		上臂前摆肘关节点最大垂直位移(RS2)
		上臂后摆肘关节点最大垂直位移(RS3)
		上臂内摆肘关节点最大水平位移(RS4)
		上臂外摆肘关节点最大水平位移(RS5)
		上臂上摆、下摆时肩关节冠状面最大活动角(RS6)
	肘关节活动范围	前臂弯曲伸展肘关节最大活动角(RE1)
	髋关节活动范围	大腿上抬至极限膝关节点垂直位移(RH1)
		大腿上抬至极限髋关节最大活动角(RH2)
	腰关节活动范围	腰部右弯右肘关节点最大垂直位移(RW2)
活动力	握力	手臂伸直手抓握握力计最大握力(GS1)

5. 数据处理及分析方法

本实验中所有工效项目的测试次数均为 3 次，最后用于统计分析的数据为 3 次测试数据的均值，结果均以平均值和标准差的形式表示。应用 SPSS 12.0 对两种着装条件下的工效测试结果进行方差分析和配对 t 检验，差异显著性水平设为 $p<0.05$。

工效降低水平计算：由于本实验中各测试变量的数量级和单位不同，不能根据测试变量值的变化直观判断出各工效指标对服装压力的敏感度。因此，本实验引入了工效降低水平计算方法，如下：

$$\text{工效降低水平}=\frac{\text{服装低压力制度下变量值}-\text{服装高压力制度下变量值}}{\text{服装低压力制度下变量值}}\times 100\% \tag{9.2.1}$$

6. 统计方法

分别对不同实验条件下的工效测试结果进行对比分析。对实验数据进行统计分析前，首先采用格鲁布斯法对原始数据进行离群值检验，剔除粗大误差。本实验中受试者为 12 人，最终统计结果中的样本数 n 为剔除可疑值之后的样本数，则 $n\leqslant 12$。

9.2.4　实验结果

表 9.2.3 给出了 3 种工况（即高空代偿服的 3 种压力状态）下高空代偿服工效性能测试结果，统计结果均以平均值和标准差的形式给出（$\bar{x}\pm s$）。统计分析工作分别在 3 种工况之间进行，这里共有 3 个对比组，即 P_0-P_{200} 组（工况 2 的实验结果与工况 1 的实验结果进行对比）、P_0-P_{400} 组（工况 3 的实验结果与工况 1 的实验结果进行对比）和 $P_{200}-P_{400}$ 组（工况 3 的实验

结果与工况 2 的实验结果对比）。各组之间分别进行统计分析和配对 t 检验。

表 9.2.3　实验结果统计

工效指标/n	变量代码/单位	实验工况		
		$P_0^{◆}$	$P_{200}^{▲}$	P_{400}
拉面帘/12	PDV1/mm	1 074.28±41.00	871.48±94.69***	846.83±96.66***,#
收腿/12	DBL1/(°)	134.84±19.84	103.43±16.19***	101.94±20.74***
	DBL2/mm	678.47±38.38	619.13±61.70***	610.85±54.82***
头部左转/11	RN1/(°)	64.39±7.69	55.65±6.07**	52.72±8.27**
头部右转/11	RN2/(°)	67.30±9.14	60.92±7.54**	60.67±8.28**
上肢上下摆/12	RS1/mm	566.21±35.89	465.21±56.06***	451.51±55.70***,#
	RS6/(°)	117.17±13.92	92.51±13.22***	87.19±12.30***,#
上肢前摆/12	RS2/mm	563.17±29.04	466.85±47.42***	452.20±58.36***
上肢后摆/12	RS3/mm	156.96±37.47	73.55±37.86***	71.03±36.99***
上肢内摆/11	RS4/mm	285.60±25.19	154.32±44.15***	149.02±59.22***
上肢外摆/11	RS5/mm	232.11±35.68	157.92±48.51***	150.26±51.30***
前臂弯曲伸展/12	RE1/(°)	119.01±5.86	103.62±9.49***	101.08±10.38***
腰部右弯/12	RW2/mm	161.11±48.08	127.61±47.07***	127.25±48.24***
大腿上抬/12	RH1/mm	295.36±38.77	199.99±55.41***	179.03±53.78***,##
	RH2/(°)	44.38±5.56	22.83±6.57***	19.90±6.94***,##
握力/12	GS1/kg	42.63±5.23	39.45±5.00*	39.48±5.44*

注：与对照组◆相比，* 表示 $p<0.05$，** 表示 $p<0.01$，*** 表示 $p<0.001$；与对照组▲相比，# 表示 $p<0.05$，## 表示 $p<0.01$。

下面分别对各工效指标测试结果进行分析。

1. 灵活性

(1) 拉面帘

图 9.2.2 所示为 12 个受试者在 3 种服装压力制度下的拉面帘测试变量 PDV1 测试值，由

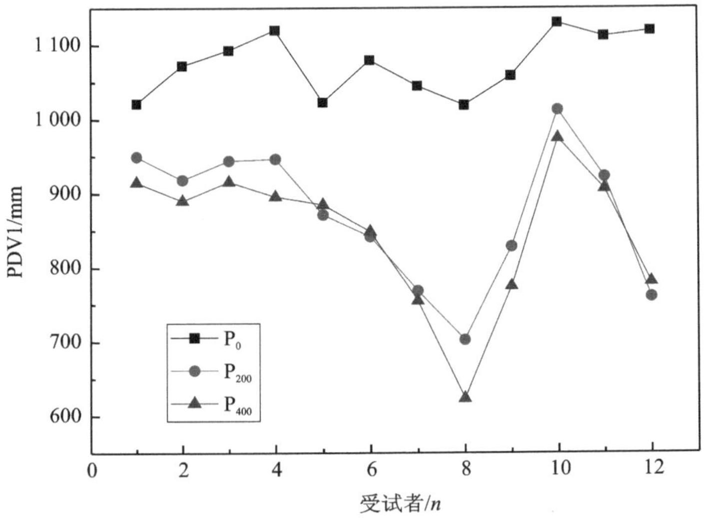

图 9.2.2　3 种工况下拉面帘测试值

图可以看出，P_{200} 和 P_{400} 工况下各受试者的 PDV1 测试值均小于 P_0 工况下的 PDV1 值。表 9.2.3 表明这种差异具有显著性，即 P_0 工况的 PDV1 测试值显著大于 P_{200} 和 P_{400} 工况的值，此结果说明 PPS 充压后显著影响着装者的拉面帘活动。

图 9.2.3 给出了 3 种工况下 12 个受试者的 PDV1 均值，由图可以看出，P_0 工况下的 PDV1 均值明显大于 P_{200} 和 P_{400} 工况，且表 9.2.3 中的统计结果表明这两组变化均具有显著性($p<0.001$)。与 P_{200} 工况相比，P_{400} 工况下的 PDV1 也显著减小($p<0.05$)，但减小量明显小于与 P_0 工况相比时的减小量。

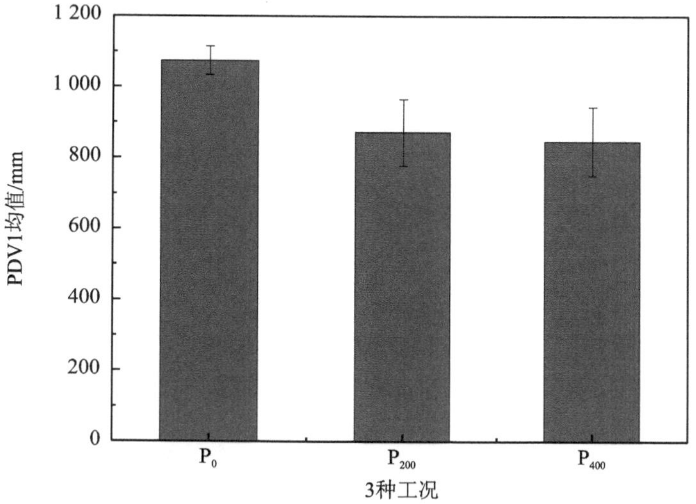

图 9.2.3　3 种工况下 PDV1 均值

根据工效降低水平公式(9.2.1)计算可知，3 种工况间拉面帘工效降低水平各不相同(见图 9.2.4)，$P_{400}-P_{200}$ 组工效降低水平(2.94%)明显小于 $P_{200}-P_0$ 组(18.84%)和 $P_{400}-P_0$ 组(21.21%)。此结果表明：①着装者的拉面帘工效水平在高空代偿服充压前后变化非常显著；②拉面帘工效随高空代偿服充压制度的增加而减小，至于是否以一定的规律变化还有待于对

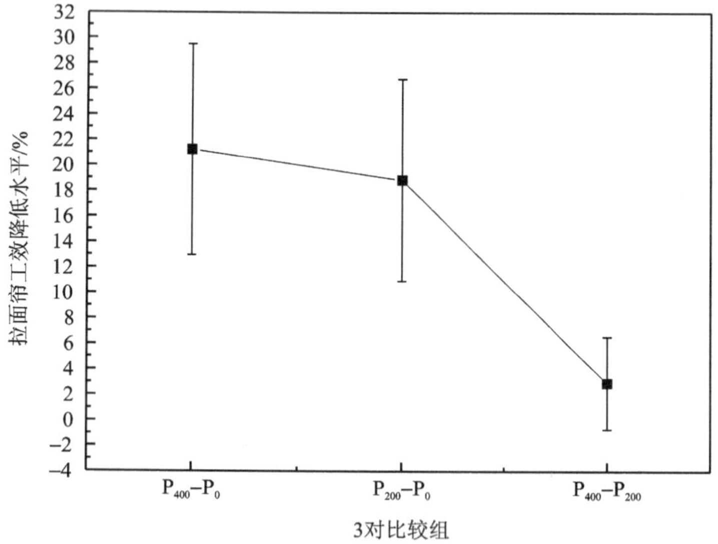

图 9.2.4　不同工况间拉面帘工效变化情况

更多压力制度下拉面帘工效的研究；③高空代偿服充压后，不同压力制度间工效降低的水平小于各充压制度下工效相对于零压力制度的降低水平，至于随压力的增加各压力制度间工效是否以一定规律降低还是逐渐趋于不变，还需进一步研究。

(2) 收　腿

本实验用两个变量(即 DBL1 和 DBL2)同时评估收腿的工效变化，并分别对它们的测试结果进行分析。图 9.2.5、图 9.2.6 和统计结果表明(见表 9.2.3)：12 个受试者在 P_0 工况下的 DBL1 明显大于 P_{200} 和 P_{400} 工况，且这种差异具有显著性。这说明当代偿服压力由 0 压力上升到 200 mmH$_2$O 和 400 mmH$_2$O 时，DBL1 显著减小；而与 P_{200} 工况相比，P_{400} 工况下的 DBL1 未发生显著改变，且有些受试者在 P_{400} 工况的 DBL1 值反而大于 P_{200} 工况(如受试者 1，见图 9.2.5)，这说明当高空代偿服压力由 200 mmH$_2$O 增加到 400 mmH$_2$O 时，DBL1 基本无变化。

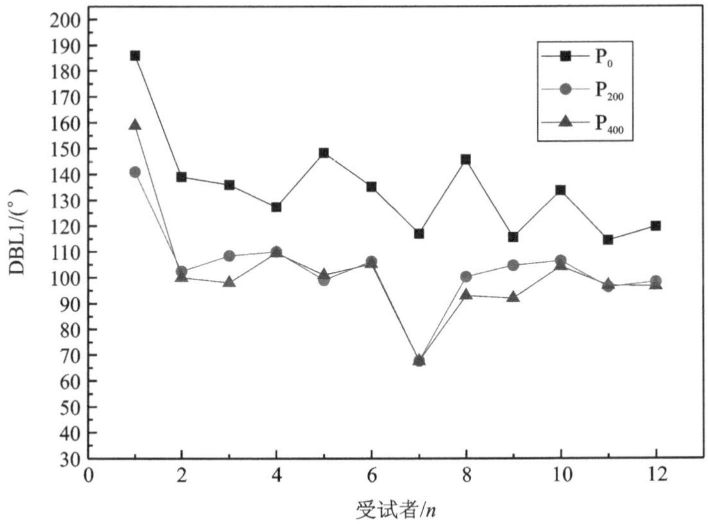

图 9.2.5　3 种工况下 DBL1 测试值

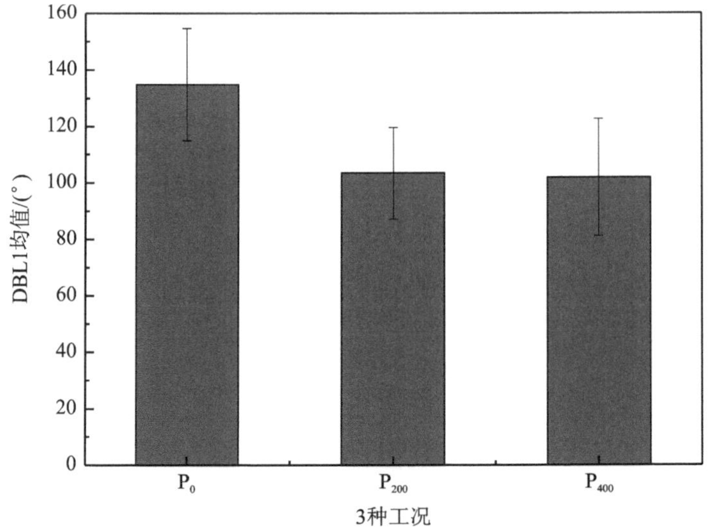

图 9.2.6　3 种工况下 DBL1 均值

由图 9.2.7、图 9.2.8 和表 9.2.3 可以看出，DBL2 在不同工况下的变化情况与 DBL1 的变化类似。

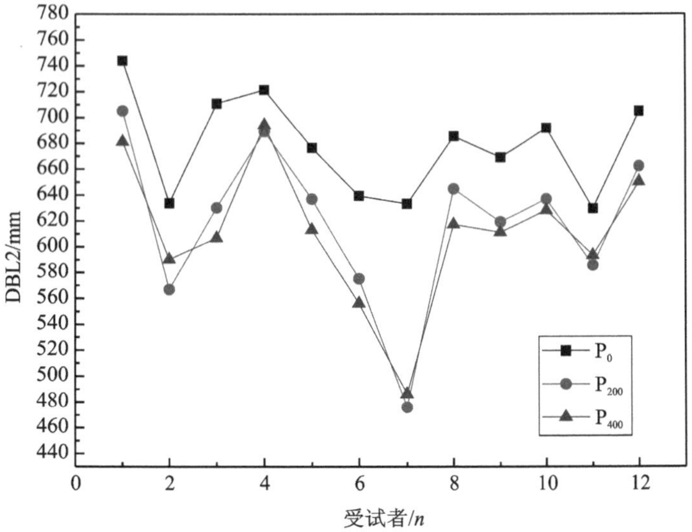

图 9.2.7　3 种工况下 DBL2 测试值

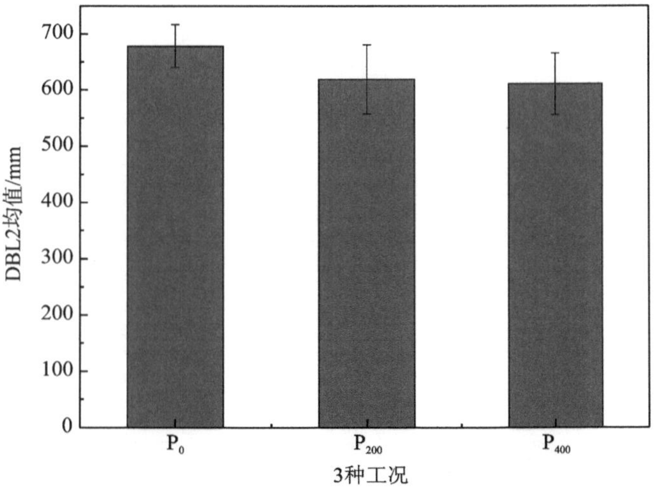

图 9.2.8　3 种工况下 DBL2 均值

通过上述结果可以认为：当高空代偿服压力由零压力变为非零压力时，收腿工效显著降低。而在高空代偿服不同的非压力之间，随压力的增加，收腿工效基本不发生显著改变。但还需进行较多压力制度的高空代偿服工效研究才能验证此结论。

由图 9.2.9 可知，在 $P_{400}-P_0$ 和 $P_{200}-P_0$ 两个比较组中，收腿两个测试变量的工效降低量不同，这可能是因为两个测试变量的单位不同，DBL1 测试的是活动角度，DBL2 测试的是历经一定活动角度后所带来的测试点在某一方向上的相对距离。在 $P_{400}-P_{200}$ 比较组中，两个变量的工效降低水平基本相等。

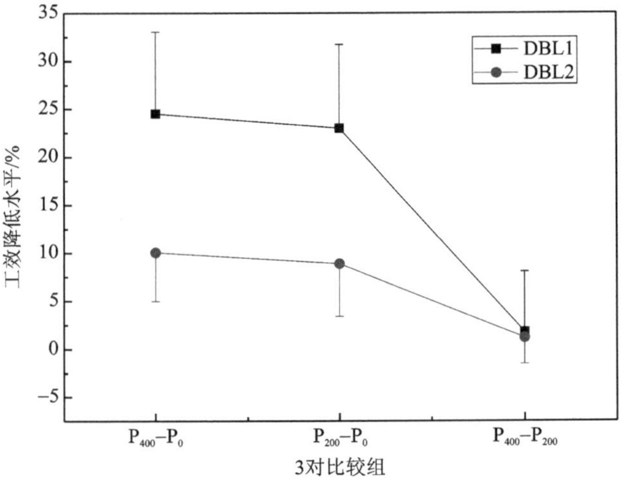

图 9.2.9　不同工况间收腿两个测试变量的工效降低水平

2. 活动范围

(1) 头部活动范围

图 9.2.10 显示头部活动范围在高空代偿服充压后变化不大，且部分受试者在 P_{200} 和 P_{400}

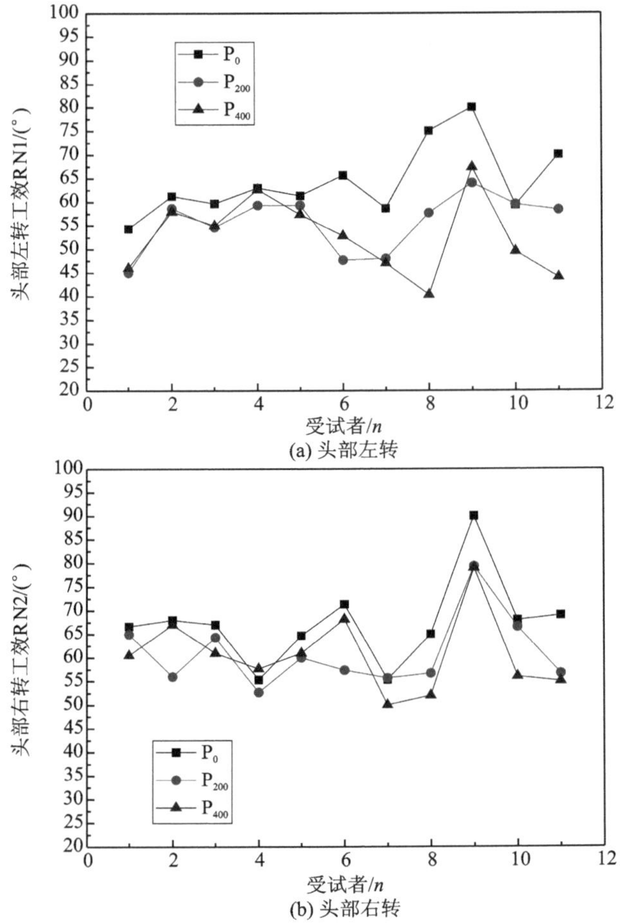

图 9.2.10　3 种工况下头部活动范围 RN1、RN2 测试值

工况的测试值与 P_0 工况的基本相同。这说明服装充压之后受试者在头部活动范围的变化上表现出较大的个体差异。但统计结果表明(见表 9.2.3),与未充压状态相比,高空代偿服充压后 RN1、RN2 测试值均显著减小($p<0.01$),而充压后两个工况间($P_{400}-P_{200}$)的 RN1 和 RN2 测试值均未发生显著变化。将所有受试者在 3 种工况下的 RN1、RN2 测试值进行平均,得到如图 9.2.11 所示的结果。此结果表明,3 种工况下的 RN1 均值均小于 RN2 均值,即头部右转的活动范围大于左转时的活动范围。

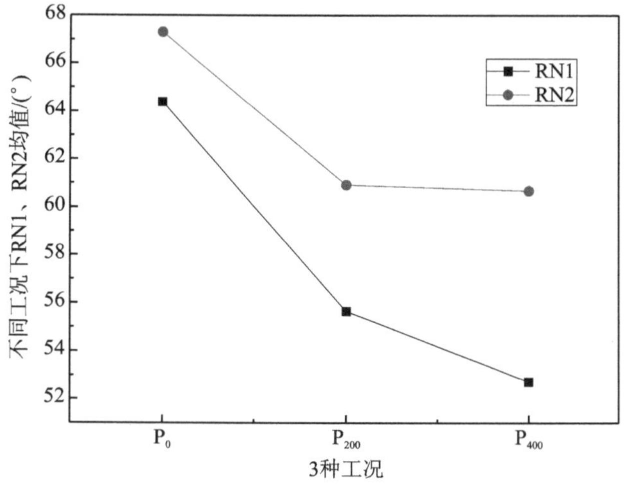

图 9.2.11　3 种工况下 RN1、RN2 均值

将 3 对比较组间的工效降低水平进行比较发现,各个相互比较的两对比较组间的 RN1 工效降低水平均大于 RN2 工效降低水平,但前者的标差也均大于后者(见图 9.2.12)。此结果表明,高空代偿服充压后,头部左转活动范围受服装压力的影响比较大,且各受试者的 RN1 在服装充压后所发生的变化表现为较大的差异性。

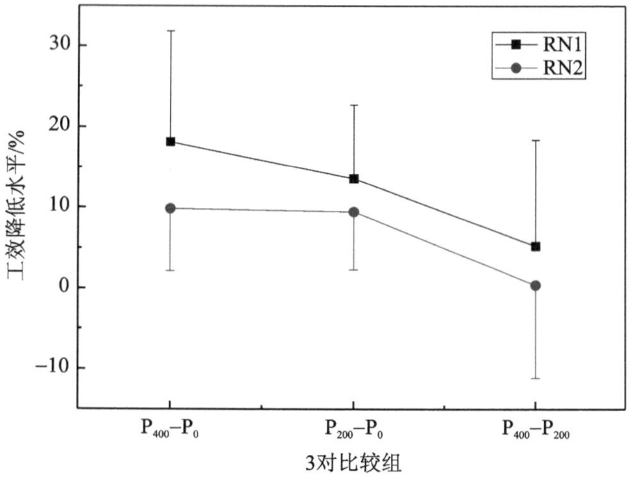

图 9.2.12　不同工况下 RN1、RN2 工效降低水平

(2) 肩关节活动范围

如图 9.2.13～图 9.2.15 所示，P_0 工况下肩关节活动范围的 6 个变量的实验值均大于 P_{200} 和 P_{400} 工况下的值，而在 P_{200} 和 P_{400} 两个工况间各变量的测试值差别不大。统计结果表明(见表 9.2.3)，与对照组◆P_0 相比，P_{200} 和 P_{400} 工况下的 6 个测试变量均显著降低($p<0.001$)。与对照组▲P_{200} 相比，P_{400} 工况下的 6 个变量中仅 RS1 和 RS6 发生了显著变化($p<0.05$)，其他 4 个变量均未显著改变。此结果表明，肩关节活动范围的 6 个测试变量对高空代偿服的压力均非常敏感，但随着压力的增加，除了 RS1 和 RS6 之外，各变量对压力的敏感性基本保持不变。

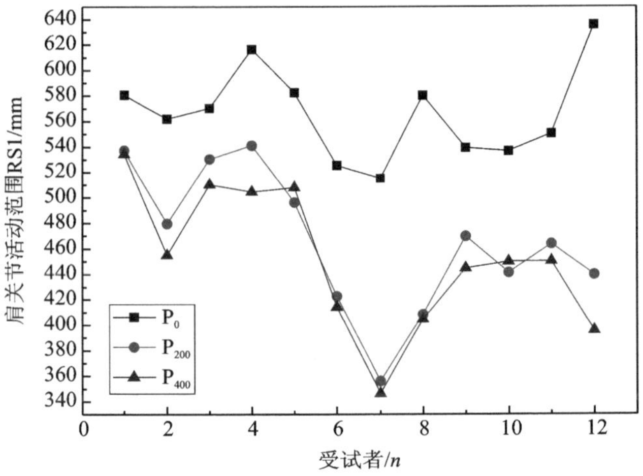

(a) RS1

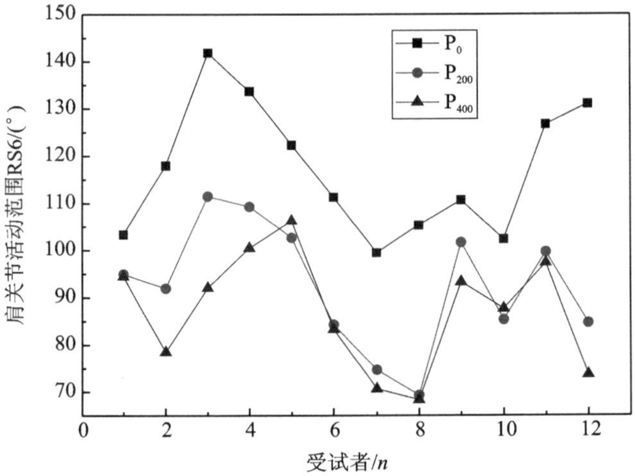

(b) RS6

图 9.2.13　3 种工况下肩关节活动范围 RS1、RS6 测试值

图 9.2.16 给出了肩关节活动范围的 6 个测试变量在高空代偿服充压后的工效变化情况。由图可以看出，当高空代偿服压力制度分别由 0 mmH_2O 压力升高到 200mmH_2O 和 400 mmH_2O 时，6 个变量的工效降低水平差异很大，其中 RS3 工效降低水平最为严重，其次是 RS4 和 RS5，工效降低水平相对小的是 RS1、RS2 和 RS6。当高空代偿服压力由 200 mmH_2O 上升到 400 mmH_2O 时，肩关节活动范围的 6 个测试变量的工效降低水平均比较小，且基本相等。

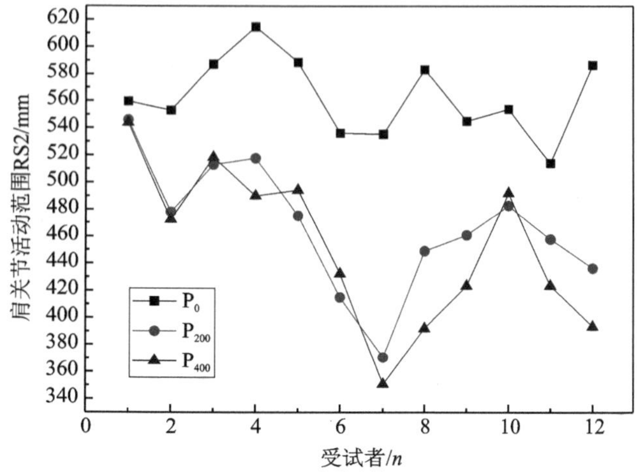

(a) RS2

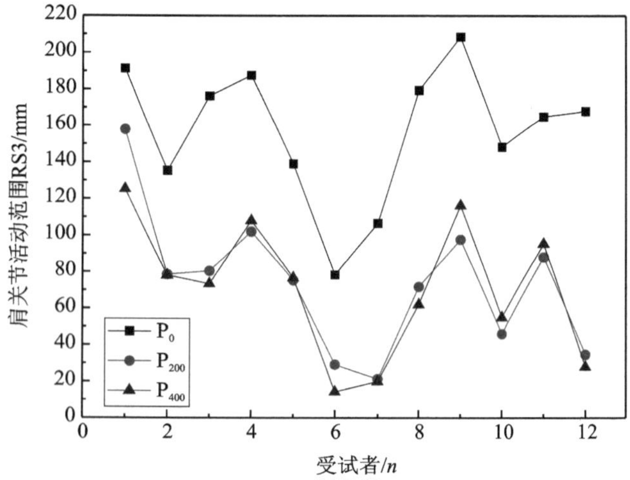

(b) RS3

图 9.2.14　3 种工况下肩关节活动范围 RS2、RS3 测试值

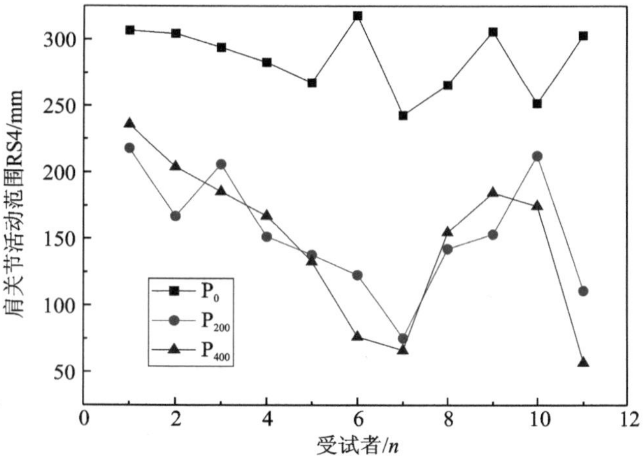

(a) RS4

图 9.2.15　3 种工况下肩关节活动范围 RS4、RS5 测试值

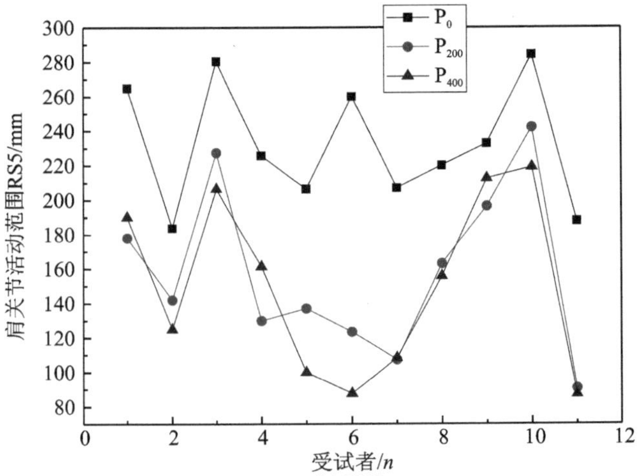

(b) RS5

图 9.2.15　3 种工况下肩关节活动范围 RS4、RS5 测试值(续)

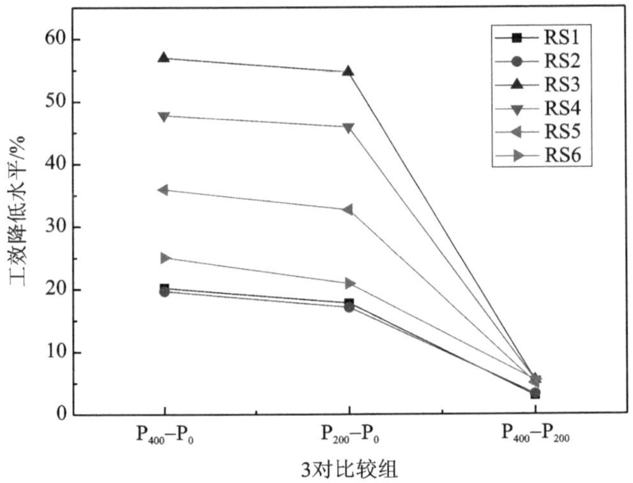

图 9.2.16　不同工况下肩关节活动范围 6 个变量的工效降低水平

(3) 肘关节活动范围

P0 工况下,12 个受试者的 RE1 测试值均大于 P_{200} 和 P_{400} 工况的值(见图 9.2.17),统计结果表明,这种变化比较显著($p<0.001$,见表 9.2.3)。这说明当高空代偿服充压后,肘关节活动范围显著降低,但当由 200 mmH_2O 上升到 400 mmH_2O 时,RE1 变化不显著,工效降低也比较小(2.37%),说明随压力的增加,肘关节活动范围基本保持不变。

(4) 腰关节活动范围

高空代偿服充压后,RW2 显著降低($p<0.001$,见表 9.2.3),但 P_{200} 和 P_{400} 工况之间 RW2 未发生显著变化。与 P_0 工况相比,P_{400} 和 P_{200} 工况下 RW2 工效严重降低,分别为 21.56%和 20.95%,而 P_{400} 与 P_{200} 工况相比,RW2 工效基本无变化(工效仅降低了 0.42%)。

(5) 髋关节活动范围

高空代偿服加压后,RH1、RH2 均显著降低($p<0.001$,见表 9.2.3),且与 P_{200} 工况相比,P_{400} 工况的 RH1 和 RH2 也发生了显著变化($p<0.01$),12 个受试者的 RH1 和 RH2 在 3 种工况下的变化规律基本一致(见图 9.2.18)。

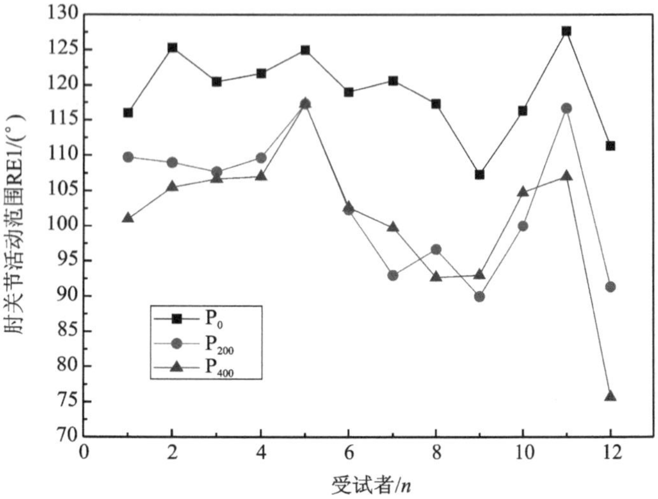

图 9.2.17　3 种工况下肘关节活动范围 RE1 测试值

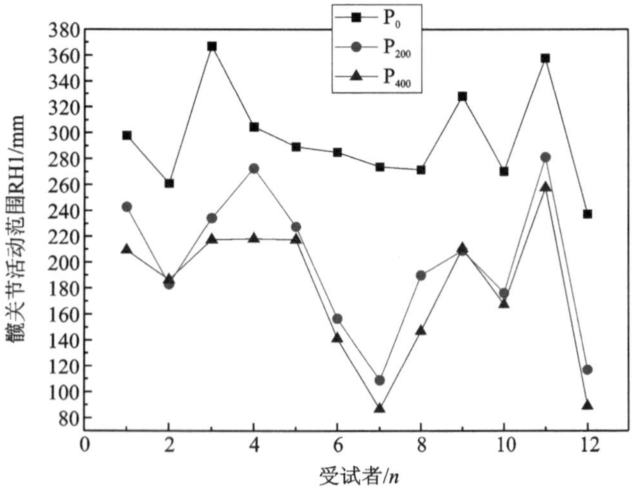

(a) RH1

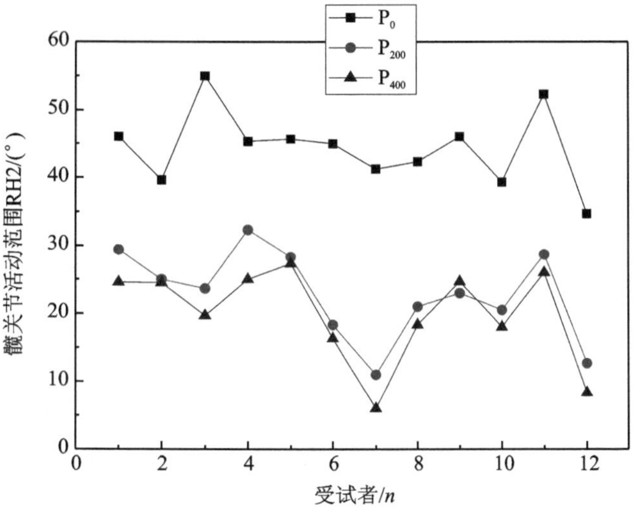

(b) RH2

图 9.2.18　3 种工况下髋关节活动范围 RH1、RH2 测试值

图 9.2.19 所示为 3 种工况间 RH1 和 RH2 的工效改变情况，由图可以看出，RH2 工效降低水平要高于 RH1，这说明 RH2 对压力的敏感性稍强于 RH1。

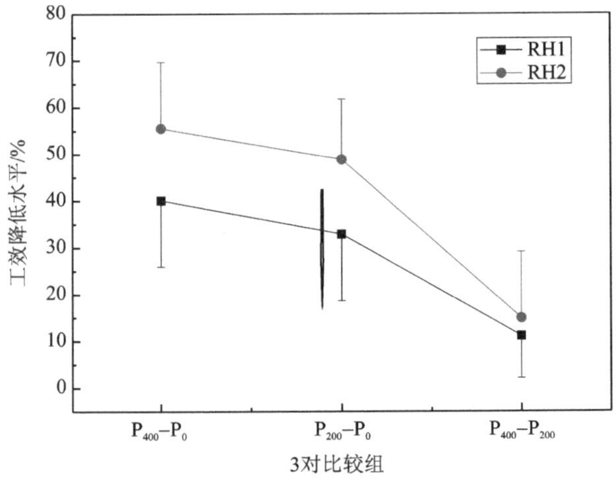

图 9.2.19　不同工况下髋关节活动范围 RH1 和 RH2 的工效降低水平

有研究结果表明，RH1 和 RH2 有一定的线性相关性（$y=a+bx$，其中 y 为 RH2，x 为 RH1）。为了探讨高空代偿服加压后它们之间的相关关系是否仍然存在，对 P_0、P_{200} 和 P_{400} 三种工况下二者的实验数据进行回归分析，结果发现它们之间的线性相关性仍然存在，但三个回归方程的回归参数却不尽相同（见图 9.2.20）。

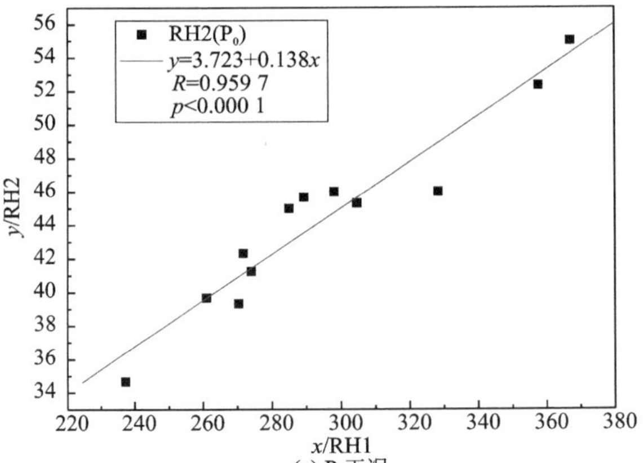

(a) P_0工况

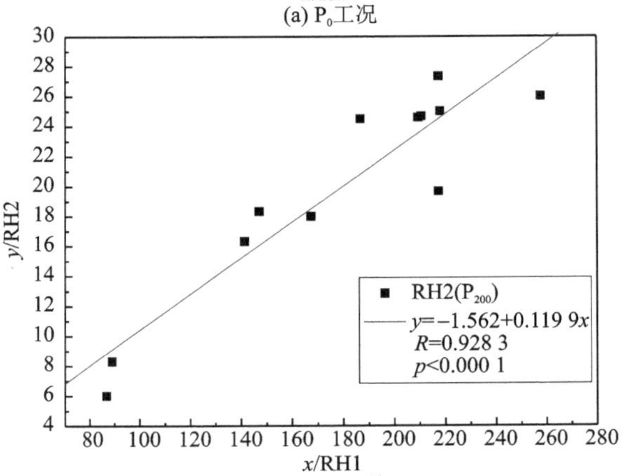

(b) P_{200}工况

图 9.2.20　3 种工况下 RH1 和 RH2 实验数据散点及回归分析图

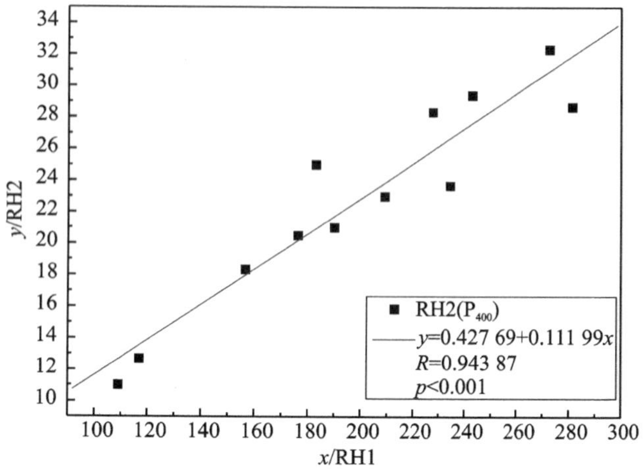

(c) P_{400} 工况

图 9.2.20　3 种工况下 RH1 和 RH2 实验数据散点及回归分析图(续)

假设 P_0、P_{200} 和 P_{400} 工况下 RH1 和 RH2 的回归参数分别为(a_1, b_1)、(a_2, b_2)和(a_3, b_3)，则回归分析后得到 3 对参数，如下：

$$\left.\begin{aligned} a_1 &= 3.723 \\ b_1 &= 0.138 \end{aligned}\right\} \tag{9.2.2}$$

$$\left.\begin{aligned} a_2 &= -1.562 \\ b_2 &= 0.119\,9 \end{aligned}\right\} \tag{9.2.3}$$

$$\left.\begin{aligned} a_3 &= 0.427\,7 \\ b_3 &= 0.112\,0 \end{aligned}\right\} \tag{9.2.4}$$

为了进一步探讨 3 种工况下 RH1 和 RH2 的线性关系是否发生了变化，对 P_0 工况的回归参数进行了置信区间估计，即

$$\hat{\sigma}^2 = \mathrm{MS}_{误} = \mathrm{SS}_{误} / (n-2) = 2.69 \tag{9.2.5}$$

故 $\hat{\sigma} = 1.64$。

另外，

$$S_{xx} = \sum (x_i - \bar{x})^2 = 16\,531.239\,89 \tag{9.2.6}$$

则

$$\hat{\sigma}_{\hat{a}_1} = \sqrt{\frac{1}{n} + \frac{\bar{x}^2}{S_{xx}}}\,\hat{\sigma} = 3.797$$

$$\hat{\sigma}_{\hat{b}_1} = \frac{\hat{\sigma}}{\sqrt{S_{xx}}} = \frac{1.64}{\sqrt{16\,531.239\,89}} = 0.012\,8 \tag{9.2.7}$$

对 $\alpha = 0.05$，查 t 分布表得 $t_{n-2}\left(\frac{\alpha}{2}\right) = t_{10}(0.025) = 2.228\,1$。由于 a_1 和 b_1 的置信系数为 $1-\alpha$ 的区间估计分别为

$$[\hat{a}_1 \pm t_{\alpha/2}(n-2) \times \hat{\sigma}_{\hat{a}_1}] \text{ 和 } [\hat{b}_1 \pm t_{\alpha/2}(n-2) \times \hat{\sigma}_{\hat{b}_1}]$$

所以 a_1 和 b_1 的置信系数为 95%的区间估计分别为[−4.737,8.46]和[0.109 5,0.166 5]。由此可知

$$\left.\begin{aligned}-4.737 &< a_2 = -1.562 < 8.46 \\ 0.109\,5 &< b_2 = 0.119\,9 < 0.166\,5\end{aligned}\right\} \tag{9.2.8}$$

$$\left.\begin{aligned}-4.737 &< a_3 = 0.427\,7 < 8.46 \\ 0.109\,5 &< b_3 = 0.112\,0 < 0.166\,5\end{aligned}\right\} \tag{9.2.9}$$

即(a_2,b_2)和(a_3,b_3)均落在(a_1,b_1)的置信区间内。这说明高空代偿服加压后,RH1 和 RH2 的线性关系仍然存在,且二者之间的函数关系基本保持不变。

3. 活动力

高空代偿服加压后,握力也发生了显著变化($p<0.05$,见表 9.2.3),但其改变程度明显小于其他测试指标。这说明握力对高空代偿服压力的敏感性要小于其他工效指标。

高空代偿服客观工效测试定量直观地给出了高空代偿服在不同压力下的工效特性,并对最优工效指标体系进行了应用验证。本实验研究结果表明,高空代偿服充压后,所有工效指标均发生了显著改变(见表 9.2.3),但各指标受压力的影响工效降低水平却不完全相同(见图 9.2.21);且随着代偿服充压压力的增加,不同工效指标的变化规律也存在差异,有的指标随着压力的增加其工效水平进一步降低,有些指标基本保持不变;同一工效指标的不同测试变量的相关关系在不同的压力条件下保持不变。

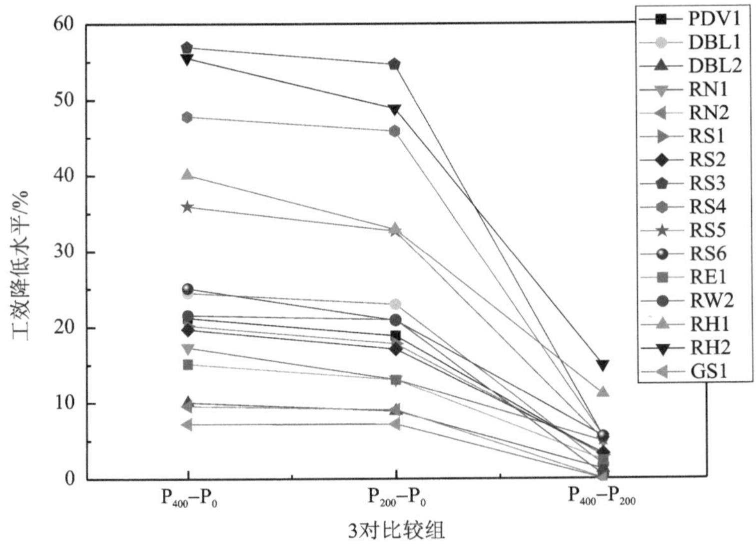

图 9.2.21　3 种不同工况间各工效指标的工效降低水平

高空代偿服充压后,服装拉力管内充压膨胀,膨胀后的拉力管通过“8”字形调节带拉紧衣面本体,对着装者身体表面产生与面罩余压相等的机械式对抗压力。充压后拉力管膨胀的体积、代偿服衣面对体表产生的机械式挤压以及由这两个因素引起的生理和心理的不舒适等的共同作用,造成着装高空代偿服人体的工效水平显著降低。

各指标工效降低的主要原因应归于充压后的高空代偿服对人体各关节活动的限制、施力的影响和灵活性的改变等,因为无论是拉力管膨胀的体积、膨胀后管子增加的硬度及对人体产生的不舒适性、拉紧的衣面对人体的压力的增加产生的不舒适性及生理应激等都会引起人体活动性能、肢体活动力和灵活性的降低。

由于人体外表面是由复杂的曲面组成的立体形式,所以当高空代偿服拉力管内充压后,代偿服衣面对体表各部分的贴合程度也不可能完全相同,这就造成人体各个节段外表面受到的衣面压力和限制也不相同。因此,着装人体各个部位的工效在高空代偿服拉力管充压后,其变化程度也各不相同,此结果表现为各个工效指标对压力增加的敏感度的差异性。如肩关节处与肘关节处相比,肌肉较为发达,且肩关节周围的骨骼直径及围度要大于肘关节处,代偿服充压后前者与衣面的贴合面积及紧身度要大于后者,因此受到衣面的压力和限制要大于后者,肩关节处工效降低水平大于肘关节处的实验结果与此现象一致。同样,髋关节处工效降低水平大于膝关节处也验证了类似的说法。

另外,随着压力制度的增加,拉力管的膨胀度、硬度和刚性会提高,拉紧后的代偿服也会随之进一步增加体表压力和限制着装者活动。但同样由于人体体表复杂曲面的特性,代偿服衣面对身体各个部位的体表压力和各关节活动限制的增加量存在差异,因此不同的工效指标随着代偿服压力的增加,其变化程度也会不同,有的工效指标会随着压力的增加而发生进一步改变,而有些指标则基本保持不变。

9.2.5 实验结论

本节应用高空代偿服最优工效指标体系及客观工效测试方法,进行了高空代偿服充压状态下的工效性能研究。通过实验研究分别对 3 种不同压力制度下高空代偿服的工效性能进行了对比分析。在此基础上,进一步探讨了高空代偿服充压后,工效指标间相关关系的变化。具体研究结论如下:

① 高空代偿服充压后,各工效指标发生了显著变化,着装人体的工效性能显著降低,但工效指标间的相关关系保持不变。

② 各工效指标对高空代偿服压力的敏感度不同,例如,当高空代偿服压力增加时,不同的工效指标其工效降低程度也不同。

③ 高空代偿服最优工效指标体系切实可行,能够有效地应用于不同压力制度下高空代偿服的工效研究。

9.3 高空代偿服工效指标实验研究

9.3.1 概　述

前两节分别介绍了高空代偿服工效研究方法及指标体系,本节将应用这些方法和所建立的指标体系开展高空代偿服的工效性能测试及工效指标的实验验证。

高空代偿服工效指标体系涵盖了活动范围、活动力和灵活性 3 个人体力学方面的内容，活动范围和活动力是在对典型操作任务分解、动作提炼及人体参数过滤的基础上，依据人体解剖结构及人体力学特性制定的，灵活性的建立基于典型的飞行操作活动[4]。本节应用此工效指标体系，对某型高空代偿服的工效性能进行测试和分析，获得着装高空代偿服的人体工效学性能参数；并对两种着装状态下(着装普通服装和着装实验用高空代偿服)的人体工效学性能进行对比分析，验证工效指标的有效性。通过对高空代偿服工效性能参数的测试及指标体系有效性的验证，期望为高空代偿服的服装设计专家、飞机座舱人-机界面专家、飞行任务规划工程师和人-机工效专家等提供帮助和参考。

9.3.2　人体基准轴和基准面

本节在描述高空代偿服工效指标和测试变量时，采用了解剖学上的基准轴和基准面，如图 9.3.1 所示。

1. 基准轴

为了分析关节运动，在标准姿势条件下，人体可设有互相垂直的 3 个轴，如图 9.3.1 所示。

纵轴(矢状轴)：于前后方向的水平轴，与身体的长轴相垂直。

横轴(冠状轴)：于左右方向的水平轴，与纵轴呈直角交叉，又称额状轴。

垂直轴：于上下方向，与地面相垂直的轴。

2. 基准面

在标准姿势条件下，人体及其局部可设置相互垂直的 3 个面，如图 9.3.1 所示。

矢状面：于前后方向将人体纵切为左右两部分，其端面即矢状面。将人体分为左右相等两半的矢状面称正中面或正中矢状面。

冠状面：于左右方向将人体纵断为前后两部分，其纵切面即冠状面。又称额状面。

水平面：与上述两面相垂直，将人体横断为上下两部分的面称为水平面，又称横断面。

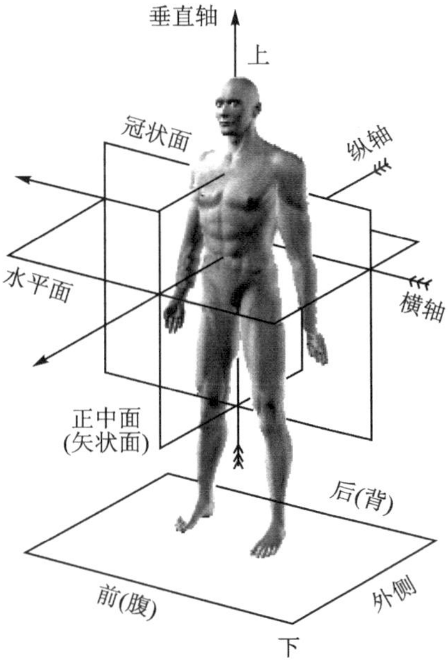

图 9.3.1　人体的基准轴和基准面

9.3.3　工效指标及测试变量

本小节采用高空代偿服三级工效指标体系，表 9.3.1 所列为工效指标及相应的测试变量。9.1 节已经对工效指标进行了详细说明，这里仅对工效指标的测试变量进行描述。

表 9.3.1　工效指标及测试变量

一级工效指标	二级工效指标	三级工效指标	测试变量(代码)
灵活性	目标拾取	右手按钮操作目标拾取	任务完成时间(TP1)
		左手按钮-开关操作目标拾取	任务完成时间(TP2)
		右手按钮-开关操作目标拾取	任务完成时间(TP3)
		右手按钮-开关反向操作目标拾取	任务完成时间(TP4)
	拉面帘	双臂上举至极限位置	RWRB 最大位移(PDV1)
	收腿	双腿前伸后收至极限	膝关节最大活动角(DBL1)
			RANK 最大位移(DBL2)
	操纵杆	前推杆至极限	RWRA 最大位移(CJ1)
		左压杆至极限	RWRA 最大位移(CJ2)
		右压杆至极限	RWRA 最大位移(CJ3)
活动范围	颈关节活动范围	头部左转	颈关节最大活动角(RN1)
		头部右转	颈关节最大活动角(RN2)
	肩关节活动范围	上臂上下摆	RELB 最大位移(RS1)
			肩关节最大活动角(RS6)
		上臂前摆	RELB 最大位移(RS2)
		上臂后摆	RELB 最大位移(RS3)
		上臂内摆	RELB 最大位移(RS4)
		上臂外摆	RELB 最大位移(RS5)
	肘关节活动范围	前臂弯曲伸展	肘关节最大活动角(RE1)
	髋关节活动范围	大腿上抬至极限	RKNE 最大位移(RH1)
			髋关节最大活动角(RH2)
	腰关节活动范围	腰部左弯	LELB 最大位移(RW1)
		腰部右弯	RELB 最大位移(RW2)
	膝关节活动范围	小腿伸展弯曲	膝关节最大活动角(RK1)
活动力	握力	手臂伸直手抓握握力计	最大手握力(GS1)
	脚蹬力	下肢伸直脚掌蹬踏压力传感器	最大脚蹬力(STS1)

1. 灵活性

灵活性工效指标包含 4 个二级指标，每个二级指标分别由不同的三级指标构成。三级指标对应的测试变量的描述如下：

(1) 目标拾取

目标拾取的测试变量为任务完成时，它是完成目标拾取任务所用的时间，测试变量的单位为秒。

① TP1：受试者在规定的实验条件和动作要求下，使用右手以尽快的速度准确完成 5 个

按钮目标拾取操作任务所用的时间。

② TP2：受试者在规定的实验条件和动作要求下，使用左手以尽快的速度准确完成 5 个按钮和 4 个开关目标拾取操作任务所用的时间。

③ TP3：受试者在规定的实验条件和动作要求下，使用右手以尽快的速度准确完成 5 个按钮和 4 个开关目标拾取操作任务所用的时间。

④ TP4：受试者在规定的实验条件和动作要求下，使用右手以尽快的速度准确完成 5 个按钮和 4 个开关反向(相反工位)目标拾取操作任务所用的时间。

(2) 拉面帘

PDV1：双手上举至极限位置时 RWRB 在人体垂直轴方向上的最大活动距离，如图 9.3.2 所示。

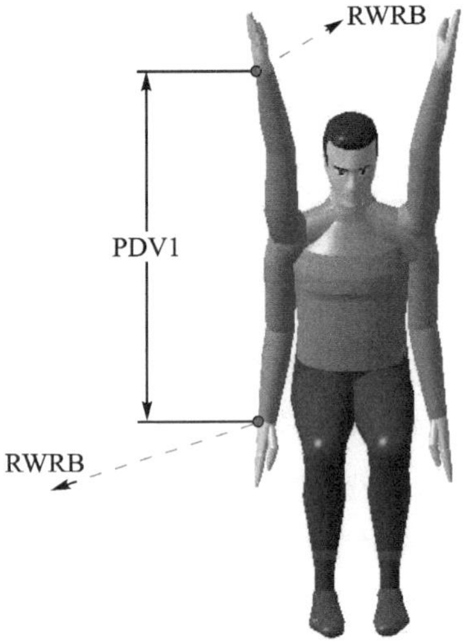

图 9.3.2 拉面帘测试变量

(3) 收 腿

① DBL1：双腿前伸至极限位置，然后再收回至极限位置，两个极限位置间膝关节在矢状面内的最大活动角度，如图 9.3.3(a)所示。

② DBL2：双腿前伸至极限位置，然后再收回至极限位置，两个极限位置间 RANK 在人体纵轴的最大位移，如 9.3.3(b)所示。

(4) 操纵杆

① CJ1：右臂前推模拟驾驶杆至极限位置时 RWRA 在人体纵轴的最大活动距离，如图 9.3.4(a)所示。

② CJ2：右臂左压模拟驾驶杆至极限位置时 RWRA 在人体横轴的最大活动距离，如图 9.3.4(b)所示。

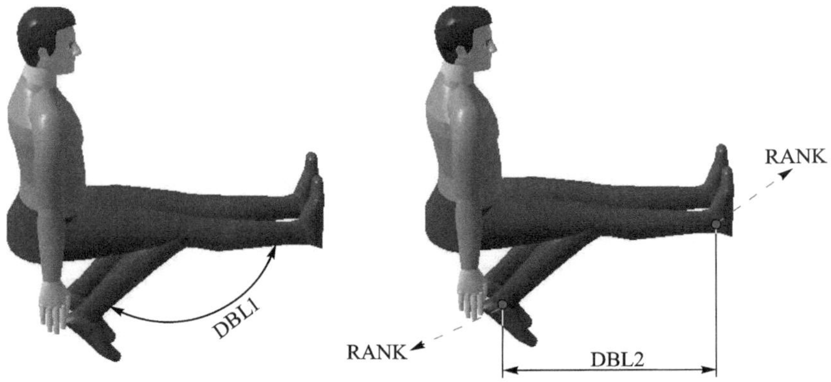

(a) DBL1　　(b) DBL2

图 9.3.3 收腿测试变量

③ CJ3：右臂右压模拟驾驶杆至极限位置时 RWRA 在人体横轴的最大活动距离，如图 9.3.4(c)所示。

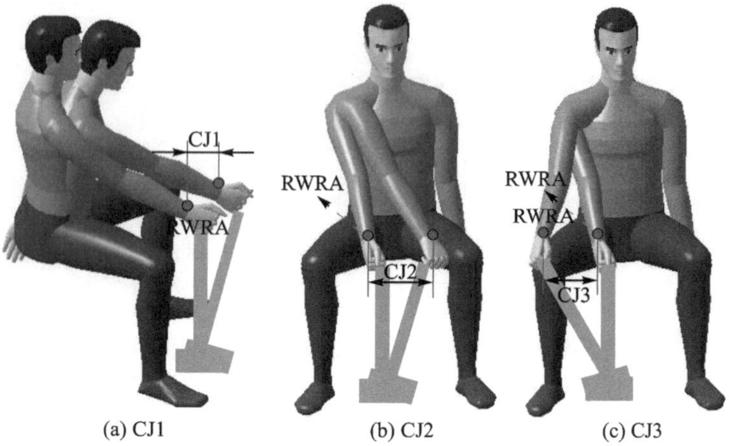

图 9.3.4　操纵杆测试变量

2. 活动范围

活动范围由 6 个二级指标构成，分别对应 6 个活动关节。每个二级指标又分别由不同的次级（即三级）指标构成，对应关节的各种运动动作。本实验对三级指标层中的各个指标分别进行了测试和研究，测试变量的描述如下：

（1）颈关节活动范围

① RN1：头部由起始位（头部中心位置）左转至极限位置时颈关节在水平面内的最大活动角度，如图 9.3.5(a)所示。

② RN2：头部由起始位（头部中心位置）右转至极限位置时颈关节在水平面内的最大活动角度，如图 9.3.5(b)所示。

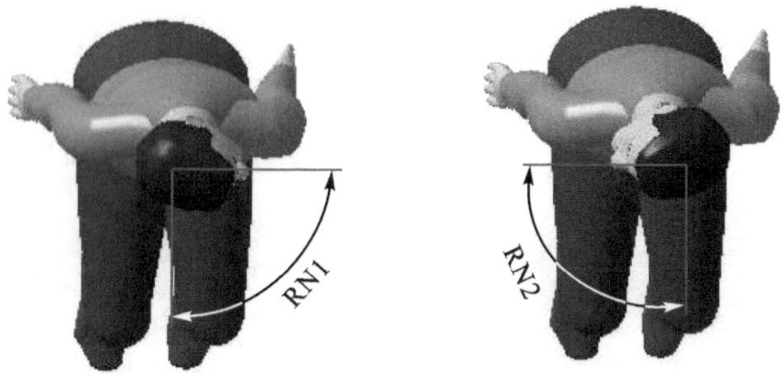

图 9.3.5　头部活动范围测试变量

（2）肩关节活动范围

① RS1：上臂上下摆至极限位置时 RELB 在垂直轴方向的最大活动距离，如图 9.3.6(a)所示。

② RS6：上臂上下摆至极限位置时肩关节在冠状面最大活动角度，如图 9.3.6(b)所示。

③ RS2：上臂前摆至极限位置时 RELB 在垂直轴方向的最大活动距离，如图 9.3.6(c)所示。

④ RS3：上臂后摆至极限位置时 RELB 在垂直轴方向的最大活动距离，如图 9.3.6(d)所示。

⑤ RS4：上臂内摆至极限位置时 RELB 在横轴方向的最大活动距离，如图 9.3.6(e)所示。

⑥ RS5：上臂外摆至极限位置时 RELB 在横轴方向的最大活动距离，如图 9.3.6(f)所示。

(3) 肘关节活动范围

RE1：前臂相对于上臂弯曲伸展时肘关节在矢状面内的最大活动角度，如图 9.3.7 所示。

(4) 髋关节活动范围

① RH1：右大腿上抬至极限位置时 RKNE 在垂直轴方向的最大位移，如图 9.3.8(a)所示。

② RH2：右大腿上抬至极限位置时髋关节在矢状面的最大活动角度，如图 9.3.8(b)所示。

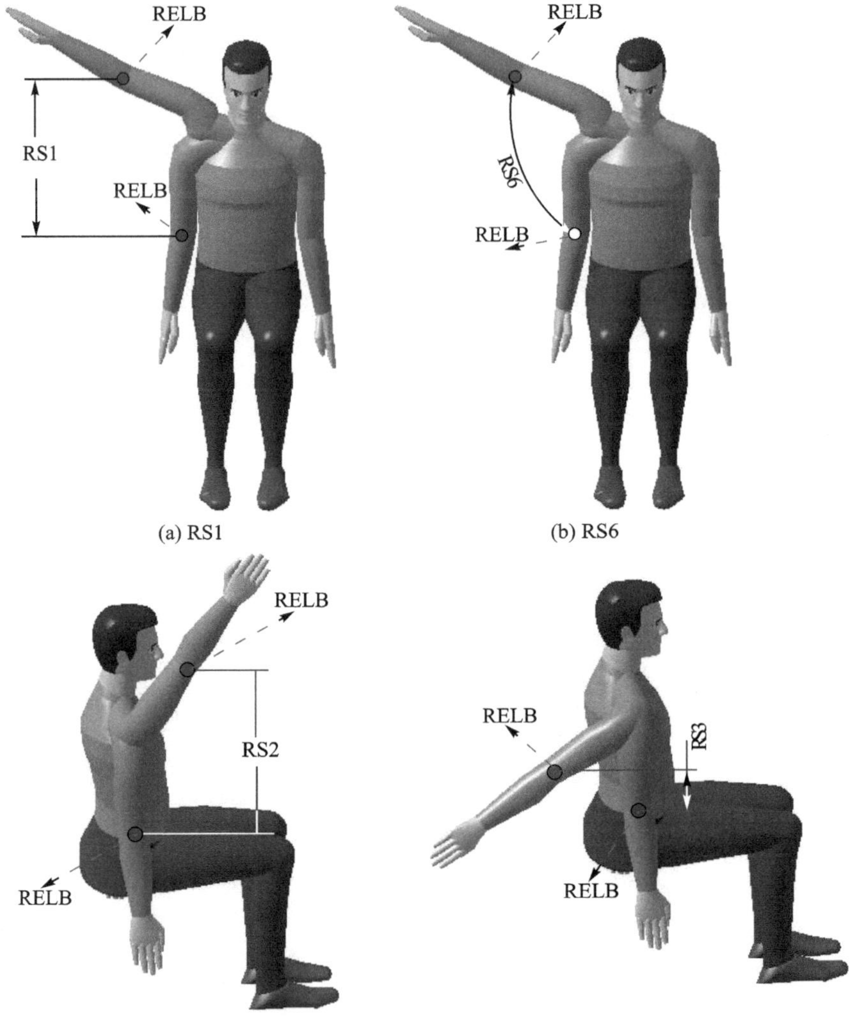

(a) RS1　(b) RS6

(c) RS2　(d) RS3

图 9.3.6　肩关节活动范围测试变量

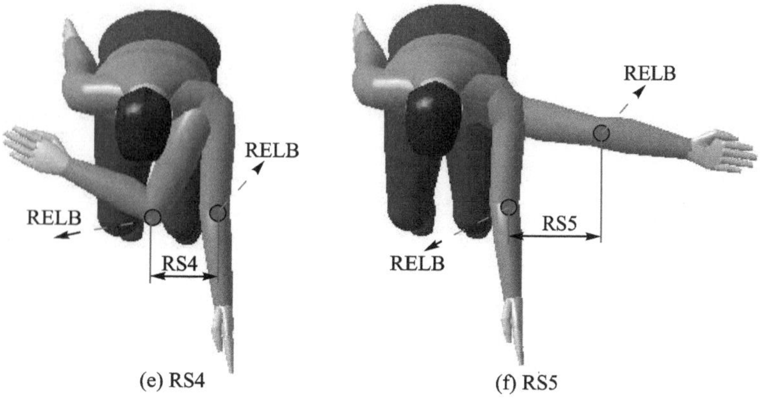

(e) RS4　　(f) RS5

图 9.3.6　肩关节活动范围测试变量(续)

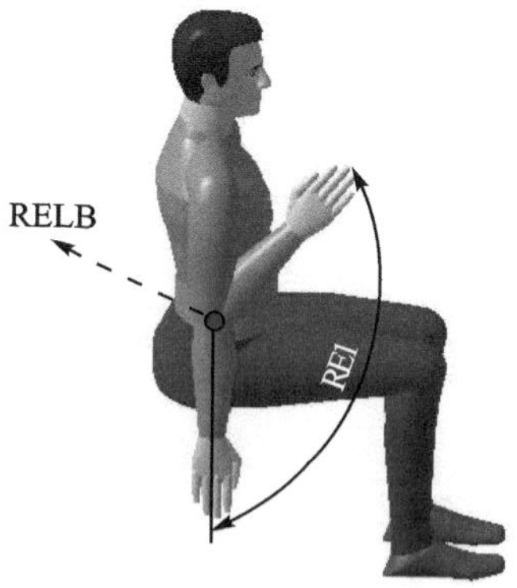

图 9.3.7　肘关节活动范围测试变量

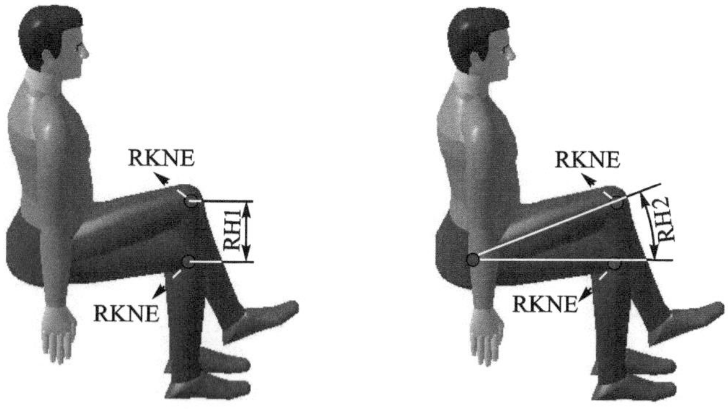

(a) RH1　　(b) RH2

图 9.3.8　髋关节活动范围测试变量

(5) 腰关节活动范围

① RW1:腰部左弯至极限位置时 LELB 在垂直轴的最大活动距离,如图 9.3.9(a)所示。

② RW2:腰部右弯至极限位置时 RELB 在垂直轴的最大活动距离,如图 9.3.9(b)所示。

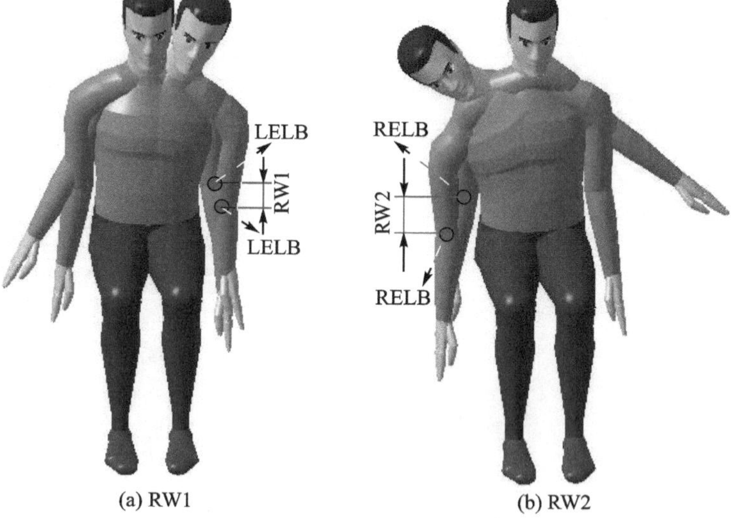

(a) RW1　　(b) RW2

图 9.3.9　腰关节活动范围测试变量

(6) 膝关节活动范围

RK1：小腿相对于大腿在矢状面内的最大活动角度，如图 9.3.10 所示。

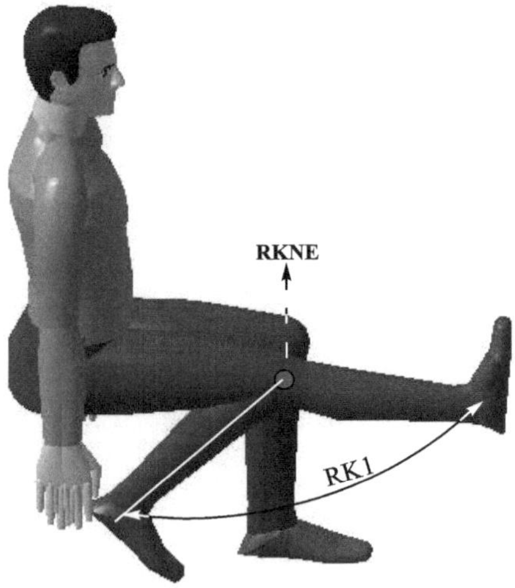

图 9.3.10　膝关节活动范围测试变量

3. 活动力

活动力工效指标由握力和脚蹬力两个二级指标组成。握力和脚蹬力均分别包含一个三级指标，其测试变量描述如下：

(1) 握　力

GS1：手臂伸直时手尽力抓握握力计时的最大握力。

(2) 脚蹬力

STS1：下肢尽力伸直，脚掌蹬踏压力传感器的最大压力。

9.3.4　实验设备及仪器

1. 三维运动捕捉系统

关于本实验所用的三维运动捕捉系统 VICON 460 的介绍详见 9.1 节。本实验设备用于活动范围的测试。

2. 目标拾取控制面板

一个长方形控制面板，与垂直面的夹角为 17°，长和宽分别为 95 cm 和 75 cm，固定在一个长×宽×高为 50 cm×50 cm×60 cm 的台子上。控制面板上横向布置 4 个等距的方形开关，纵向布置 5 个等距的圆形按钮，整个面板及目标控制器（按钮和开关）的布置如图 9.3.11 所示。此目标拾取控制面板用于测试模拟的飞行控制任务。

3. 握力计

分体式电子握力计由握力传感器和数字显示器组成，测量范围为 0～100 kg，精度为

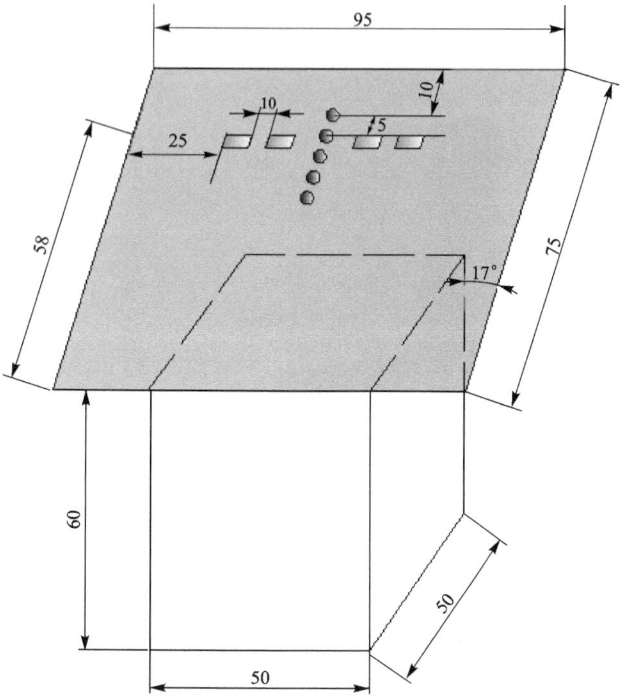

图 9.3.11 目标拾取控制面板

0.1 kg。WCS - 100 型电子握力计的主要技术指标见表 9.3.2。

表 9.3.2 WCS - 100 型电子握力计的主要技术指标

技术参数	技术指标	单　位
测量范围	0～99.9	kg
分度值	0.0	kg
示值误差	1	%FS
工作环境	0～40	℃
贮存温度	10～50	℃

4. 脚蹬仪

脚蹬仪是为本实验专门设计的压力传感器(见图 9.3.12)。它由一个圆形的 BK - 5 型称重传感器(主要技术指标见表 9.3.3)和一个 6 位的数字显示器组成,传感器固定于倾斜的三脚架上。本仪器用来测试脚部的最大施力能力。

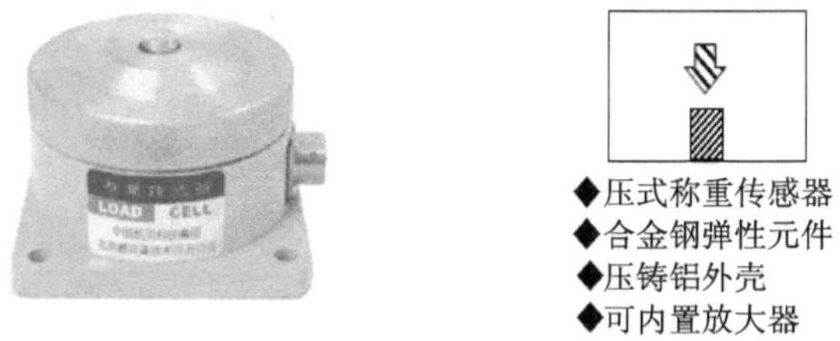

图 9.3.12 脚蹬仪

表 9.3.3　BK－5 型称重传感器的主要技术指标

技术参数	技术指标	单　位
额定载荷	100	kg
最大载荷	120	%FS
安全载荷极限	150	%FS
非线性误差	±0.03	%FS
滞后误差	±0.03	%FS
重复性误差	±0.03	%FS
零点温漂	≤0.005	%FS/℃
蠕变(30 min)	≤0.02	%FS
温补范围	－20～60	℃
使用温度	－30～80	℃
激励电压	≤15	V
灵敏度	1.52	±0.05 mV/V
输入阻抗	380	±15 Ω
输出阻抗	350	±3 Ω
零点输出	≤1	%FS
绝缘电阻	≥5 000	MΩ

5. 受试者

21 名中国男性大学生参加了此次实验，平均年龄为 23.4 岁(年龄范围 21～25 岁)，平均身高 169.38 cm(范围 165～175 cm)，平均体重 62.52 kg(范围 56～77 kg)。所有受试者均为右利手，身体健康，肢体功能正常。所选受试者的身体条件均满足实验所用的高空代偿服选配要求。同时，参加本次实验的受试者均要求具有航空航天背景知识，了解高空飞行基本环境状况和操作要求。实验前均需参加实验条件、实验要求、实验中会出现的一些状况的培训，熟悉所有工效测试项目并进行训练，直至掌握动作要领，能够熟练操作各工效项目。

6. 着装条件

本实验需要完成两种着装条件的测试，即穿着普通服装和穿着高空代偿服，两种着装条件下的实验内容相同。其中，普通服装包括短裤和背心，高空代偿服为中国某型侧管式高空代偿服。

7. 实验方法

本实验采用客观测试和主观调查相结合的方法对高空代偿服工效指标进行实验研究，并对实验用高空代偿服的工效特性进行分析。由于飞行员穿上高空代偿服时的工作姿势为坐姿，因此本实验中受试者的测试姿势也均为坐姿。

(1) 灵活性

1) 目标拾取

受试者坐在目标拾取控制面板的正前方，身体保持直立。实验前，受试者的右手置于身体右侧的一个圆柱形扶手上(左手目标拾取时，扶手位于身体的左侧，此时左手放在扶手上)。当收到实验开始的信号时，受试者迅速伸出手臂，首先从上至下完成 5 个按钮的操作，然后再以由左至右的顺序对 4 个开关控制器进行操作，任务完成后，手回到实验初始位置，记录任务完成时。本实验重复 5 次。实验规定受试者必须在保证任务完成质量(手不仅要触及目标控制器，还必须正确地完成规定的正向工位或反向工位的控制)的同时以尽快的速度对目标控制器实施操纵，如果受试者不能按要求准确地操纵目标控制器，本次实验视为失败。

2) 拉面帘

受试者首先保持坐姿，两臂自然下垂于身体两侧，然后双手尽量上举至最大触及位置。此工效项目需要肩、肘关节同时参与才能完成，任务完成过程中躯干尽量保持不动。

3) 收　腿

双腿首先尽量向前伸展至膝关节的最大活动角，然后再向后收回直至膝关节达到其最大的弯曲角。除双腿可以活动之外，身体其他部分尽量保持不动。

4) 操纵杆

受试者首先将右手置于操纵杆上，然后分别前推、左压和右压操纵杆至手臂活动的极限位置，任务完成过程中尽量避免身体其他部分的大幅度晃动。

(2) 活动范围

活动范围用来测试各关节的最大活动能力，所以，受试者在完成各关节活动的测试过程中，要尽量达到其运动动作的极限位置。

1) 颈关节活动范围

受试者保持头部的初始位置为中立(即头部在人体冠状面内)，面向前方，然后在保持躯干不动的前提下分别向左和向右旋转头部至其活动极限，动作完成后再将头转回至初始位置。

2) 肩关节活动范围

受试者保持身体竖直，两臂自然下垂。首先完成冠状面内的右臂侧上举活动，在保持身体其他部分不晃动的情况下，尽量向上举至其活动极限；然后完成矢状面内右臂的前摆和后摆运动，直至其运动极限位置，前摆和后摆动作结束后，手臂均应回到初始位置；最后完成水平面内的内收外展动作，此运动动作的初始位置为手臂垂直于人体冠状面。

3) 肘关节活动范围

实验初始状态为受试者手臂垂直于人体水平面。实验方法为上臂保持不动，下臂相对于上臂弯曲至其极限位置。

4) 髋关节活动范围

受试者上身保持不动，右大腿在矢状面内上抬至其极限位置。

5) 腰关节活动范围

在保证臀部不离开座椅的前提下，身体分别在冠状面内向左弯、向右弯至其极限位置。实验过程中手臂始终保持垂直于水平面。

6) 膝关节活动范围

首先将右腿伸直，上抬至水平面内，然后保持大腿不动，小腿相对于大腿弯曲至其极限位置。

(3) 活动力

① 握力：手臂向前伸直，以最大力量抓握握力计。

② 脚蹬力：右腿伸直至脚蹬仪上，然后以最大力量蹬踏脚蹬仪。

(4) 主观调查

完成两种着装状态下的客观测试后，受试者根据实验过程中的主观感觉，填写主观问卷调查表。主观调查项目包括合体性、舒适性、活动性、灵活性、协调性、力量以及典型的飞行操纵任务等工效学内容。这里将高空代偿服对各主观调查项目的影响程度分为 5 个等级，采用 5 分制对主观感受结果进行打分。最后采用综合评分来衡量每个主观项目的调查结果，综合评分的计算方法如下：

$$综合评分=\frac{A}{N}\times 5+\frac{B}{N}\times 4+\frac{C}{N}\times 3+\frac{D}{N}\times 2+\frac{E}{N}\times 1 \tag{9.3.1}$$

式中：N 为参加主观问卷调查的受试者总人数；A 为主观感受结果为 5 分的总人数；B 为主观感受结果为 4 分的总人数；C 为主观感受结果为 3 分的总人数；D 为主观感受结果为 2 分的总人数；E 为主观感受结果为 1 分的总人数。

最后，根据综合评分判断各调查项目的工效学问题，并将主观调查结果与客观测试结果进行对比。

9.3.5　实验规程

实验前首先测试受试者的人体基本测量参数，为服装的选择和后期的人体力学计算作准备。本实验中，所有受试者必须在同一测试时间完成两种着装条件的测试，两种着装条件的测试之间有足够长的休息时间以使受试者恢复体力。每个受试者完成整个实验的时间大约为 4 h。实验时，受试者坐于 VICON 的捕捉中心，测试姿势为坐姿。实验过程中，除了要求的运动动作之外，身体的其他部分应尽量保持不动。

在进行着装高空代偿服实验条件下的测试时，受试者穿上高空代偿服后，坐在 VICON 系统的捕捉中心。然后实验员按照高空代偿的服装配备要求为受试者调整调节带，调整后的代偿服不能太紧，以免影响着装者的操纵；也不能太松，以防服装在紧急情况下起不到代偿的作用。着装完成后为受试者粘贴 Marker 点。

本实验中高空代偿服不充压，受试者未配备密闭头盔和供氧面罩，是因为我们通过调查和开展预实验分析后结果表明头部活动范围在着装代偿服前后基本无变化，故本实验不测试此工效指标。

9.3.6　统计处理

进行结果分析前，首先对可疑数据进行检验，剔除粗值，最后用于统计分析的样本数为剔除粗值后的有效样本。测试数据均采用“均值±方差”的形式表示，对于重复的测试，最终取几次实验值的平均。统计分析软件采用 SPSS for Windows 12.0。差异显著性水平设为 $p<0.05$。两种着装条件的工效测试结果采用配对 t 检验进行对比分析。

由于各工效指标测试变量的单位不同，所以为便于比较这些指标的工效变化，这里采用人-机工效研究中常用的无量纲的工效变化指标，其计算公式如下：

$$工效变化=\frac{|着装代偿服前工效变量测试值-着装代偿服后工效变量测试值|}{着装代偿服前工效变量测试值}\times 100\% \tag{9.3.2}$$

9.3.7 实验结果

表 9.3.4 所列为两种着装条件下(普通服装和高空代偿服)工效测试结果统计。

表 9.3.4 两种着装条件下工效测试结果

测试变量	单 位	受试者的个数/n	着装状态	
			CC◆	PPS
灵活性				
TP1	s	10	6.83±1.45	7.20±1.68★★
TP2	s	7	13.55±1.39	14.92±1.58★★
TP3	s	7	13.77±1.97	14.90±1.81★★
TP4	s	7	12.96±2.06	13.95±1.75★★
PDV1	mm	20	1 069.13±40.37	972.76±50.69★★★
DBL1	(°)	20	125.80±15.46	109.07±9.54★★★
DBL2	mm	20	645.10±61.63	624.25±56.96★★★
CJ1	mm	20	186.00±42.64	160.50±36.87★★★
CJ2	mm	21	223.69±32.75	182.51±28.69★★★
CJ3	mm	21	299.70±49.27	270.55±53.66★★★
活动范围				
RS1	mm	21	612.62±33.33	548.78±46.14★★★
RS2	mm	19	600.62±33.33	549.63±32.47★★★
RS3	mm	19	163.58±50.96	145.90±49.74★★
RS4	mm	21	330.51±45.26	291.85±43.98★★★
RS5	mm	21	277.65±68.59	231.50±62.25★★★
RS6	(°)	21	134.72±9.51	114.89±14.64★★★
RE1	(°)	21	117.40±5.44	107.82±6.25★★★
RH1	mm	21	323.73±43.65	268.36±45.70★★★
RH2	(°)	21	49.79±7.30	36.98±9.07★★★
RW1	mm	21	139.06±32.13	116.79±27.89★★★
RW2	mm	21	157.69±36.05	129.42±32.14★★★
RK1	(°)	21	125.80±15.46	109.07±9.54★★★
活动力				
GS1	kg	19	42.89±5.40	41.26±5.35★★
STS1	kg	19	23.72±2.90	23.56±3.47

注:与对照组◆相比,★表示 $p<0.05$ 的情况,★★表示 $p<0.01$ 的情况,★★★表示 $p<0.001$ 的情况。

1. 灵活性

由表 9.3.4 可知,与对照组(CC 组)相比,着装高空代偿服后(PPS 组)灵活性工效指标的

10 个测试变量值均显著降低，但不同的测试变量变化也不一样。目标拾取测试变量受高空代偿服影响后的改变量（$p<0.01$）小于其他 3 个工效指标的测试变量（$p<0.001$）。

(1) 目标拾取

与着装普通服装相比，目标拾取的 4 个测试变量在 PPS 实验条件下均显著增加（见表 9.3.4），说明在穿上高空代偿服后，目标拾取任务完成时显著延长，工效显著降低。此结果表明，高空代偿服削弱了目标拾取任务完成能力，目标拾取对高空代偿服比较敏感，可以作为工效设计和鉴定的指标，4 个变量均可作为目标拾取工效指标的有效测试变量。

但 4 个测试变量受高空代偿服的影响工效变化不同。如图 9.3.13 所示，TP2 变化最大，TP1 变化最小，TP3 和 TP4 的变化相同，这说明 TP2 对高空代偿服的影响最为敏感，TP3 和 TP4 次之，TP1 最不敏感。TP1 反映的是简单目标拾取任务（仅对按钮这一类目标控制器进行操作）的工效水平，而 TP2、TP3 和 TP4 测试较为复杂的目标拾取任务（对按钮和开关这两类目标控制器的操作）的工效情况，由此可以看出，目标控制器的种类越多，任务越复杂，受高空代偿服的影响越大。此结果可为服装设计师和工效鉴定专家等提供有意义的借鉴，即在高空代偿服工效设计和鉴定工作中，仅考察高空代偿服对复杂的目标拾取操纵任务的影响情况即能全面地反映出高空代偿服的工效水平；另外，为了降低高空代偿服对目标拾取任务的影响，人-机界面和控制装置设计工程师应尽量减少目标控制器的种类，以提高着装者对目标拾取任务的操作能力。

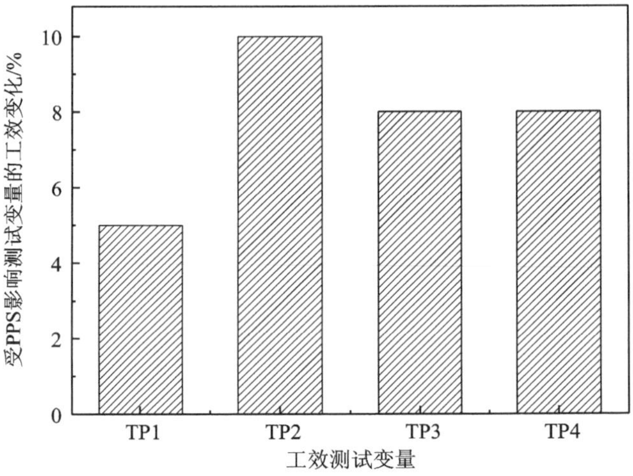

图 9.3.13　高空代偿服对目标拾取 4 个测试变量的影响

TP2 的变化大于 TP3 这一结果显示，对于复杂程度相同的目标拾取任务，高空代偿服对左手操作能力的影响要大于右手，这表明 TP2 对高空代偿服的敏感性要大于 TP3。这可能是因为所有受试者均为右利手，右手操作能力优于左手，因此受高空代偿服的影响比较小。此结果提示界面设计和控制器布置专家，在条件允许的情况下，飞行操纵控制器应尽量布置在人体右侧，以便着装飞行员能够通过右侧肢体完成操纵任务，这样能够降低高空代偿服对目标拾取任务操作能力的影响。

TP3 和 TP4 变化相同的结果表明，高空代偿服对同一种类型目标控制器的两种不同工位的任务操纵能力影响相同。

(2) 拉面帘

与 CC 实验条件相比，PPS 实验条件下拉面帘工效测试变量 PDV1 显著减小（$p<0.001$，见表 9.3.4），这说明拉面帘工效指标对高空代偿服的影响比较敏感，此项目可作为测试高空代偿服工效性能的有效指标。

拉面帘任务实质上是双手的上举运动，此动作要求受试者必须双手同时上举至极限位置，需要肩肘关节的共同参与。因此，此工效指标实验结果提示涉及到上肢关节极限运动范围的飞行任务可能会受到高空代偿服较大的影响，在飞行任务设计中，应尽量避免设计一些对上肢关节的活动范围要求较高的任务。

(3) 收　腿

如表 9.3.4 所列，收腿工效指标的两个测试变量在 PPS 实验条件下均显著减小（$p<0.001$），说明高空代偿服显著降低了收腿作业工效。收腿运动动作主要由下肢运动系统完成，此测试项目工效的降低说明高空代偿服对下肢的极限运动动作影响比较大。因此，在设计下肢操纵任务时，为防止高空代偿服对作业工效产生较大的负面影响，应将操纵装置设计在下肢容易触及到的位置，尽量避免将其布置在下肢的极限活动位置上。高空代偿服对两个测试变量的影响不同，DBL1 减小了 13%，DBL2 仅减小 3%。这说明两个变量对高空代偿服的敏感度不同，它们之间的关系有待进一步的研究和探讨。

(4) 操纵杆

实验结果表明，操纵杆的 3 个测试变量在 PPS 的影响下，均发生了显著变化（$p<0.001$，见表 9.3.4），变量值均显著减小，说明着装者的操纵杆作业工效显著降低。

高空代偿服对操纵杆 3 个测试变量的影响存在差异，其中，CJ2 的变化程度最大，其次是 CJ1，变化最小的是 CJ3（见图 9.3.14）。这说明高空代偿服对左压操纵杆任务的影响最大，其次是前推，右压操纵杆受影响最小。出现此现象的原因可能是高空代偿服对人体左侧的运动动作影响比较大，其次是前方运动，对右侧的运动影响最小。这个结论可以指导飞机座舱设计者在进行操纵杆位置的选择时，在布局空间允许的情况下，应将操纵杆布置在座椅右侧，这样更有利于提高操作工效。

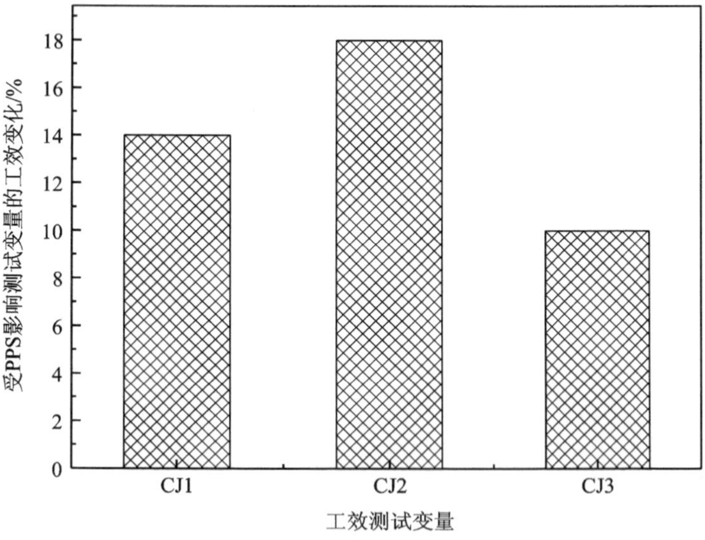

图 9.3.14　高空代偿服对操纵杆测试变量的影响

(5) 实验结果讨论

为比较高空代偿服对 4 个灵活性工效指标影响的差异,分别取同一工效指标的不同测试变量的均值作为本指标的工效值,得出 4 个指标的工效变化,结果如图 9.3.15 所示。

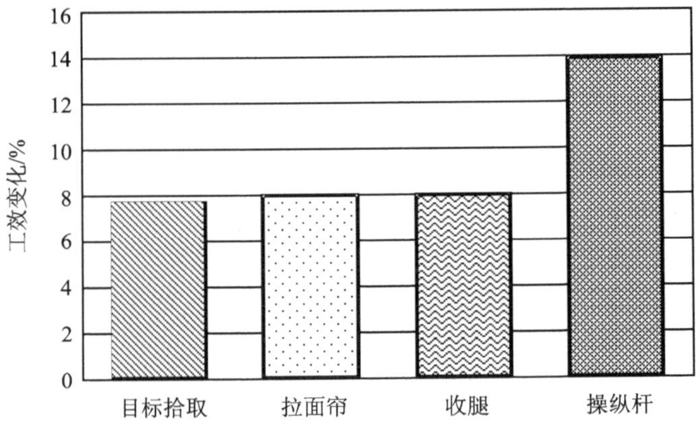

图 9.3.15　高空代偿服对灵活性工效指标的影响

由图 9.3.15 可以看出,工效变化最大的是操纵杆,其他 3 个工效指标的变化基本相同。而与拉面帘和收腿相比,目标拾取的工效变化略小一些。操纵杆受高空代偿服的影响变化最大的原因可能是:

① 参与此运动动作的关节较多。与其他 3 个灵活性工效指标相比,完成操纵杆任务除需要肩、肘和腕 3 个关节的参与之外,还需要腰和躯干的转动,而拉面帘和目标拾取仅需要肩、肘和腕 3 个关节的运动。收腿也仅需要膝和踝两个关节的运动,这两个工效指标均不需要腰和躯干的活动。

② 任务模式多。操纵杆包含前推操纵杆、左压操纵杆和右压操纵杆 3 种任务模式,内容多,较复杂。而完成拉面帘和收腿这两个灵活性工效项目只有一种任务模式。与操纵杆相比,它们属于较为简单的任务。

③ 对关节活动范围要求高,操纵杆需要参与的运功关节达到其极限位置。目标拾取虽然也包含多种任务模式,但完成此任务时参与运动的关节不需要达到其极限位置。

由以上分析可知,操纵杆工效降低程度明显大于其他 3 个灵活性工效指标的原因可能是高空代偿服对任务模式多、操作复杂、需要关节活动范围比较大的工效指标影响比较大。此结果对任务规划和服装设计者有一定的借鉴意义。在任务规划中,尽量降低任务难度和任务模式的种类,减少涉及关节极限活动的操纵任务,以提高着装者的操作工效。服装设计者应改善高空代偿服的结构,提高着装者的关节活动范围,以确保飞行员具有良好的操作工效。

2. 活动范围

两种着装状态下的实验对比结果表明,高空代偿服显著改变了着装者 5 个关节活动范围的测试变量(见表 9.3.4),但各关节活动范围的变化情况不同。

(1) 肩关节活动范围

肩关节活动范围的 6 个测试变量在高空代偿服的影响下均显著减小(见表 9.3.4),说明肩关节活动范围的 6 个测试动作对高空代偿服均比较敏感,此结果也意味着装高空代偿服后,受试者的肩关节在人体 3 个基准面内的运动均受限制。6 个测试变量的变化不同(见图 9.3.16),说明各变量对高空代偿服的敏感性存在差异。RS3 的变化程度大于 RS2,这一结果表明肩关节在矢状面内的后摆运动受高空代偿服的影响要大于前摆运动。RS5 的改变大于 RS4,意味着高空代偿服对冠状面内外摆运动的影响要大于内摆运动。这两个结果存在一个共同现象,即着装受试者向人体内侧的运动比向人体外侧的运动受高空代偿服的影响要小,由此可认为高空代偿服对人体外侧运动的影响要大于对人体内侧运动的影响。这个结果可为相关任务专家和操纵装置的设计者提供参考,如为了提高着装飞行员的飞行操纵绩效,应尽可能将控制装置布置在人体内侧的活动区域内。服装设计专家也可以据此改进服装结构,以提高着装者对身体外侧控制装置的操纵能力。RS1 和 RS6 是用来测试同一工效项目的两个不同量纲的测试变量,图 9.3.16 中显示 RS6 的改变程度要大于 RS1,这说明两个测试变量对高空代偿服的敏感性不同。但由于两个变量受高空代偿服的影响均发生了显著变化,因此,二者均可作为肩关节活动范围工效指标中上肢上下摆工效项目的有效测试变量。

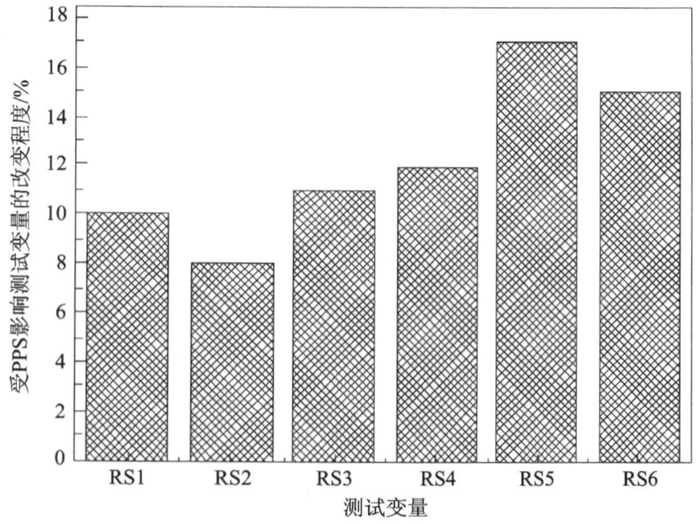

图 9.3.16　高空代偿服对肩关节活动范围 6 个测试变量的影响情况

(2) 肘关节活动范围

测试变量 RE1 在高空代偿服的影响下显著减小,说明此变量对高空代偿服敏感,可作为高空代偿服有效的工效测试变量。此结果也意味着高空代偿服降低了肘关节活动范围,着装人体的肘部弯曲伸展活动受到严重限制。

(3) 髋关节活动范围

高空代偿服显著减小了 RH1 和 RH2($p<0.01$,见表 9.3.4),这说明 RH1 和 RH2 对高空代偿服比较敏感,属于有效的工效测试变量。此结果同时也表明,无论采用何种形式的测试变量,髋关节活动范围受高空代偿服的影响后工效降低这一事实均是相同的。这两个变量值的减小反映了高空代偿服对髋关节活动范围有影响,限制了人体躯干和下肢之间的相对运动。

RH1 和 RH2 的工效变化不同,分别为 17% 和 26%,说明这两个变量对高空代偿服的敏感度不同。

(4) 腰关节活动范围

腰关节活动范围的两个测试变量值均发生了较大变化，RW1 减小了 16%，RW2 减小了 18%，由此可以看出，高空代偿服影响了腰部的最大活动范围，且它对腰部的左弯和右弯活动的影响基本相同。

(5) 膝关节活动范围

高空代偿服也影响了膝关节的活动范围，其测试变量 RK1 显著减小，这意味着高空代偿服限制了大腿和小腿之间的相对运动。

(6) 实验结果讨论

几个关节活动受高空代偿服影响后的变化如图 9.3.17 所示，由图可以看出，髋关节活动范围受影响最大，其次是腰，肩和膝的变化基本相同，受影响最小的是肘关节的活动范围。形成此结果的原因可能是着装高空代偿服人体的测试姿势为坐姿，服装本身为连体衣，髋部和腰部受到服装的挤压和约束比较大。而且，髋部和腰部的拉力管较集中，这使得整个髋和腰部成为应力最集中的地方。因此，着装者的髋部和腰部的活动受限制的程度较大。服装设计者应对此部分结构进行改进，以提高其活动能力。另外，任务专家和人-机界面设计者也可参考此结果来优化任务和界面，以适应高空代偿服结构及功能对人体活动的限制。

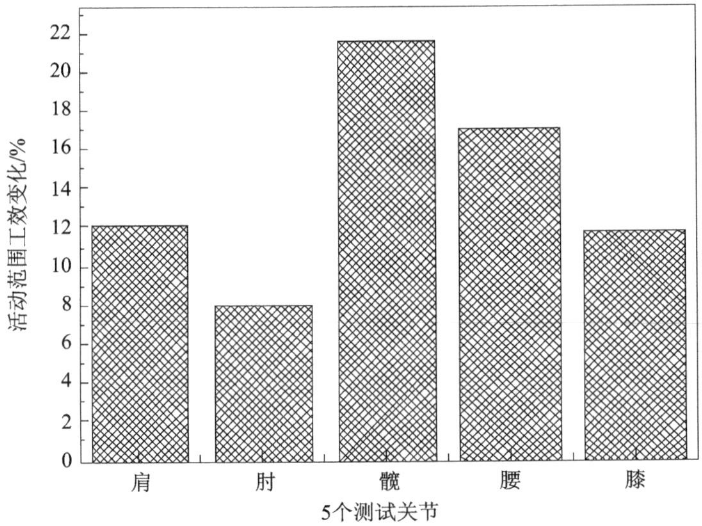

图 9.3.17　高空代偿服对关节活动范围的影响

3. 活动力

高空代偿服降低了最大握力($p<0.01$)，但对最大腿蹬力(STS1)无显著影响。此结果说明，本实验所建立的脚蹬力工效指标对高空代偿服不敏感，不能作为活动力的工效测试指标。另外，手部握力受高空代偿服影响后变化为 4%，明显小于灵活性和活动范围，这说明高空代偿服对着装人体活动力的影响要小于其对灵活性和活动范围的影响。

4. 主观调查

利用式(9.3.1)对主观问卷进行统计，结果如表 9.3.5 所列。由表 9.3.5 可以看出，除握力和脚蹬力之外(综合评分小于 2 分),其他项目的综合评分均大于 2 分,说明 21 个受试者的主观感受结果为:高空代偿服影响了各工效调查项目。

表 9.3.5 主观调查结果统计

调查项目		选择各影响等级的总人数 N					综合评分
		A (5 分)	B (4 分)	C (3 分)	D (2 分)	E (1 分)	
合体性		1	4	8	6	2	2.81
舒适性		2	9	4	6	0	3.33
活动范围	肩部	3	6	7	4	1	3.29
	肘部	0	12	7	2	0	3.48
	腰部	0	1	11	8	1	2.57
	膝部	0	6	8	7	0	2.95
灵活性	上肢	2	8	7	3	1	3.33
	下肢	0	5	9	7	0	2.90
力量	握力	0	0	1	7	13	1.43
	脚蹬力	0	0	1	10	10	1.57
协调性	上肢	1	1	8	9	2	2.52
	下肢	0	3	6	10	2	2.48
拉面帘		1	5	11	3	1	3.10
收腿		1	7	6	7	0	3.10
操纵杆	前推	1	1	4	10	5	2.19
	左压	0	3	5	10	3	2.38
	右压	0	1	4	10	6	2.00

注:这里 $N=21$。

主观调查结果显示高空代偿服的合体性和舒适性对作业工效有影响,特别是舒适性,综合评分为 3.33 分,说明高空代偿服的舒适性存在较大的问题。此结果给服装设计者提出了一个新的课题,即高空代偿服的合体性和舒适性有待改善,合体性和舒适性的改进能够提高着装者的操作工效。

握力和脚蹬力的综合评分小于 2 分,但大于 1 分,说明高空代偿服对力量有一定的影响,但不是非常明显。实验测试结果也给出了同样的结论,握力和脚蹬力在高空代偿服的影响下均有下降,但其变化小于灵活性和活动范围工效指标。但握力的变化具有统计学意义,而最大脚蹬力的变化不具有显著性,此结果与主观调查结果存在差异。出现此结果的原因可能是高空代偿服对力量的影响比较小,受试者对小变化感觉不是太敏感,因此主观判断和客观实际情况间存在一些偏差。

操纵杆 3 个任务模式的主观评价结果和实验结果一致,即高空代偿服对左压操纵杆的影响最大,其次是前推操纵杆,影响最小的是右压操纵杆。

主观调查和客观测试结果吻合,说明高空代偿服工效指标体系有效,测试方法可行。

9.3.8　实验结论

通过本节的研究可得到以下结论：

① 第 3 章所建立的高空代偿服工效指标体系有效，可用于其工效研究；

② 不同的工效指标对高空代偿服的敏感度也不同；

③ 高空代偿服显著降低了着装者的活动范围、活动力和操作工效；

④ 本节提出的定量研究高空代偿服工效问题的测试方法切实可行。

另外，本实验所获得的实验数据期望为相关领域专家提供参考，如指导新服装工效设计，为任务规划专家提供数据参考以使飞行任务更适合人体工效，为评估新装备的工效性能提供依据，为座舱人-机界面设计者提供人-机工效数据参考。

因此，本节研究结果可得到以下启示：

① 个体防护装备设计师、飞行任务专家、座舱界面工程师和人类工效学家应重视着装飞行员的操纵工效问题，在人-机界面设计和鉴定中要考虑高空代偿服等个体防护装备对着装者人体力学特性的影响。

② 着装飞行员人体力学参数应用在各种控制操纵装置、界面布置、任务规划等工作中。

③ 本实验所建立的高空代偿服工效指标体系和提出的工效测试方法可用于高空代偿服的工效性能设计、鉴定和评估工作中。

9.4　飞行员头盔的压力舒适性研究

9.4.1　实验背景

头盔作为个体防护的重要装备，其应用范围也非常广泛。民用方面，摩托车头盔可谓是最普遍的。数据显示，骑行交通事故中，绝大部分的致死事件都是由于头部损伤造成的。如果佩戴头盔，大部分的头部损伤事件都可以得到避免。军用方面，头盔作为单兵防护系统的重要组成部分，在近代战争中发挥的重要作用也已得到充分的肯定。目前，许多国家都在不遗余力的研发新一代高性能军用头盔，从而适应高科技战争对作战人员的更高要求。

在我国，直到 20 世纪 70 年代末，才成功研制出第一代国产军用头盔 GK80，80 年代开始被部队使用。该头盔采用 232 防弹钢，重量在 1.10～1.25 kg。实战数据表明，GK80 具有结构简单、防弹性能强、佩戴方便等优点。但与国外同时期的先进头盔相比，GK80 在一些性能上仍存在相当大的不足。20 世纪 90 年代，我军又研发成功了新一代的军用头盔——QGF02 芳纶头盔。该头盔在一些性能上甚至优于美国的“凯芙拉”头盔。

随着作战任务难度的提升，军用头盔多功能化的需求也越来越多。军用头盔不仅应具备防子弹直射、防撞击碰撞、防火耐热、减震降噪、伪装等基础功能，还需要尽可能地在不影响作战能力的前提下增大防护面积，从而适用于辐射或生化战争等极端情况；此外，还需要通过头盔提供通信、夜视、观测、瞄准等功能，使得头盔已然成为高科技装备的高效承载平台。

随着军用头盔多种功能的集成，在增加了头盔对于飞行员生命保护能力的同时，头盔的重量也会相应增加。一般来说，人体头部的负重在 1～1.5 kg 情况下，短时间内不会引起不适，如果超过这个值，佩戴者会产生不舒适感[5]。我国装载了头盔显示系统的头盔的质量在 1.85 kg

左右。看似质量仅超过 350 g，但对于佩戴时间较长的作战人员来讲，由此引发的头颈部疲劳对作战能力的影响不容忽视。尽可能为作战人员提供舒适的装备系统，是研究人员的重要目标。

9.4.2 实验目的

压力极限测试实验：通过自主研发的头顶部施力测力装置，确定人体头部的前部（额部）、两侧（颞部）、顶部和后部（枕部）4 个区域的受压极限情况，根据得到的受试者的主观量表评分，得到 1～2 种符合主观评价的舒适压力分布方案。

舒适压力分布实验：以压力极限测试实验获得的舒适压力分布方案和均匀分布方案作为不同工况，进行客观评价实验，并选取合理的客观评价指标，综合考虑主观评价得分和客观数据结果，得到最终的舒适压力分布方案。

9.4.3 实验方法

1. 受试者招募及特征

压力极限测试实验：本实验选取了 6 名受试者，3 名男性，3 名女性，均为在校大学生，年龄在 22～26 岁之间。由于该实验可看作是舒适压力实验的预实验，并且 6 人的结果已经有代表性，故受试者选取了 6 名。

舒适压力分布实验：本实验选取了 13 名受试者，7 名女性，6 名男性，均为在校大学生，年龄在 22～26 岁之间。

2. 实验所用设备

压力极限测试实验：本实验使用了自主研制的头顶部施力测力装置，用于研究飞行员头部不同区域受力大小和相互作用与舒适性之间的关系，寻找最优的施力方式，帮助优化飞行员头盔的设计，使其符合舒适的力学分布。

头顶部施力测力装置（见图 9.4.1）由固定基架、可升降单元、头部分区装置、施力单元和测力单元组成。

固定基架和可升降单元可实现仪器的普遍适用性，头部分区装置实现对头部的分区（见图 9.4.2）。

施力单元由 5 个气囊组成，实现分区功能。5 个气囊在头盔外壳内部的粘贴位置分别对应颅骨的前部（额部）、两侧（颞部）、顶部和后部（枕部）区域。每个气囊连接一个加压输气球，材料均选用医用血压计中施压部分的气囊和输气球。输气球的功能是实现对头部不同区域施加压强，同时每个输气球上都装有出气控制阀门，可用来调节施加压强的大小。

测力单元由压强传感器组成，分别与 5 个气囊相连接，能够实时测量所施加的压强并将其转为电信号传入计算机单元进行显示与记录。

3. 实验条件控制

压力极限测试实验：参考文献[6]对人颅骨中的顶骨、颞骨和枕骨的弹性模量和泊松比进行了测定，得到的结果如表 9.4.1 所列，可知顶骨的弹性模量大于颞骨和枕骨，并且颞骨的弹

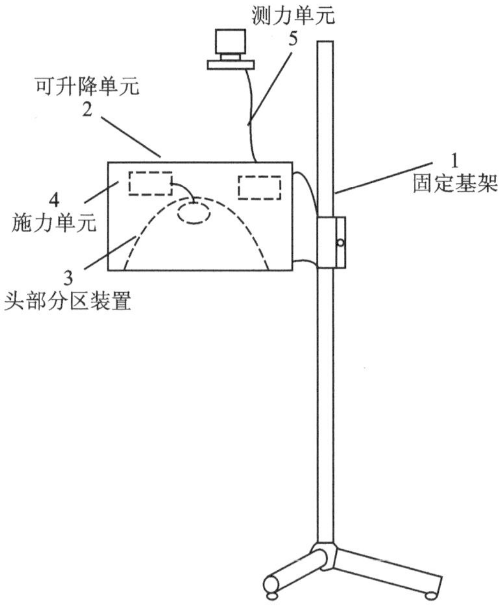

(a) 示意图

(b) 实物图

图 9.4.1　头部施力测力装置

性模量最低。由于样本采集的限制，该实验并没有测定额骨弹性模量。但基于已知的这 3 个区域可以推断，颅骨 4 大区域的弹性模量各不相同，这是本实验提出不均匀舒适压力分布的生理基础。然而，生理基础与心理感受并不能画等号，即不能仅因为弹性模量中顶骨＞枕骨＞颞骨，就认为在头盔佩戴条件下，各部分所受压力为顶骨＞枕骨＞颞骨就是舒适的。

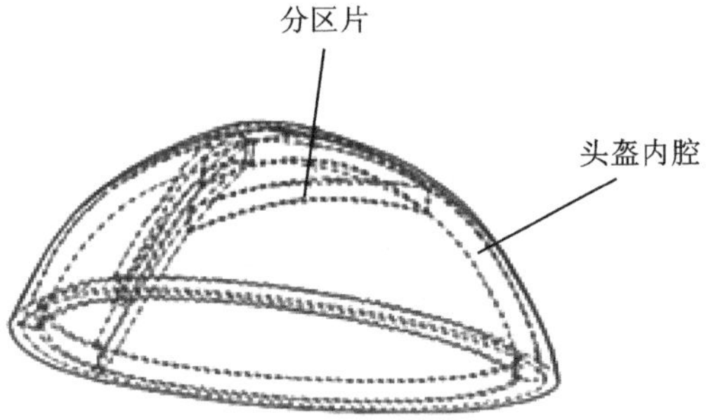

图 9.4.2　头部分区装置示意图

表 9.4.1　颅骨各部位的弹性模量和泊松比

部　位	弹性模量/(N・cm^{-2})	泊松比
顶骨	49.76±3.16	0.268±0.024
颞骨	37.94±4.62	0.236±0.031
枕骨	42.73±5.17	0.247±0.026

上述压力极限测试实验为本实验提出各个部位的人所能承受的压力极限不同。由于舒适性是一个更主观的感受，故具体的压力极限与舒适性的关系则需要人来进行主观评价。通过打分，可以在获得压力极限的过程中，得知每个区域舒适等级发生降级时的压力值，进而为每个区域划分舒适性等级，再将同一等级所对应的不同区域的压强值换算成比例关系，即可得到不同舒适性等级下 4 个区域的压力比值关系。

舒适压力分布实验：使用人体3D激光扫描仪对受试者头部进行扫描，图9.4.3中箭头所指白色小方块作为定位点，用作后续分区处理（箭头仅指示了部分定位点）。将扫描得到的3D结果导入Solidworks软件（见图9.4.4）。考虑到测量的困难程度，本实验将受压面积简化为特定截面各区域的投影面积，这种简化在压强数值上会导致与实际不符，但由于本实验探讨的是压力分布方案，并且不同方案的受压面积都是基于同样的处理方法，因此认为这种简化在定性层面是可以接受的。选定投影面，按照先前标记的定位点，通过Solidworks软件，可以计算出每名受试者的头前部、顶部、两侧和后部的投影面积[7]。

图9.4.3　3D激光扫描头部实验照片

图9.4.4　3D激光扫描结果

4. 测量及评价指标

压力极限测试实验：头顶部施力测力设备调整好后让受试者佩戴头盔，分别测试头顶部、前部、两侧和后部可承受的压力极限。由压力导致的不舒适最直接的反应就是受试者的主观评价，因此这里采用5分制的主观评价量表作为判断压力极限的指标。

舒适压力分布实验：普通飞行员头盔的质量在1 kg以上，对于佩戴时间长达数小时的空军飞行员来说，随着执行任务时间的延长，头盔压力所引起的不舒适感会逐渐加强。然而前文提到，不舒适感其实是一种主观评价，主要是由于人-机-环境三者在发生交互的过程中，人的生理状态发生了消极的变化，有别于发生交互过程前的生理状态，进而生理信号反映到大脑产生出主观上的不舒适感。本实验认为，这种消极的生理状态可以看作是机体疲劳的表现之一。

(1) 主观评价

主观评价是指用人的主观感觉来反应受到环境变量刺激后的舒适状态。对头盔的主观评价是对其舒适性最直接的反应。本实验选取的主观评价是基于语意赋值法的5等级心理量表。心理量表将头盔的舒适性水平分为5个等级，并对不同等级赋值，如表9.4.2所列。

表 9.4.2　主观评价表

等　级	1—非常不舒适	2—不舒适	3—一般	4—舒适	5—非常舒适
开始					
中期					
结束					

（2）客观评价

有关机体产生疲劳的问题，从 1880 年的生理学家莫兹开始，就已经有大量的科学家对此展开了研究。在国内外，疲劳的产生机理主要集中在以下几种理论上。

1）疲劳物质累积理论

操作者的体力和脑力水平随着操作任务的进行在持续地降低，与此同时，乳酸等物质在体内的含量不断增加，扩散到周身的血液和肌肉组织中，从而导致人产生疲劳感，进而难以进行操作任务。

2）力源消耗理论

类似于物质守恒原理，人体供能系统的总能量是一定的，无论所进行的操作任务强度如何，都需要消耗能量，强度大的消耗的能力多，强度小的则消耗的少。由于能力守恒，随着操作任务的进行，用于提供能力的糖原在不断消耗，同时又得不到及时的补充，能量不足，人就产生了疲劳。

3）中枢神经系统变化理论

人脑常常会对机体所处的环境产生应激反应。面对能量消耗很大的操作任务时，中枢系统即发生了保护性抑制的应激反应，也就是说，大脑为了不让供能系统被彻底消耗殆尽，让机体感觉到疲劳，从而保留剩余的能量。

4）内环境稳定性失调理论

该理论认为，随着操作任务的进行，机体的水和无机盐代谢系统不能正常运转，进而影响了血浆渗透压，结果就是机体 pH 水平降低，产生了疲劳。因此，随着操作任务的进行，机体不仅经受了生理上的挑战，同时也在承受心理上的负担。随着时间的进行，身心遭受的负担也会逐渐累积，到一定程度后就会让机体感受到疲劳。影响疲劳产生的主要因素包括：任务强度与持续时间、任务速度、劳动者态度、任务时刻和任务环境。

不舒适感是一种主观感受。但是，通过主观评价往往不够全面，不可避免地会存在主观反映与真实情况有出入的情形。因此，在主观评价之外选取合理的客观指标进行综合评价就变得至关重要。

那么根据以上有关疲劳的理论，针对飞行员执行长时间飞行任务时佩戴飞行员头盔这种工况，这里认为它属于能够诱发疲劳的作业类型。因此，提出假设：佩戴压力分布不符合舒适压力分布的头盔会引发受试者的疲劳，从而导致作业效率下降。

基于这个假设，本实验通过选取评价疲劳的客观指标实现对压力不舒适感的间接客观评价。研究疲劳的客观评价方法最常见的是生理参数测试法，例如脑电图、心电图、眼动图、肌电图和血氧饱和度测试等。本实验选择眼动测试方法。通过获得眼动相关数据来研究疲劳是一个很重要的方法。生理疲劳会进一步引发心理疲劳。若劳动者处于疲劳状态，则会出现反应迟钝、注意力不集中的情况。

基于此，本实验所设计的操作任务是在眼动仪监测下完成一项注意力测试。所需记录的数据有：注意力测试的正确率和完成时间，全程的眨眼次数、频率，感兴趣区百分比，平均时间。

本实验主要探讨不同的头盔压力分布方案与舒适性的关系，所以除了压力分布方式之外，其余的任务和视觉刺激均为控制变量。

5. 数据处理及分析方法

压力极限测试实验：以头前部压力极限测试为例，在确保其他部位所施加的压力值不变的情况下，向前侧对应气囊内加压，依次从 1 000 Pa 加压到 7 000 Pa，增量为 1 000 Pa。每组压力值下保持 1 min，使得受试者能够稳定感受每种工况，其后让受试者用 5 分量表对当前状态下头盔压力舒适性进行评价（5 为非常舒适，4 为舒适，3 为一般，2 为不舒适，1 为非常不舒适）。如是，依次测定每个区域的压力极限情况。

舒适压力分布实验：非佩戴头盔条件下实验中获得的数据有：任务正确率，任务完成时间，AOI 百分比（感兴趣区域百分比的含义为：在完成任务的过程中注视点落在感兴趣区域内的时间占总时间的比例）、眨眼频率（blink frequency）、眨眼总时百分比、眨眼时间均值（blink duration average）、注视时间均值（fixation duration average）。佩戴头盔条件下的实验中获得的数据与上述数据相同，同时增加了主观调查问卷结果。

有关眼动数据均来自眼动仪软件自带的数据后处理软件。特别的，由于眼动仪获得的眨眼总时（blink duration total）数据是每次眨眼持续时间相加的结果，而受试者完成任务的时间各不相同，直接使用这个数据并没有任何意义，所以本实验使用了眨眼总时百分比，即眨眼总时占任务完成时间的百分比，达到数据归一化的目的。其余数据均未进行二次处理。

需要特别说明的是，有两名受试者的眼动数据异常，进行了剔除。

基于疲劳对人的注意力和眼动活动的影响，本实验假定，舒适性较高的压力分布方案与舒适性次之的压力分布方案在数据上相比表现为：主观评价得分高，任务正确率高，任务完成时间短，AOI 百分比高，眨眼频率低，眨眼总时百分比低，眨眼时间均值低，注视时间均值高。

接着，使用 SPSS 软件，对每一名受试者的 A 方案和 B 方案所获得的数据结果进行配对样本 t 检验，以 95％的置信区间判断数据之间的差异显著性，进而说明这两种方案之间在舒适性上是否存在显著性差异。

6. 统计方法

针对有关头盔压力舒适性方面的研究，通常默认均匀压力分布为舒适压力分布，没有得到实验证实的情况。本节首先介绍了舒适性的概念和舒适性模型，指出舒适性主要是人的主观感觉的评价；然后通过头部压力极限测试实验，给出了一个符合人生理水平的理论舒适压力分布方案 A；最后，进一步通过舒适压力分布实验，综合考虑了主观和客观评价指标结果，验证了本节提出的舒适压力非均匀分布方案 A 确实优于均匀压力分布方案 B。

9.4.4 实验结果

压力极限测试实验：以头前部的压力极限测试实验为例（见表 9.4.3）。假设本实验的目标是得到 4 种不同的舒适压力分布方案，将受试者主观感受发生越级变化的压强值作为某一等级的代表压强值。

表 9.4.3　头前部压力极限测试主观评价结果

压强/Pa	受试者 1/分	受试者 2/分	受试者 3/分	受试者 4/分	受试者 5/分	受试者 6/分	均值/分
1 000	5	4	4	4	4	5	4.33
2 000	5	3	3	3	2	5	3.50
3 000	5	3	3	3	2	5	3.50
4 000	4	2	2	3	2	4	2.83
4 500	4	2	2	3	2	4	2.83
5 000	3	2	2	2	2	4	2.50
5 500	3	2	2	2	1	3	2.17
6 000	3	2	2	2	1	2	2.00
6 500	2	2	1	1	1	2	1.50
7 000	2	2	1	1	1	1	1.33

例如，在压强增长到 2 000 Pa 时，从主观评价的均值来看，舒适性评分由较“舒适”(4.33 分)降至“舒适”与“一般”之间(3.5 分)，于是认为 2 000 Pa 为头前部舒适第一等级的压强极限值。随着压强的增大，在 4 000 Pa 时，舒适性评分由“舒适”与“一般”之间(3.5 分)降至“一般”与“不舒适”之间(2.83 分)，于是认为 4 000 Pa 为头前部舒适性第二等级的压强极限值。随后，直到 6 500 Pa 时，评分由“不舒适”(2 分)降至“不舒适”与“非常不舒适”之间(1.5 分)，于是认为 6 500 Pa 为舒适性最低等级的压力极限值。由于假设得到 4 种不同的压力分布方案，因此需要划分 4 个等级。由于 6 500 Pa 已经属于非常不舒适状态，故第三等级的压力极限定位评分为 2.83 分和 1.5 分之间的 2.17 分所对应的压强值，即 55 00 Pa。

舒适压力分布实验：舒适性对比人数分布如表 9.4.4 和图 9.4.5 所示。图表的含义是：两个方案相比，A 方案优于 B 方案。根据前文所述，舒适性较高的压力分布方案与舒适性次之的压力分布方案在数据上相比表现为：主观评价得分高，任务正确率高，任务完成时间短，AOI 百分比高，眨眼频率低，眨眼总时百分比低，眨眼时间均值低，注视时间均值高。以第二列“主观评价”这个评价指标为例，数值含义为：有 10 人次对于方案 A 的主观评价分数高于方案 B，其中有 1 人的方案 A、B 主观评分相同，不记录在内，故 A、B 数值相加为 12，而不是总人数 13。而第四列“任务完成时间”的结果含义为：方案 A 下，7 人次的完成时间低于方案 B。

表 9.4.4　舒适性对比人数分布

方　案	主观评价	任务正确率	任务完成时间	AOI 百分比	眨眼频率	寻找用时均值	眨眼总时百分比	眨眼时间均值	注视时间均值
A	10	9	7	10	10	8	7	9	9
B	2	1	6	3	3	5	5	3	3

从图 9.4.5 中可以更直观地看出，从人数分布来看，9 个评价指标中舒适压力分布方案 A 的结果均优于均匀压力分布方案 B。

对每一项评价指标下方案 A 和 B 的结果进行配对样本 t 检验，舒适性对比显著性结果如表 9.4.5 和表 9.4.6 所列，由“主观评价”、“任务正确率”和“眨眼时间均值”3 个指标可知，方案 A 显著优于方案 B($p<0.05$)。对于其余指标，方案 A 和 B 的结果虽然没有显著性差异，但除了“AOI 百分比”这个评价指标之外，方案 A 的其余评价指标在均值上都优于方案 B。

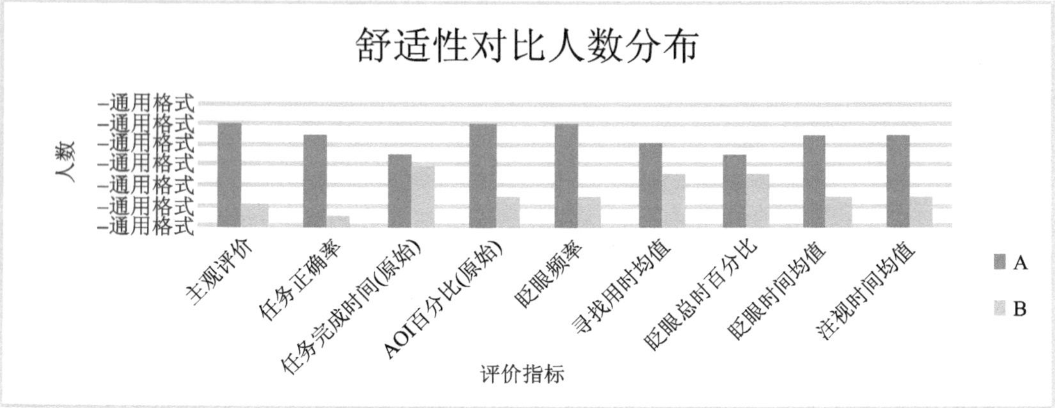

图 9.4.5　舒适性对比人数分布图

表 9.4.5　SPSS 成对样本统计量结果

指　标	均　值	人　数	标　准
主观评价 A	3.41	13	0.82
主观评价 B	2.92	13	0.58
任务正确率 A	0.97	13	0.03
任务正确率 B	0.96	13	0.03
任务完成时间 A	566 464.31	13	99 221.75
任务完成时间 B	670 583.07	13	224 780.02
AOI 百分比 A	0.55	13	0.22
AOI 百分比 B	0.61	13	0.19
眨眼频率 A	0.28	13	0.24
眨眼频率 B	0.32	13	0.28
寻找用时均值 A	2 965.5	13	722.45
寻找用时均值 B	3 109.22	13	753.43
眨眼总时百分比 A	0.10	12	0.13
眨眼总时百分比 B	0.11	12	0.15
眨眼时间均值 A	182.86	12	88.28
眨眼时间均值 B	220.68	12	113.38
注视时间均值 A	218.48	12	61.69
注视时间均值 B	212.36	12	64.16

表 9.4.6　SPSS 成对样本检验结果

统计指标	成对差分					t	df	p（双侧）
	均　值	标准差	均值的标准误差	差分 95%置信区间				
				下　限	上　限			
主观评价 A－主观评价 B	0.49	0.75	0.21	0.03	0.94	2.34	12	0.04
任务正确率 A－任务正确率 B	0.01	0.014	0.003	0.000 6	0.02	2.35	12	0.04
任务完成时间 A－任务完成时间 B	74 118.77	221 015.76	61 298.74	207 677.26	59 439.72	1.21	12	0.25
AOI 百分比 A－AOI 百分比 B	0.06	0.18	0.05	−0.05	0.17	1.23	12	0.24
眨眼频率 A－眨眼频率 B	−0.04	0.11	0.03	−0.11	0.03	1.36	12	0.2
寻找用时均值 A－寻找用时均值 B	−143.73	226.05	73.79	−304.51	17.04	1.95	12	0.08
眨眼总时百分比 A－眨眼总时百分比 B	−0.01	0.08	0.02	−0.06	0.04	0.33	11	0.75
眨眼时间均值 A－眨眼时间均值 B	37.83	49.79	14.37	−69.46	−6.19	2.63	11	0.02
注视时间均值 A－注视时间均值 B	6.13	29.27	8.45	−12.47	24.72	0.725	11	0.48

9.4.5　实验结论

压力极限测试实验：由上述实验结果可得到头前部的舒适压强极限等级表，如表 9.4.7 所列。

表 9.4.7　头前部的舒适压强极限等级表

单位：Pa

第一等级	第二等级	第三等级	第四等级
2 000	4 000	5 500	6 000

同理可得余下头的顶部、两侧和后部舒适压强极限等级表，如表 9.4.8 所列。

表 9.4.8　各区域舒适压强极限测试汇总表

测试部位	第一等级	第二等级	第三等级	第四等级
前部/Pa	2 000	4 000	5 500	6 000
顶部/Pa	2 000	3 000	6 000	7 000

续表 9.4.8

测试部位	第一等级	第二等级	第三等级	第四等级
两侧/Pa	1 000	3 000	5 000	6 000
后部/Pa	3 000	4 500	6 500	8 000
比例关系	2:2:1:3	13:10:10:15	11:12:10:13	10:12:10:13

除第一等级之外，其余等级得到的比例关系近似等于 1:1:1:1，也就是近似于均匀分布的情况。因此，将获得的舒适压强分布方案简化为 2 种不同的方案：最优分布方案 A，即舒适压强极限的第一等级结果，以及次优分布方案 B，即传统的均匀分布，如表 9.4.9 所列。

表 9.4.9　压强分布方案表

方　案	压强分布比例关系
A	$P_{前}:P_{顶}:P_{侧}:P_{后}=2:2:1:3$
B	$P_{前}:P_{顶}:P_{侧}:P_{后}=1:1:1:1$

舒适压力分布实验：其他指标没有显著性差异的原因可能归结于：

① 样本量不够大。若样本中存在异样数据，就会对显著性结果产生影响。若样本量适当扩大，异常值的影响水平将会降低。

② 佩戴时间不够长。对于真实飞行条件，飞行员需佩戴头盔长达数小时，本实验受时间条件和受试者水平所限，无法进行长时间佩戴，故两种方案的显著性差异未能展现出来。

③ 评价指标不敏感。例如，AOI 百分比这个指标所设定的感兴趣区域的面积与屏幕整体面积相差不大。

此外，使用眼部行为对驾驶疲劳进行评价，结果表明，眨眼时间均值可以作为疲劳监测指标，而眨眼频率与疲劳关系不大，眨眼总时百分比在一定程度上受到眨眼频率的影响，故它们在评价疲劳上都没有眨眼时间均值敏感。

从生理角度看，方案 A 优于方案 B 也存在其合理性：

① 从压力极限测试实验中得知，人颅骨不同区域的受压极限不一样，所以非均匀压力分布方案其实是符合人的生理水平的。

② 顶部和前部所占比值为 2 可以理解为：顶部和前部在受压时，两个区域所受到的压力方向相似，几乎都是自上而下的，所以这两个区域在抵御外界压力时所起到的支撑作用是相似的，所以二者几乎可以看成一体，所承受的压力比例相同也就可以理解了。

③ 两侧所占比值最小为 1 可以理解为：首先生理基础上两侧对应的颞骨弹性模量最小，也就是说，两侧相对顶部以及其他部分更脆弱，也就更不能承受较大的压力；再有，相比顶部和前部受到自上而下的压力后，传递到颈部，通过颈部肌骨系统得到缓解，而两侧受到的压力方向可看作是垂直于头的矢状面，且是两边同时受力，这样的挤压感无法传递到其他地方，自然就更容易产生不适感。

④ 后部所占比值最大为 3 可以理解为：后部的受力方向可看作是垂直于头的冠状面，倘若顶部和前部占最大比值，那么说明头盔的重心将发生前移，若头盔重心向前偏移超过头的重心，则会改变肌肉作用力分布，对颈部和背部的肌骨系统产生较大的负荷，从而加速疲劳引发不适感；而后部占比最大，会对头盔产生矢状面内顺时针旋转的力，如图 9.4.6 所示，从而使得头盔减少前倾下压的趋势，起到平衡顶部和前部受力的作用，增加头盔佩戴稳定性，减少损失

颈部和背部肌骨系统的风险，从而提高舒适性。

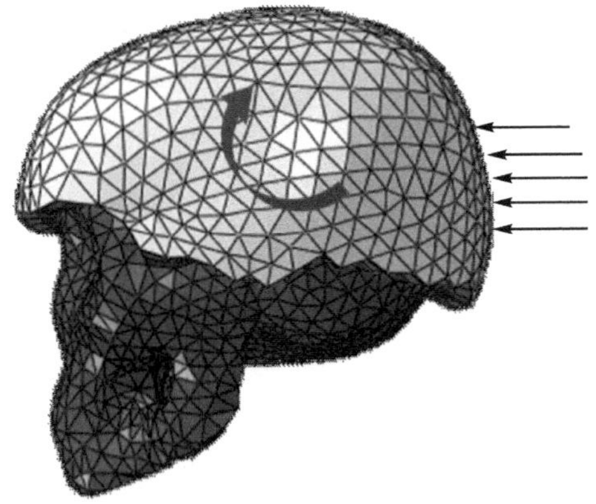

图 9.4.6　枕骨受力示意图

因此，综合客观指标和主观指标结果，舒适压力分布方案 A 确实优于传统的均匀压力分布方案 B。方案 A(2:2:1:3)将作为飞行员头盔仿真优化设计优化目标。

参考文献

[1] 佚名. YHX－1 氧气呼吸训练器技术说明书. 1985.

[2] 张汉斌. 飞行器安全救生[M]. 北京:北京航空航天大学出版社,1990.

[3] 肖华军. 航空供氧防护装备生理学[M]. 北京:军事医学科学出版社,2005.

[4] 呼慧敏. 基于人体力学特性分析的高空代偿服工效研究[D]. 北京:北京航空航天大学,2009.

[5] 周宏，戴诗亮，安国旗. 军用头盔“盔—头—颈”动力学模型及冲击响应计算[J]. 中国个体防护装备，2001(1):11-15.

[6] 孙庆林，马洪顺. 人颅骨弹性模量与泊松系数测定试验研究[J]. 试验技术与试验机，1998(1):94-95.

[7] 赵鑫. 飞行员头盔的压力舒适性研究及优化设计[D]. 北京:北京航空航天大学,2016.